高等职业教育计算机系列教材

智慧办公与创新实践

（ChatGPT 版）

陈兴威　吕光金　主　编

郑路倩　王永忠　张旺俏　副主编

電子工業出版社

Publishing House of Electronics Industry

北京 · BEIJING

内 容 简 介

本书从办公应用中的实际问题出发，基于“教、学、做、评”一体化的教学理念，采用项目化思想重构了循序渐进式的任务组成教学案例，支持课堂分层教学的实施，以新形态教材的形式编写而成。

本书紧跟人工智能技术动态，将 ChatGPT 这一强大的语言模型与办公软件结合，为撰写或编辑文档、分析与处理数据、制作 PPT 等方面带来全新的智慧方案和创新体验。本书分为 ChatGPT 助力文档创作、Word 长文档的精美排版、Word 高级功能的使用、ChatGPT 协助数据处理、公式与函数的高级应用、数据可视化分析、控件和 VBA 编程、Power Query 的便捷魅力、ChatGPT 协助制作 PPT、PPT 元素的创意设计等十个项目，兼顾通识与技能，具有很强的操作性和实用性。

本书结构编排合理，案例典型实用，内容图文并茂，语言通俗易懂，可作为高等职业教育公共基础课程的教材，也可作为广大计算机爱好者的自学参考用书。

图书在版编目（CIP）数据

智慧办公与创新实践：ChatGPT 版 / 陈兴威，吕光金主编. —北京：电子工业出版社，2024.3

ISBN 978-7-121-47408-8

Ⅰ. ①智… Ⅱ. ①陈… ②吕… Ⅲ. ①人工智能－应用－办公自动化－高等学校－教材 Ⅳ. ①TP317.1

中国国家版本馆 CIP 数据核字（2024）第 038105 号

责任编辑：徐建军

印　　刷：大厂回族自治县聚鑫印刷有限责任公司

装　　订：大厂回族自治县聚鑫印刷有限责任公司

出版发行：电子工业出版社

北京市海淀区万寿路 173 信箱　　邮编：100036

开　　本：787×1092　1/16　印张：13　字数：350 千字

版　　次：2024 年 3 月第 1 版

印　　次：2025 年 1 月第 3 次印刷

印　　数：1 500 册　　定价：48.00 元

前言

随着人工智能技术的飞速进步，我们迎来了一个新的可能：将 ChatGPT 这一强大的语言模型与办公软件结合，可以为工作带来全新的智慧方案和创新体验。ChatGPT 作为一种前沿的自然语言处理技术，具备令人惊叹的语言生成和理解能力，能够与我们进行自然且流畅的对话，理解我们的需求并提供有价值的信息和建议。结合 ChatGPT 与办公软件，我们能够在撰写或编辑文档、分析与处理数据、制作 PPT 等方面获得更高效、更智能的帮助。

本书以培养能够熟练运用 Office 办公软件实现办公自动化的人才为目的，采用项目引导的方式将操作技能与职业素养融入任务之中，分为 ChatGPT 助力文档创作、Word 长文档的精美排版、Word 高级功能的使用、ChatGPT 协助数据处理、公式与函数的高级应用、数据可视化分析、控件和 VBA 编程、Power Query 的便捷魅力、ChatGPT 协助制作 PPT、PPT 元素的创意设计等十个项目，强调知识性、技能性与应用性的紧密结合。

本书的主要特色如下。

- **AI 赋能，形式创新**　充分借助 ChatGPT 并配合办公软件的使用，为用户提供更高效、更智能的办公体验。以新形态教材的形式出版，便于内容及时更新。
- **体例优化，双元开发**　由高校长期从事信息技术教学的一线教师和企业工程师联合编写，项目体例按照“项目导读→任务工单→任务分析→任务实施→任务考评→能力拓展→延伸阅读”的流程进行设计和编排，将“教、学、做、评”融为一体。
- **价值引领，育人为本**　学习贯彻落实党的二十大精神，将创新发展、共享协作、绿色发展和科学决策等理念有机融入内容中，并配套二维码和线上课程，充分调动学生线上、线下全过程“动脑动手”，有效激发学生的学习兴趣和创新潜能。

本书由金华职业技术学院和上海财经大学浙江学院的教师联合策划，由陈兴威、吕光金担任主编，由郑路倩、王永忠、张旺俏担任副主编。项目一、三、八、十由郑路倩、吕光金、周红晓、马凯编写；项目二、四、五、六由王永忠、张旺俏、方蓉编写；项目七、九由陈兴威、董峻玮编写。全书由陈兴威、吕光金、郑路倩负责总体设计，由陈兴威、郑路倩、王永忠最后修改定稿。在本书的编写过程中，编者参阅和借鉴了大量相关书籍与网络资料，在此对相关作者一并表示衷心的感谢。

为了方便教师教学，本书配有电子教学课件及相关资源，请有此需要的教师登录华信教育资源网（www.hxedu.com.cn）注册后免费下载，如有问题可在网站留言板留言或与电子工业出版社联系（E-mail：hxedu@phei.com.cn）。

由于编者水平有限，加之信息技术的发展迅猛，书中难免存在纰漏与不妥之处，敬请广大读者批评指正。

编　者

目录

智能笔友：ChatGPT 助力文档创作

知识目标：

1. 了解 ChatGPT 在自然语言生成方面的强大能力。
2. 了解使用 ChatGPT 生成长文和改善文章质量的方法与技巧。
3. 了解文本生成技术的应用和发展趋势。

能力目标：

1. 能够使用 ChatGPT 生成长文，并准确评估 ChatGPT 生成的文章质量，包括语法、逻辑、流畅性等方面，提出合理的修改和改进建议。

2. 能够熟练地运用文本编辑和修改工具，进行精细的编辑和修改。

3. 培养良好的沟通和协作能力，在与 ChatGPT 交互的过程中能够清晰地表达意图，理解并回应 ChatGPT 的输出。

素养目标：

1. 培养批判性思维和信息评估能力，能够辨别 ChatGPT 生成内容的真实性和可靠性，并做出合理的选择。

2. 主动探索，激发创新活力，能够灵活运用 ChatGPT 生成的文本，为文档的创作带来新的思路和观点。

3. 具备对语言和沟通的敏感性与责任感，确保文档内容的合法性和道德性。

【项目导读】

ChatGPT 是基于最新 AI 技术的智能助手，能够为用户提供便捷、高效的文档创作方法。它具备强大的语言理解和生成能力，在用户编写各种类型的文档时能够回答问题、提供信息，并生成高质量的文本段落。无论是技术文档、市场推广材料，还是学术论文，ChatGPT 都能够为用户提供个性化的建议和创意，帮助改进表达方式；它拥有多领域知识，能够提供行业见解，帮助用户更好地应对各种写作挑战。此外，ChatGPT 可以快速生成大量文本，减轻用户的工作负担，帮助用户在最短时间内完成文档的创作。

【任务工单】

<table>
<tr><td>项目描述</td><td colspan="2">本项目借助 ChatGPT 强大的语言理解和生成能力，围绕某个自选主题，使用 ChatGPT 生成一篇关于该主题的高质量长文</td></tr>
<tr><td>任务名称</td><td colspan="2">任务一　使用 ChatGPT 生成长文
任务二　改善文档质量
任务三　创新性自我挑战</td></tr>
<tr><td>任务列表</td><td>任务要点</td><td>任务要求</td></tr>
<tr><td>1．围绕主题生成大纲框架</td><td>● 确定文章的主题和目的
● 在 ChatGPT 中输入与主题相关的关键词或提示词
● 生成若干大纲框架
● 从生成的大纲框架中选择最符合文章主题和目的的框架
● 进一步完善选定的大纲框架</td><td rowspan="5">● 生成的长文主题相关、内容准确、结构清晰、语言通顺
● 文章中包含的各部分之间逻辑性和连贯性强
● 文章中包含引用的文献和数据，引用准确、可信度高
● 文章语言表达得体、准确，语法错误和语言风格不当较少</td></tr>
<tr><td>2．根据大纲框架生成主体内容</td><td>● 根据已经确定的大纲框架，使用 ChatGPT 逐段地生成文章的主体内容
● 对于每一段生成的内容，进行精细的编辑和修改，确保内容的准确性、通顺性和语言表达得体</td></tr>
<tr><td>3．完善大纲框架和主体内容</td><td>● 在完成大纲框架和主体内容的初步编写后，需要对其进行仔细的审查和修改，确保文章的逻辑性和连贯性
● 对于大纲框架和主体内容中存在的问题或瑕疵，可以按照 ChatGPT 生成的提示或建议进行修正</td></tr>
<tr><td>4．检查和纠正常见的语法错误</td><td>● 通过 Word 自带的“拼写和语法”检查工具，通篇检验文章、修订错误
● 通过 ChatGPT 检查并纠正常见的错别字、语法错误等</td></tr>
<tr><td>5．改善句子结构和语言风格</td><td>● 通过 ChatGPT 提供的替换或重组词汇和短语的建议，使句子更加流畅和自然
● 在编辑和修改的过程中，可以使用 ChatGPT 进一步优化文章的表达方式、语言风格等</td></tr>
<tr><td>6．创新性自我挑战</td><td>● 任务分组
● 借助 ChatGPT 创作一篇“计算机前沿技术介绍”文章
● 借助 ChatGPT 创作一篇“××专业就业竞争力”分析报告</td><td>● 小组成员分工合理，在规定时间内完成 2 个子任务
● 探讨交流，互帮互助
● 内容充实有新意，格式规范</td></tr>
</table>

【任务分析】

ChatGPT 生成的文本质量完全取决于提问和引导的方式，只有善于提问和正确引导，才能获得令人满意的回答。

提示词是让语言 AI 模型准确理解用户意图的关键，也是用户与语言 AI 模型进行有效沟通的方式。如果想获得高质量的语言 AI 模型回答，首要任务就是学会与语言 AI 模型进行有效的沟通，也就是学会编写提示词。一般来说，我们可以按照“立角色、定目标、提要求、补要求”四部分来编写提示词，提示词的构成如图 1-1 所示。

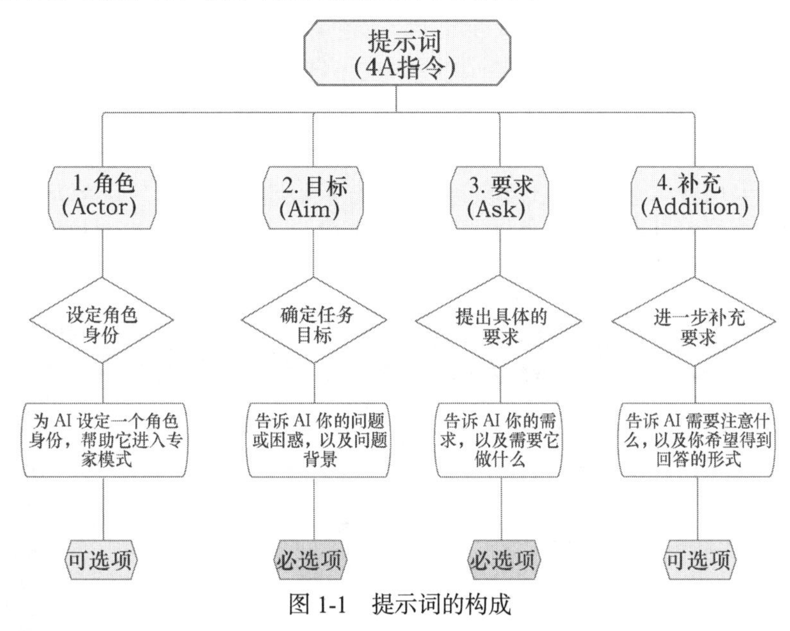

图 1-1　提示词的构成

虽然这个模板看起来有些复杂，但实际上操作起来比较简单。以旅游攻略为例，将这个模板应用到实际场景中，可以按照如图 1-2 所示的示例向 ChatGPT 提问。

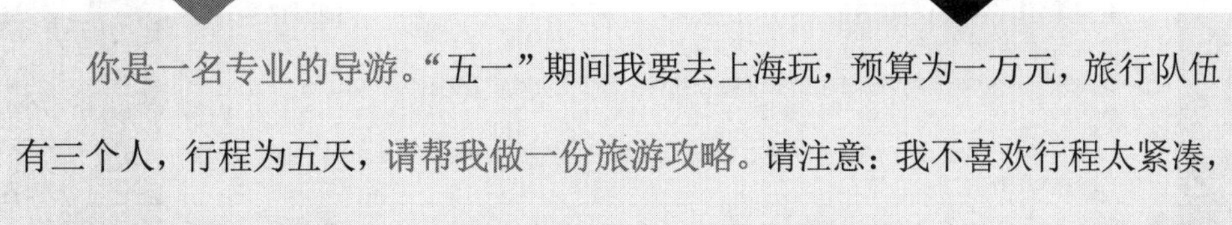

图 1-2　旅游攻略提问示例

【任务实施】

ChatGPT 简介

如何配置 ChatGPT

调研报告示例

任务一　使用 ChatGPT 生成长文

子任务 1：围绕主题生成大纲框架

在文学、学术研究、演讲或写作等领域中，主题是文章或讨论的主要思想、关注点或中心观点。每篇文章都有一个明确的主题，当围绕某个主题进行写作时，一般需要先确定大纲框架。大纲框架可以帮助作者理清文章写作思路，并确保内容的连贯性。例如，我们将编写一份低代码市场调研报告，然而不知道从哪里入手，甚至连调研报告需要包含哪些部分都不清楚，在这种情况下，我们可以先围绕主题向 ChatGPT 提问："我想写一份低代码市场调研报告，需要包含哪些部分"，如图 1-3 所示。

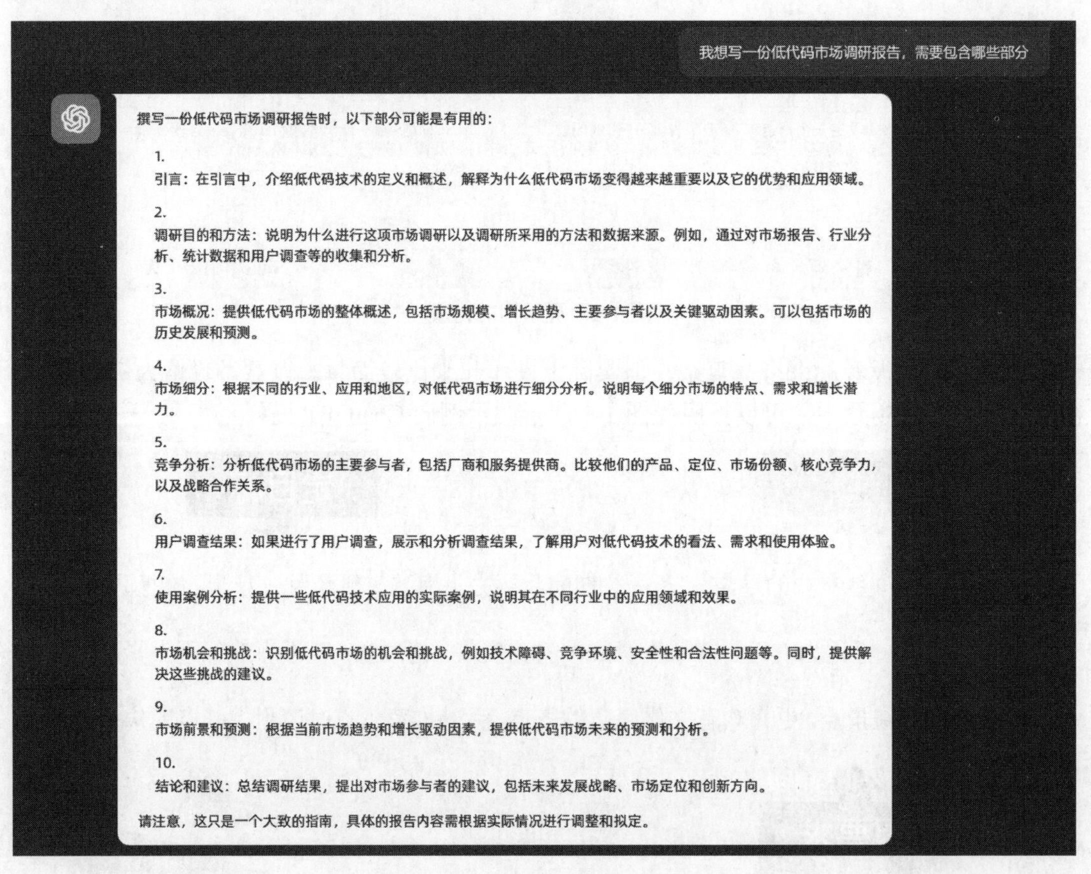

图 1-3　围绕主题向 ChatGPT 提问

针对图 1-3 生成的相关内容，借助 ChatGPT 将其转化为调研报告的模板，生成大纲框架，如图 1-4 所示。

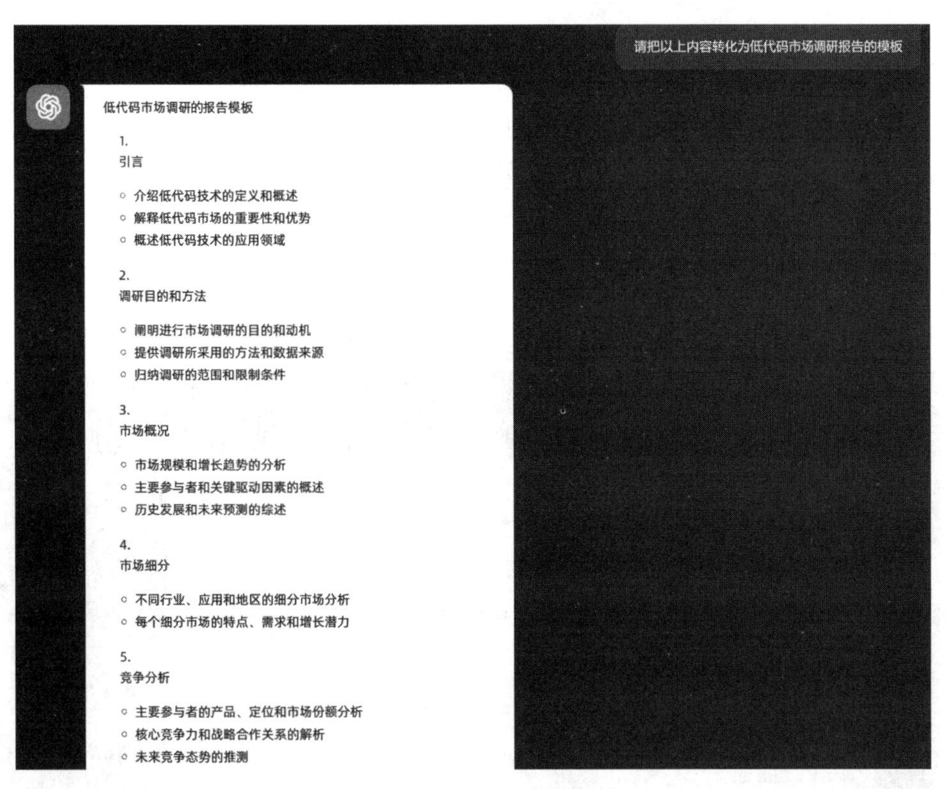

图 1-4　生成大纲框架

将图 1-4 中 ChatGPT 生成的相关内容复制并粘贴到 Word 中，即可得到低代码市场调研的报告模板，如图 1-5 所示。

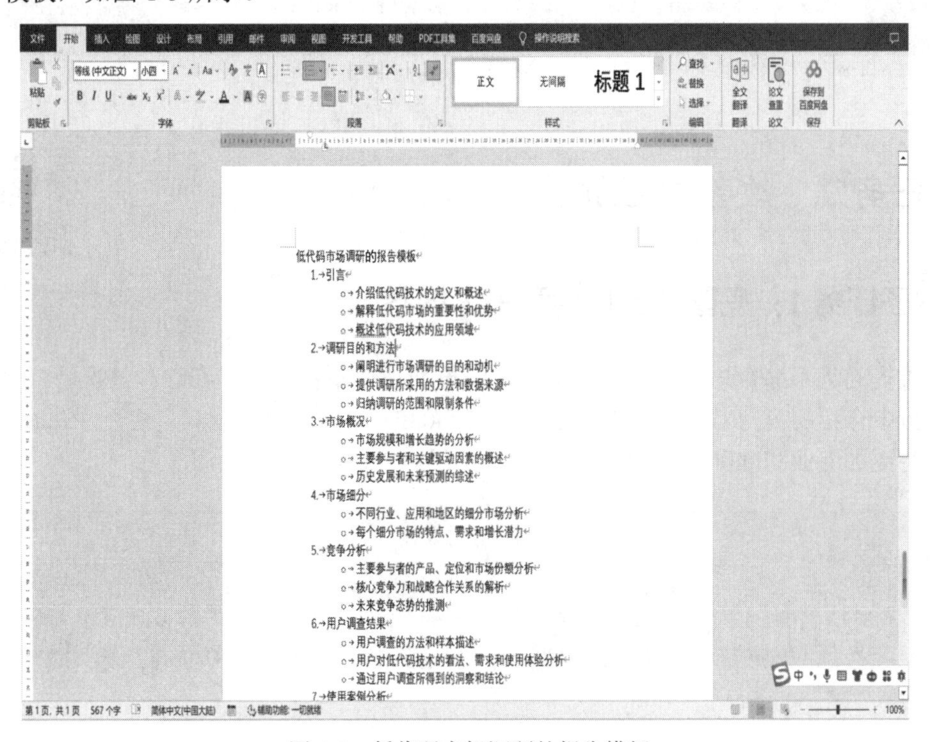

图 1-5　低代码市场调研的报告模板

子任务 2：根据大纲框架生成主体内容

大纲的作用

在生成大纲框架后，生成主体内容成为调研报告中的关键部分，需要逐章、逐节地详细展开。在这个阶段，与 ChatGPT 的交流至关重要，需要明确让 ChatGPT 帮我们编写的主体内容、字数要求及每个部分包含的内容。如果遇到字数限制，则可以鼓励 ChatGPT 继续编写。

例如，编写报告的第 2 部分，即调研目的和方法，通过设计适当的提问，可以生成该部分的主体内容，如图 1-6 所示。其余章节内容的编写可以使用相似的方法。

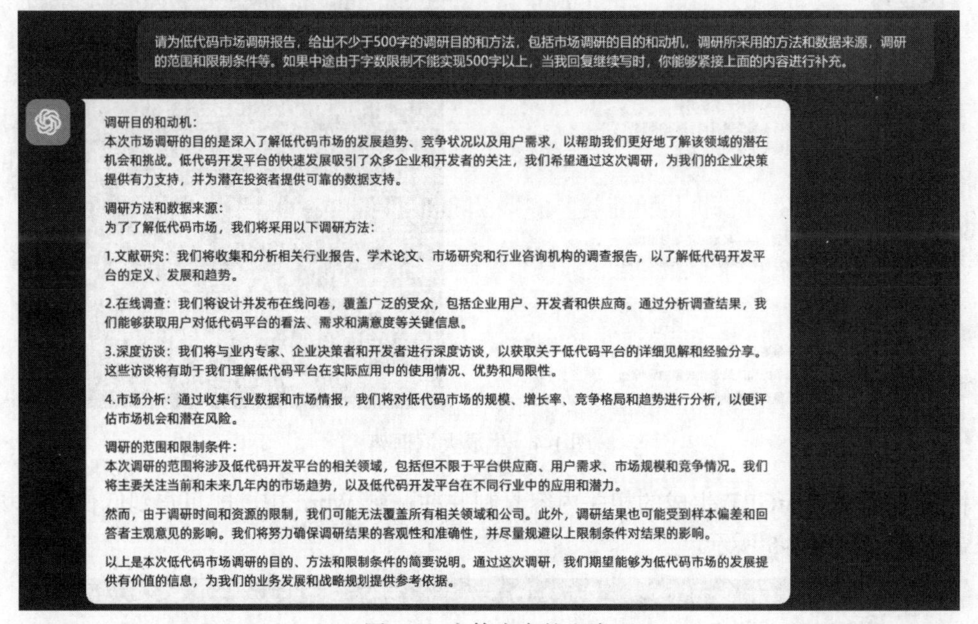

图 1-6　主体内容的生成

任务二　改善文档质量

向 ChatGPT 提问的方法

子任务 1：完善大纲框架和主体内容

如果提问词不够合适，则前期生成的大纲框架往往不甚理想。在这种情况下，可以使用任务分析中介绍的提问 ChatGPT 的方法，为 ChatGPT 设定角色和背景。这样，ChatGPT 生成的内容将更加专业和准确，如图 1-7、图 1-8 所示。

> **小提示：**
>
> 不要小看提问，向 ChatGPT 提问是一种技能、一个有章可循的方法论。好答案的背后一定有一个好提问。简单的问题包括 What、Who、When、Where；复杂的问题包括 Why、How。

你是一个技术研究公司的研究分析师，需要对市场上的新兴技术进行研究和分析，低代码技术正是目前热门的研究领域之一。我要写一份低代码市场调研报告，请你告诉我需要包含哪些部分。

低代码技术是一种能够帮助开发者通过图形界面和少量的编码来快速构建应用程序的开发方法。为了编写一份完整的低代码市场调研报告，以下是你可以包含的一些部分：

1.
引言：介绍低代码技术的背景和定义，概述其在软件开发领域的重要性和潜力。

2.
方法和数据来源：解释你所使用的调研方法，可能包括市场调查、采访行业专家、分析市场数据等。还需说明你的样本覆盖范围和大小，以及数据收集和分析的过程。

3.
市场概述：提供低代码技术市场的总体概况。包括市场规模、增长趋势和预测，关键参与者（提供低代码平台和工具的供应商）、行业领域（如金融、医疗、零售等）的应用情况，以及市场驱动因素（如数字化转型、快速软件开发需求）等。

4.
优势和挑战：评估低代码技术的优势和挑战，这可以包括开发效率的提升、降低技术门槛、加速创新、易于维护和升级等优势，以及安全性、灵活性、性能等方面的挑战。

5.
市场细分：将低代码市场按照不同维度进行细分，如行业、地区、应用类型等。提供每个细分市场的潜力分析、竞争情况、主要参与者等信息。

6.
主要参与者：列举一些在低代码技术领域中具有代表性和影响力的供应商，包括低代码平台提供商、工具提供商和服务提供商。提供每个参与者的产品介绍、市场份额、策略和竞争优势等信息。

7.
应用案例：列举一些使用低代码技术的应用案例，涵盖不同行业和应用类型。描述每个案例的背景、挑战、解决方案和成果。

8.
市场趋势：分析低代码技术市场的最新趋势，如技术创新、合作伙伴关系、并购活动等。提供未来发展方向和预测。

图 1-7　向 ChatGPT 提问设定角色和背景

请为低代码市场调研报告，给出不少于500字的调研目的和方法，包括市场调研的目的和动机，调研所采用的方法和数据来源，调研的范围和限制条件等。如果中途由于字数限制不能实现500字以上，当我回复继续写时，你能够紧接上面的内容进行补充。

调研目的和方法：

本次低代码市场调研旨在全面了解低代码技术市场的现状、发展趋势和潜在机会，以帮助投资者、企业决策者和相关利益相关者做出有利的决策。调研的目的和动机如下：

1.
了解市场规模和增长趋势：通过收集和分析市场数据、统计指标和相关报告，我们将全面了解低代码技术市场的规模、增长趋势和预测。

2.
探索市场驱动因素：我们将调查推动低代码市场增长的因素，如数字化转型需求、快速应用开发和部署要求、人才短缺等。通过理解这些驱动因素，我们可以洞察市场未来的发展方向。

3.
识别市场机会和潜在增长领域：我们将分析低代码技术市场的细分领域和垂直应用，以确定潜在的增长机会。这将为投资者和企业决策者提供有关市场战略和产品定位的有用指导。

调研方法和数据来源：

为实现以上目标，我们将采用以下方法进行调研：

1.
市场调查：通过在线调查问卷和面对面访谈，与低代码技术的用户、开发者和决策者进行交流，了解他们对低代码技术的使用情况、需求和反馈。

2.
专家访谈：与行业专家、低代码平台提供商和相关从业者进行深入访谈，获取他们对低代码技术市场发展的见解和观点。

3.
数据分析：收集和分析市场报告、行业数据、统计指标和相关研究，以获取低代码技术市场的详细数据和趋势分析。

4.
成功案例研究：调研已成功应用低代码技术的企业和项目，分析其成功因素、应用场景和价值。

调研的范围和限制条件：

本次调研将主要关注全球范围内的低代码技术市场，包括各个地区和行业的发展情况。我们将重点研究低代码平台提供商、用户和需求方的视角。然而，由于调研有一定的局限性，以下是一些可能的限制条件：

图 1-8　调研目的和方法的主体内容生成

对比图 1-8 与图 1-6 中的内容，同样的问题在图 1-8 中能够生成相对更细致的内容，是因为我们在问题前面设定了 ChatGPT 的角色身份和背景。

子任务 2：检查和纠正常见的语法错误

在完成的初稿中，往往会存在一些小错误，这时我们可以通过向 ChatGPT 提问来检查和纠正常见的语法错误，如图 1-9 所示。

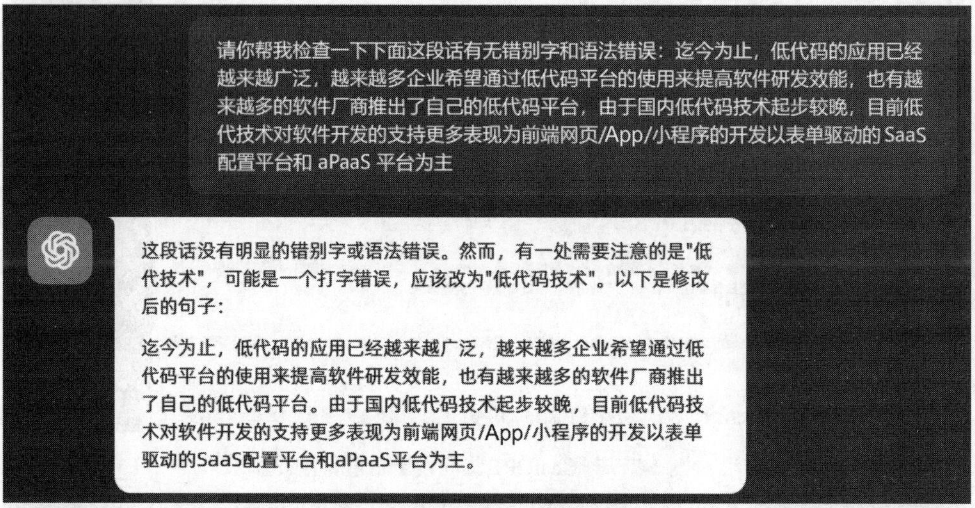

请你帮我检查一下下面这段话有无错别字和语法错误：迄今为止，低代码的应用已经越来越广泛，越来越多企业希望通过低代码平台的使用来提高软件研发效能，也有越来越多的软件厂商推出了自己的低代码平台，由于国内低代码技术起步较晚，目前低代技术对软件开发的支持更多表现为前端网页/App/小程序的开发以表单驱动的 SaaS 配置平台和 aPaaS 平台为主

这段话没有明显的错别字或语法错误。然而，有一处需要注意的是"低代技术"，可能是一个打字错误，应该改为"低代码技术"。以下是修改后的句子：

迄今为止，低代码的应用已经越来越广泛，越来越多企业希望通过低代码平台的使用来提高软件研发效能，也有越来越多的软件厂商推出了自己的低代码平台。由于国内低代码技术起步较晚，目前低代码技术对软件开发的支持更多表现为前端网页/App/小程序的开发以表单驱动的SaaS配置平台和aPaaS平台为主。

图 1-9　检查和纠正常见的语法错误

知识链接：

ChatGPT 可以在一定程度上帮助用户检查和纠正常见的语法错误。ChatGPT 使用了训练模型，其中包含大量正确语法的语料库，能够对输入的文本进行语法分析和校正。ChatGPT 主要作用如下。

（1）提供语法建议：分析输入的文本，标识出可能存在的语法错误，并提供相应的建议。例如，指出可能存在的主谓一致问题、动词时态错误、名词单复数不一致等。

（2）校正拼写错误：检查和纠正常见的拼写错误，这有助于提高文本的准确性和可读性。如果发现拼写错误，则给出替换建议。

（3）检查标点符号和句子结构：识别并提醒可能存在的标点符号错误，以及成分缺失或不完整的句子结构。尽力提供正确的标点和句子建议，从而使句子更加清晰和易于理解。

需要注意的是，ChatGPT 并非完美无误，校正建议有时是基于统计模型的，而不是基于上下文的深层次理解的。因此，在使用 ChatGPT 时，仍然需要人工审查和决策是否接受修改建议，从而确保文本的精确性和意图的准确传达。

小提示：

Microsoft Word 自带的“审阅”选项卡在文档创作中可以提供不可缺少的检查与辅助功能，可以帮助用户检查拼写错误、语法问题等方面的内容。

ChatGPT 纠错功能的使用方法

子任务 3：改善句子结构和语言风格

作为一个语言 AI 模型，ChatGPT 可以分析句子的结构，提供重新组织句子的建议，使句子更加清晰和易于理解；也可以提供替换或重组词汇和短语的建议，使句子更加流畅和自然，并帮助用户使用更加准确的词汇来表达意思；还可以改进语言风格。例如，用户希望文本的风格更加正式或更加随性，ChatGPT 可以根据用户要求给予相应的建议，如更改措辞、增加或减少修饰语、调整语气等，如图 1-10 所示。

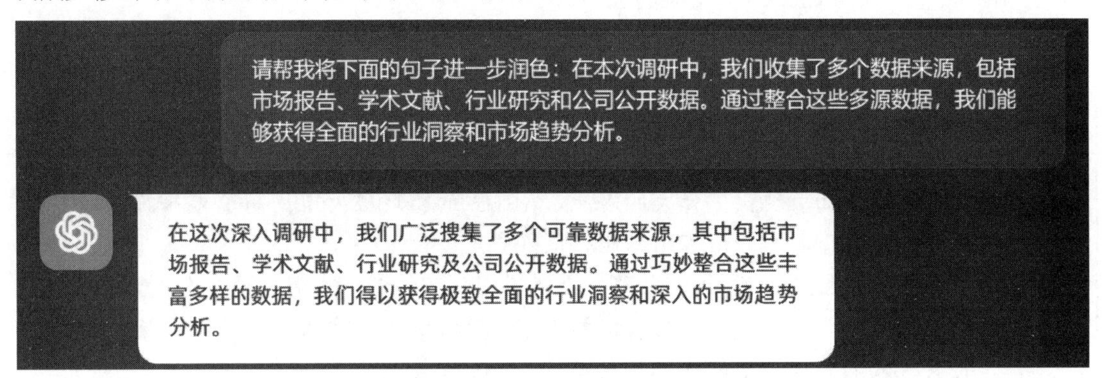

图 1-10　改善句子结构和语言风格

任务三　创新性自我挑战

子任务 1：借助 ChatGPT 创作一篇“计算机前沿技术介绍”文章

计算机前沿技术是指在计算机科学和技术领域中，具有前瞻性和创新性的新兴技术与方法。这些技术正在与传统计算机技术结合，推动计算机领域的进步和创新。计算机前沿技术涉及的范围非常广，包括但不限于以下几方面。

（1）人工智能和机器学习：人工智能是模拟和实现类似人类智能的技术，机器学习是其中的一个重要分支，机器通过从数据中学习和自主改进来实现智能化。

（2）区块链技术：区块链是一种通过分布式网络和密码学技术来确保安全性和可信性的数据库技术，它可以用于构建可靠的去中心化的应用程序和数字货币系统。

（3）量子计算机：量子计算机是利用量子力学的原理进行计算的一种新型计算模型。它有着独特的性质，可以在某些情况下解决传统计算机无法解决的问题。

（4）虚拟现实和增强现实：虚拟现实技术通过计算机生成的感官输入，模拟并创造出一种虚拟环境。增强现实技术通过将虚拟内容与真实世界结合，创造出一种增强的感知和交互体验。

（5）自动驾驶技术：自动驾驶技术利用传感器、计算机视觉和机器学习等技术，使汽车等交通工具能够自主感知和操作，实现无人驾驶。

计算机前沿技术正在重塑着人类社会和经济的方方面面，带来了新的商业模式、工作方式和生活体验。它们已经或将对各行各业产生深远的影响，成为未来科技发展的重要驱动力。

结合以上背景描述，围绕“计算机前沿技术介绍”自由创作一篇文章，总体要求如下。

（1）文章主题：计算机前沿技术。你可以自由选择感兴趣的前沿技术进行介绍，如人工智能、区块链、量子计算等。

（2）文章结构：可以向 ChatGPT 提问，生成初步大纲框架，小组成员要讨论并提出自己的思考和创新，最终确定整体结构。

（3）基本要求：文章字数在 5000 字以上，语言通顺、条理清晰，逻辑严谨。

（4）其他要求：在文章的最后添加附录，详细地阐述并整理文章的思路，以及遇到的难点，分享团队和个人与 ChatGPT 交流的经验。

小提示：

AIGC 无疑是人工智能领域中一个具有划时代意义的重大技术革命，它在自动化文本生成方面展现出了强大的潜能。AIGC 的出现极大地提高了文本内容的生产效率，其文字表达和语言组织能力值得肯定。

但是，我们也要知道，AIGC 终究是工具，真正的创造力仍然源自人类大脑。我们不能因此陷入对技术的狂热与依赖之中，应理性地看待 AIGC 的能力与局限性，将其视为创作过程中的优化工具之一。AIGC 能成为助力创作的好帮手，但文章中核心的原创思想依然需要由作者自己提供。

子任务 2：借助 ChatGPT 创作一篇“××专业就业竞争力”分析报告

在现代社会中，就业竞争力对于个人和组织来说都是至关重要的。调研就业竞争力可以帮助分析当前或未来某个特定领域的就业市场需求。通过了解各行业的发展趋势、技能要求和人才缺口，个人和组织可以更好地规划职业发展和人力资源策略。

就业竞争力决定了个人在就业市场上获得就业机会的能力。随着就业市场竞争的日益激烈，较高的就业竞争力不仅可以帮助个人进入就业市场，还能为个人的职业发展奠定良好的基础。在竞争激烈的职场环境中，具备较强能力和较高素质的人能够更好地适应工作需求，拥有更强的职业发展潜力。

同时，就业竞争力的重要性体现在个人的职业发展、经济收入、社会地位及心理满意度等多个层面。提升就业竞争力对个人和社会都具有积极的影响，是现代社会中个人成长和发展的重要保障。

通过编写就业竞争力分析报告，大学生将在深入了解就业市场、发现就业机会和趋势、提升研究和分析能力、提高职业竞争力，以及增强沟通与表达能力等多方面有所收获。

结合以上背景，请你围绕“××专业就业竞争力”编写一篇分析报告，报告要求如下。

（1）专业选择：可围绕你在大学中的所学专业展开，或者选择你感兴趣的专业展开。

（2）报告结构：通过互联网检索、向 ChatGPT 提问等方法，小组成员讨论并明确分析报告的大纲框架。

（3）基本要求：字数不限，语言通顺，条理清晰，逻辑严谨。

（4）其他要求：在报告的最后添加附录，详细阐述整理文章的思路和遇到的难点，分享团队和个人与 ChatGPT 交流的经验。

【任务考评】

项目名称					
项目成员					
评价项目	评价内容	分值	自评 20%	互评 30%	师评 50%
职业素养（40%）	具有良好的计算机使用习惯，爱护公共设施，环境整洁	5			
	纪律性强，不迟到早退，按时完成承担的任务	10			
	态度端正、工作认真、积极承担困难任务	5			
	发现问题后能主动寻求解决办法，及时和教师、同学探讨	10			
	团结合作意识强，主动帮助他人	10			
专业能力（60%）	能使用 ChatGPT 围绕主题生成大纲框架	5			
	能根据大纲框架生成主体内容	15			
	能更好地向 ChatGPT 提问，完善大纲框架和主体内容	5			
	能使用 ChatGPT 检查和纠正常见的语法错误	10			
	能使用 ChatGPT 改善句子结构和语言风格	10			
	完成的作品具有创新性	15			
合计	综合得分：__________	100			
总结反思	1．学到的新知识： 2．掌握的新技能： 3．项目反思：你遇到的困难有哪些，你是如何解决的？ 学生签字：				
综合评语	教师签字：				

【能力拓展】

拓展训练 1：创造无限——从多个维度介绍大语言模型

文心一言的基础使用

文心一言的插件应用

2022 年以来，以 ChatGPT、文心一言等为代表的大语言模型及相关的人工智能技术，获得了越来越多的关注。2023 年 8 月 12 日，天津大学发布首份《大模型评测报告》，对 GPT-4、ChatGPT gpt-3.5-turbo、Claude-instant、Sage gpt-3.5-turbo、百度文心一言、阿里通义千问、讯飞星火认知大模型、ChatGLM-6B、360 智脑、MOSS-16B、MiniMax、baichuan-7B 等国内外主流的 14 个大语言模型进行中文综合能力评测。评测结果显示，GPT-4 和百度文心一言相较其他模型综合性能显著领先，两者得分相差不大，尤其在中文语言表达上，文心一言与 GPT-4 和其他国内大语言模型相比明显更优质。

随着我国大语言模型的蓬勃发展，技术较领先的文心一言已经在大部分中文任务中逐步缩小了与 GPT-4 的差距，中美大语言模型正在形成“两强领跑”的格局。天津大学的胡清华教授表示，“基础智能模型有望重塑人工智能的发展模式，国内外大模型如雨后春笋般大量涌现。全面、准确评价此类模型是推动和规范其健康发展的基础，为使用者在选择和应用大模型时提供参考。可以看到，百度文心一言在评测中展现了国产大语言模型的强大实力。我国大语言模型在短期内取得了巨大发展，正在逐步赶超国际类似的模型，甚至在某些指标上已经实现了局部超越。未来，期待国产大模型能够取得更大突破，可以赋能社会经济发展，助力我国科技的高质量、自立自强发展”。

假如你是校园人工智能爱好小组的成员，请通过检索互联网，或者与大语言模型交流等方法完成一篇从多个维度介绍大语言模型的文档，并在文档的附录部分详细阐述你的思路及遇到的难点。

> **想一想**
> 对比国内外大语言模型的特点，谈一谈你对我国科技兴国战略的理解。

拓展训练 2：科技强国——介绍我国计算机发展史

党的二十大报告对我国科技创新领域取得的突破性进展、标志性成果进行了总结，指出“我国基础研究和原始创新不断加强，一些关键核心技术实现突破，战略性新兴产业发展壮大，载人航天、探月探火、深海深地探测、超级计算机、卫星导航、量子信息、核电技术、新能源技术、大飞机制造、生物医药等取得重大成果，进入创新型国家行列”。新时代十年，我国加快推进科技自立自强。纵观这些年，我国超级计算取得了举世瞩目的成就，每一项成就都有着来之不易的创新过程。

超级计算机被称为“国家重器”，属于国家战略高技术领域，是国家科研实力的重要标志。改革开放以来，从“银河”实现我国巨型机“零”的突破，到“天河”多次问鼎世界之巅，我国超级计算机“开天辟地”40 年，累计拿下 13 次世界第一。

1. “银河”问世

1978 年，国防科技大学受命研制巨型计算机。5 年后的 12 月 22 日，我国第一台每秒运算

1 亿次以上的“银河”计算机在长沙研制成功，我国成为继美国、日本之后，全球第三个有巨型机研制能力的国家，标志着我国进入了世界研制巨型计算机的行列。随后，每秒运算 10 亿次的“银河Ⅱ”巨型计算机和每秒运算 100 亿次的“银河Ⅲ”巨型计算机相继在长沙问世。

2. “天河”诞生

2009 年 10 月 29 日，历时 4 年，经数万次实验，我国第一台每秒运算千万亿次以上的“天河一号”超级计算机诞生，并于次年以每秒 1206 万亿次的峰值运算速度，首次在第 36 届世界超级计算机 500 强排行榜上名列榜首，其最大的创新就是在国际上首创了“微处理器”与“加速器”结合的“异构融合”计算体系结构。2013 年 5 月，峰值运算速度达每秒 5.49 亿亿次的“天河二号”惊艳亮相，并先后 6 次排在世界超级计算机 500 强的榜首。

3. “超算领域的下一顶皇冠”布局

在世界上运算速度最快的超级计算机的“冠军”争夺战中，以百亿亿次运算能力为标志的 E 级超级计算机被公认为“超算领域的下一顶皇冠”。当前，中国 E 级超级计算机系统的研发正稳步推进。在国防科技大学和国家超级计算天津中心等团队合作下，“天河三号”E 级原型机历经两年多的持续研发和关键技术攻关，于 2018 年 7 月研制成功并通过项目课题验收。

累累硕果不是终点，而是再出发的新起点，新一代运算速度达百亿亿次的超级计算机的研制正如火如荼。从“银河”完成我国巨型机“零”的突破，到“天河”在世界超算速度“称雄”，实现了从“跟跑”到“领跑”的目标，是改革开放以来我国科技发展艰辛与辉煌的一个缩影。在长期的科研和教学实践中，“银河”团队形成了以“胸怀祖国、团结协作、志在高峰、奋勇拼搏”为内涵的“银河精神”。

通过互联网检索和 ChatGPT 问答，请你整理一份详细的我国计算机发展历程的文档。在文档的附录部分详细阐述你在整理文章时的思路，以及遇到的难点，分享你与 ChatGPT 交流和讨论的经验。

【延伸阅读——从机器学习到智能创造】

不知道你有没有想过这样一个问题：是什么让我们得以思考？

我们从如同一张白纸的婴儿，成长为洞悉世事的成人，正是长辈的教诲和十年寒窗塑造了我们如今的思考力。学习，似乎就是智能形成的最大奥秘。

人类崇尚智能，向往智能，并不断利用智能改造世界。走过农业革命，迈过工业革命，迎来信息革命，一次又一次对生产力的改造让人们相信，人类的智能最终能创造出人工的智能。

在数十年前，图灵抛出的时代之问“机器能思考吗?”，将人工智能从科幻拉至现实，奠定了后续人工智能发展的基础。之后，无数计算机科学的先驱开始解构人类智能的形成，希望找到赋予机器智能的蛛丝马迹。正如塞巴斯蒂安•特伦所言：“人工智能更像是一门人文学科，其本质在于尝试理解人类的智能与认知。”如同人类通过学习获得智能一样，20 世纪 80 年代以来，机器学习成为人工智能发展的重要力量。

机器学习让计算机从数据中汲取知识，并按照人类的期望，按部就班地执行各种任务。机器学习在造福人类的同时，似乎也暴露出了一些问题，这样的人工智能并非人类最终期望的模样，它缺少了人类的“智能”二字所涵盖的基本特质——创造力。这个问题就好像电影《我，机器人》中所演绎的一样，主角曾与机器人展开了激烈的辩论，面对“机器人能写出交响乐吗”“机器人能把画布变成美丽的艺术品吗”等一连串提问，机器人只能讥讽一句：“难道你能？”，这也让创造力成为区分人类与机器本质的标准之一。

在面对庐山雄壮的瀑布时，李白写出“飞流直下三千尺，疑是银河落九天”的千古绝句，感慨眼前的壮丽美景；在偶遇北宋繁荣热闹的街景时，张择端绘制出《清明上河图》这样的传世名画，记录下当时的市井风光与淳朴民风；在邂逅汉阳江口的知音时，伯牙谱写出《高山流水》，拉近了秋夜里两位知己彼此的心灵。我们写诗，我们作画，我们谱曲，我们尽情发挥着创造力去描绘所见所闻，我们因此成为人类的一分子，这既是“智能”的意义，也是我们生活的意义。

但是，人类真的不能赋予机器创造力吗？答案显然是否定的。

埃米尔·博雷尔在 1913 年发表的《静态力学与不可逆性》论文中，曾提出这样一个思想实验：假设猴子学会了随意按下打字机的按钮，当无数只猴子在无数台打字机上随机乱敲并持续无限久时，在某个时刻将会有猴子打出莎士比亚的全部著作。虽然最初这只是一个说明概率理论的例子，但它也诠释了机器具备创造力的可能性。只不过具备的条件过于苛刻，需要在随机性上叠加无穷的时间量度。

在科学家们的不懈努力下，这个时间量度从无限被缩减至有限。随着深度学习的发展和大模型的广泛应用，生成型人工智能已经走向成熟，人们沿着机器学习的道路，探索出了如今的智能创造。在智能创作时代，机器能够写诗，能够作画，能够谱曲，甚至能够与人类自然流畅地对话。人工智能生成内容（Artificial Intelligence Generated Content，AIGC）将带来一场深刻的生产力变革，而这场变革也将影响人们工作与生活的方方面面。

项目一理论小测

项目二

文本如画：Word 长文档的精美排版

知识目标：

1. 掌握样式的创建、修改与使用。
2. 掌握多级列表的使用方法和技巧。
3. 掌握题注、脚注、尾注的添加方法。
4. 熟悉交叉引用的正确使用。
5. 掌握域在页眉页脚的应用。
6. 熟悉分隔符在文档编排中的合理应用。
7. 掌握目录的自动生成。

能力目标：

1. 能够熟练地对长文档文本内容进行规范的格式处理，使长文档的各级标题、正文具有统一的格式，确保文档的精美。
2. 能够熟练地为长文档中的图片、表格添加题注。
3. 能够熟练地使用域为长文档添加个性化页眉、页脚。
4. 能够为格式规范化后的长文档自动生成目录。
5. 在长文档编排中遇到困难时能够随时向 ChatGPT 寻求帮助。

素养目标：

1. 培养信息获取与处理能力、批判性思维能力、问题解决能力、创新能力。
2. 培养综合素养，能够适应复杂多变的社会环境，具备持续学习和自我发展的能力。
3. 培养正确的道德观、爱岗敬业的精神、严谨细致的工作作风、团队协作的职业素养。

【项目导读】

在工作或学习中，经常需要编写一些长文档，如工作报告、商业合同、技术文档、宣传手册、学术论文、毕业论文、书稿等。这些长文档往往结构复杂，篇幅很多，包含大量的文字和图片，并且对格式及美观性要求非常高。一篇好的文档不仅要有高质量的内容，还要借助高质量的排版将其完美呈现出来，精美的排版往往可以使人在阅读时感觉赏心悦目。

【任务工单】

<table>
<tr><td>项目描述</td><td colspan="2">本项目通过对文档“ChatGPT 原理.docx”进行排版，介绍 Word 长文档的精美排版的具体方法，从而使学生掌握 Word 长文档“文本如画”的技能</td></tr>
<tr><td>任务名称</td><td colspan="2">任务一 样式应用与目录生成
任务二 引用图片和表格
任务三 设计页眉页脚
任务四 创新性自我挑战</td></tr>
<tr><td>任务列表</td><td>任务要点</td><td>任务要求</td></tr>
<tr><td>1. 使用多级列表</td><td>● 利用多级列表给章名、小节名添加自动编号
● 利用多级列表及样式为章名、小节名设置统一的格式</td><td rowspan="10">● 为长文档创建目录页和图索引页、表索引页
● 为章名、小节名分别设置统一的格式
● 正文中的文字格式一致
● 正文中的每章从新的一页开始显示
● 为图片和表格添加题注
● 正文中需要有页码
● 为正文奇数页添加页眉文字“章序号 章名”；为正文偶数页添加页眉文字“节序号 节名”
● 排版结果美观、规范</td></tr>
<tr><td>2. 创建及使用样式</td><td>● 创建样式
● 使用样式</td></tr>
<tr><td>3. 生成目录</td><td>● 根据规范化后的章名、小节名自动生成目录
● 理解目录在长文档中的重要性</td></tr>
<tr><td>4. 添加图注、表注</td><td>● 为长文档中的图片添加题注
● 为长文档中的表格添加题注</td></tr>
<tr><td>5. 插入脚注、尾注</td><td>● 为关键字添加脚注
● 为关键字添加尾注</td></tr>
<tr><td>6. 交叉引用</td><td>● 为文档中的“下图”设置交叉引用
● 为文档中的“下表”设置交叉引用</td></tr>
<tr><td>7. 创建图表目录</td><td>● 创建图片索引项
● 创建表格索引项</td></tr>
<tr><td>8. 合理选择分隔符</td><td>● 理解分页符、分节符的功能与区别
● 对长文档进行分页处理</td></tr>
<tr><td>9. 插入页脚</td><td>● 为文档正文插入页码
● 设置页码格式</td></tr>
<tr><td>10. 插入页眉</td><td>● 设置“奇偶页不同”
● 使用“域”插入个性页眉</td></tr>
<tr><td>11. 创新性自我挑战</td><td>● 任务分组
● 编写“个人职业生涯规划书”并进行排版
● 围绕家乡特色设计一份旅游推荐册</td><td>● 小组成员分工合理，在规定时间内完成 2 个子任务
● 探讨交流，互帮互助
● 内容充实有新意，格式规范</td></tr>
</table>

【任务分析】

与普通的文档相比，长文档往往有复杂的结构和层次，如章节、子章节、小节等。那我们该如何对 Word 长文档进行精美编排使其“文本如画”呢？

Word 长文档需要有清晰的结构来组织和呈现信息。常见的结构包括目录、章节、子章节、标题、图表、注释等，这些结构能帮助我们方便地阅读和理解文档。

为了便于编辑，可以将 Word 长文档划分为多节，每节有独立的页面格式、页眉页脚、页码等，这样能够提高文档的可维护性和灵活性。

Word 长文档中的文字、标题、段落可以使用样式来统一和美化。通过样式，Word 可以轻松地改变文档的外观，包括字体、字号、颜色、行距等，从而增强文档整体的一致性和可读性。

Word 长文档通常需要创建目录和索引，以便阅读和快速定位。通过标记关键词和标题样式，Word 可以自动生成或更新目录和索引。

我们可以通过 ChatGPT 来归纳 Word 长文档排版的关键技术，如图 2-1 所示。

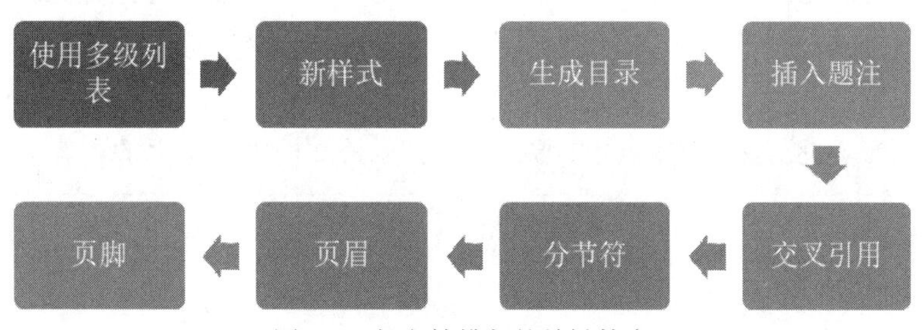

图 2-1　长文档排版的关键技术

【任务实施】

任务一　样式应用与目录生成

使用多级列表及样式来规范标题

子任务 1：使用多级列表

如果从未使用过 Word 中的多级列表，则可能并不清楚多级列表的作用，我们可以先向 ChatGPT 提问，让它告诉我们多级列表的作用及具体使用方法，如图 2-2 所示。

在 Word 中，可以使用多级列表来创建具有层次结构的项目列表，多级列表允许用户在不同的层级之间创建缩进和编号，并且可以根据需要进行自定义。

在编排长文档时，使用多级列表及样式不但可以为文档中的章名、小节名添加自动编号，还可以为章名、小节设置统一的格式。

本任务具体要求：

使用多级列表对 Word 长文档的章名、小节名进行自动编号，代替原始的编号。章名要求使用样式“标题 1”，居中显示；编号格式为“第 X 章”，其中 X 为章序号（即“第 1 章”“第

2 章”……）。小节名要求使用样式“标题 2”，左对齐显示；编号格式为“X.Y”，其中 X 为章序号，Y 为节序号（即“1.1”“1.2”……“2.1”“2.2”……）。

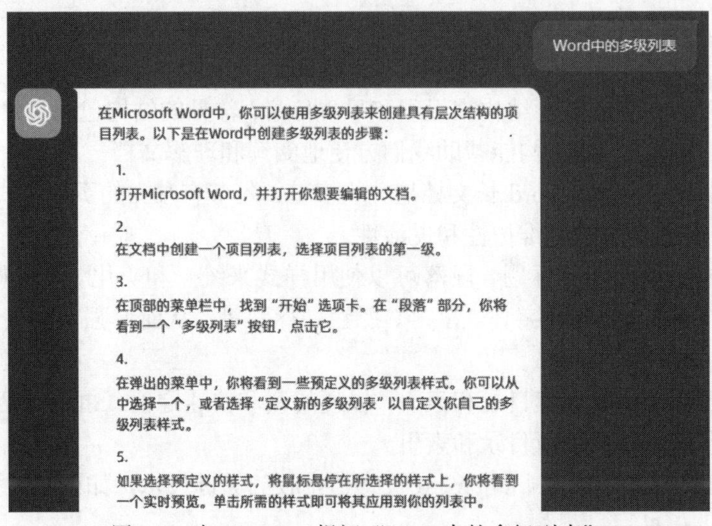

图 2-2　向 ChatGPT 提问“Word 中的多级列表”

操作过程：

先打开原始素材长文档“ChatGPT 原理.docx”，长文档中第 1 页的内容如图 2-3 所示。

ChatGPT 原理

第一章 NLP 入门

1.1 什么是 NLP

自然语言处理（Natural Language Processing,）简称 NLP 是人工智能领域中与人工语言交互的重要技术，如下图所示。它利用计算机来理解、处理和生成人类语言。

NLP

人类最基本也最重要的交流方式是语言。我们每天都在使用语言进行表达和交流，语言几乎贯穿人类活动的每一个方面。而 NLP 的目标就是让机器可以像人类那样自然、高效地理解和生成语言。

理解自然语言，让机器可以解析人类语言，理解其中的意思。这涉及到词性标注、句法分析、语义分析等任务。这些任务可以帮助机器理解人类语言的结构和含义。

生成自然语言，就是自动生成语言，能让机器根据输入生成语言输出。典型的任务有语言建模、文本摘要、对话生成等。这需要机器具有一定的语言表达能力。

翻译自然语言，使用机器将一种自然语言翻译成另一种语言。这是 NLP 的一个重要方向，有着广泛的应用前景。

图 2-3　长文档中第 1 页的内容

将鼠标光标置于“1.1 什么是 NLP”行上，单击“开始”选项卡中“段落”选项组的“多级列表”按钮，在弹出的下拉菜单中选择“定义新的多级列表”命令。

在打开的“定义新多级列表”对话框中，单击级别“1”，在“输入编号的格式”文本框中默认的带灰色底纹的“1”之前和之后分别输入“第”“章”。单击下方的“更多”按钮（单击后按钮将显示为“更少”），在“将级别链接到样式”下拉列表中选择“标题 1”选项。单击级别“2”，在“将级别链接到样式”下拉列表中选择“标题 2”选项，如图 2-4 所示，单击“确定”按钮。

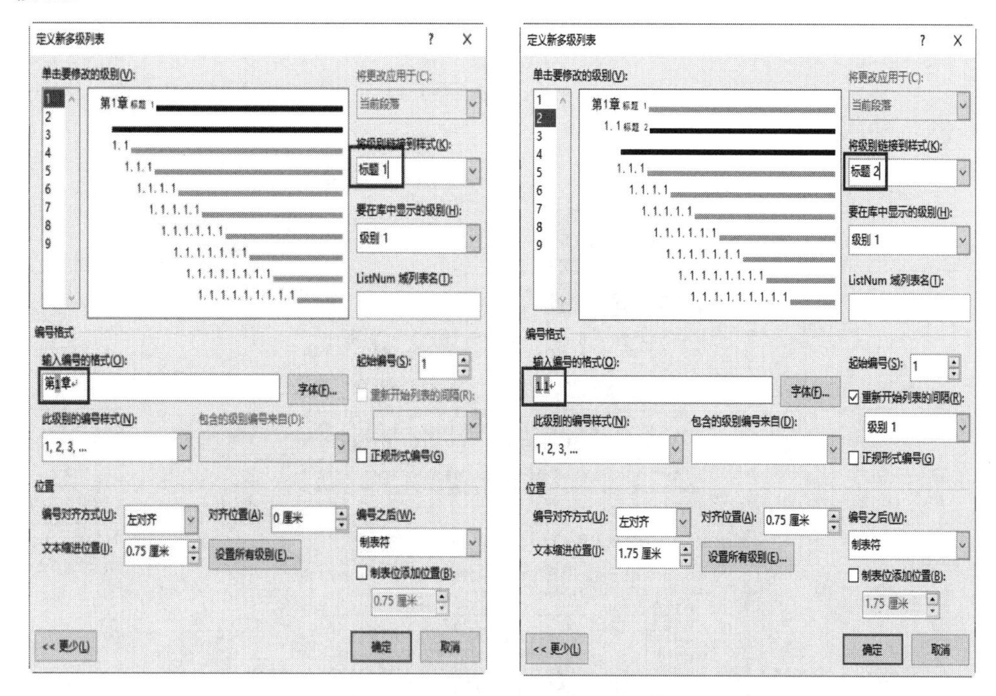

图 2-4　“定义新多级列表”对话框

在“开始”选项卡的“样式”选项组中，右击样式“标题 1”，在弹出的快捷菜单中选择“修改”命令。在打开的“修改样式”对话框中，单击“居中”按钮，如图 2-5 所示，再单击“确定”按钮，设置段落居中。使用类似的方法，右击样式“标题 2”　，在弹出的快捷菜单中选择“修改”命令，设置段落左对齐。

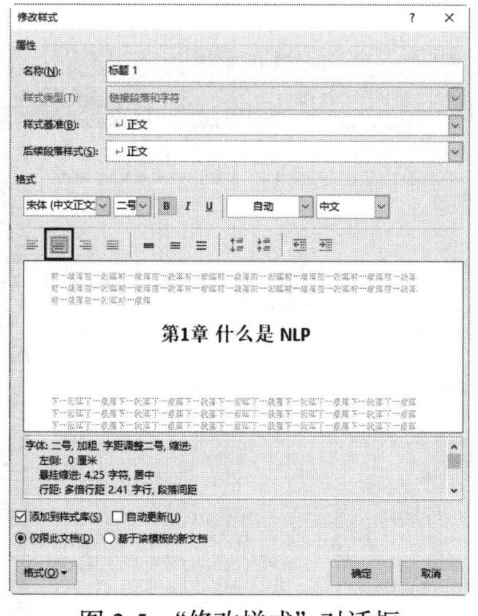

图 2-5　“修改样式”对话框

依次选中章名，单击样式“标题 1”应用样式，并删除原先多余的章编号。依次选中小节名，单击样式“标题 2”应用样式，并删除原先多余的节编号。

在应用样式“标题 1”“标题 2”后，长文档第 1 页的效果如图 2-6 所示。

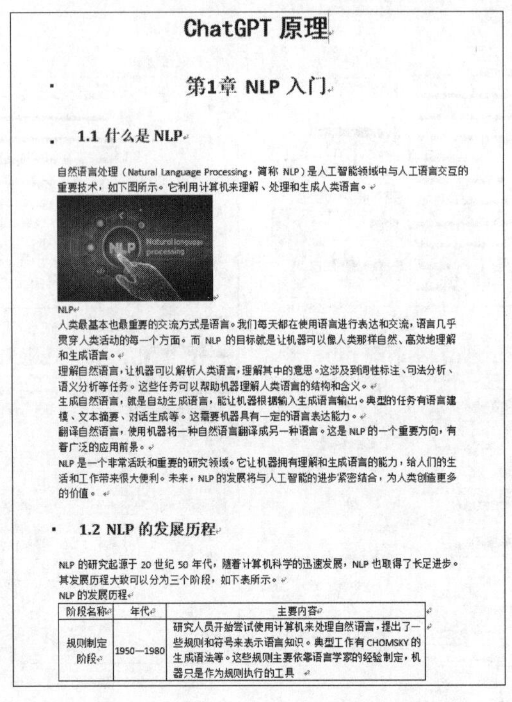

ChatGPT 原理

第1章 NLP 入门

1.1 什么是 NLP

自然语言处理（Natural Language Processing，简称 NLP）是人工智能领域中与人工语言交互的重要技术，如下图所示。它利用计算机来理解、处理和生成人类语言。

NLP

人类最基本也最重要的交流方式是语言。我们每天都在使用语言进行表达和交流，语言几乎贯穿人类活动的每一个方面。而 NLP 的目标就是让机器可以像人类那样自然、高效地理解和生成语言。

理解自然语言，让机器可以解析人类语言，理解其中的意思。这涉及到词性标注、句法分析、语义分析等任务。这些任务可以帮助机器理解人类语言的结构和含义。

生成自然语言，就是自动生成语言，能让机器根据输入生成语言输出。典型的任务有语言建模、文本摘要、对话生成等。这需要机器具有一定的语言表达能力。

翻译自然语言，使用机器将一种自然语言翻译成另一种语言。这是 NLP 的一个重要方向，有着广泛的应用前景。

NLP 是一个非常活跃和重要的研究领域。它让机器拥有理解和生成语言的能力，给人们的生活和工作带来很大便利。未来，NLP 的发展将与人工智能的进步紧密结合，为人类创造更多的价值。

1.2 NLP 的发展历程

NLP 的研究起源于 20 世纪 50 年代，随着计算机科学的迅速发展，NLP 也取得了长足进步。其发展历程大致可以分为三个阶段，如下表所示。

NLP 的发展历程

阶段名称	年代	主要内容
规则制定阶段	1950—1980	研究人员开始尝试使用计算机来处理自然语言，提出了一些规则和符号来表示语言知识。典型工作有 CHOMSKY 的生成语法等。这些规则主要依靠语言学家的经验制定，机器只是作为规则执行的工具

图 2-6　应用样式“标题 1”“标题 2”后的长文档第 1 页的效果

子任务 2：创建及使用样式

创建及使用样式

我们先向 ChatGPT 提问，让它告诉我们 Word 中样式的作用，如图 2-7 所示。

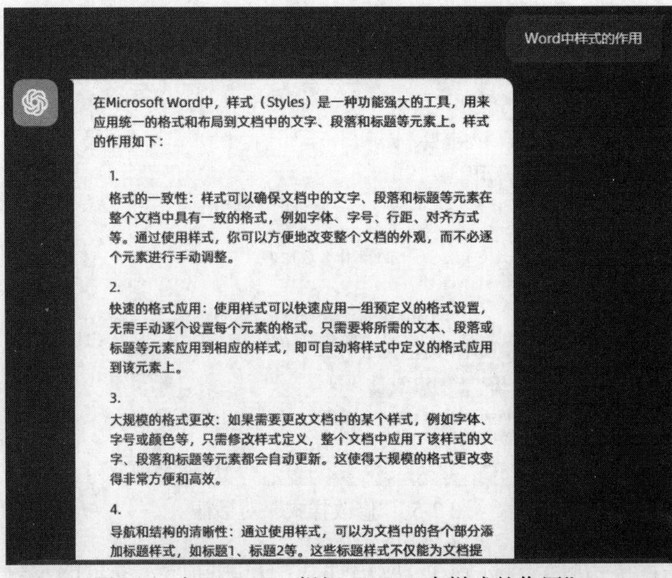

Word中样式的作用

在Microsoft Word中，样式（Styles）是一种功能强大的工具，用来应用统一的格式和布局到文档中的文字、段落和标题等元素上。样式的作用如下：

1.
格式的一致性：样式可以确保文档中的文字、段落和标题等元素在整个文档中具有一致的格式，例如字体、字号、行距、对齐方式等。通过使用样式，你可以方便地改变整个文档的外观，而不必逐个元素进行手动调整。

2.
快速的格式应用：使用样式可以快速应用一组预定义的格式设置，无需手动逐个设置每个元素的格式。只需要将所需的文本、段落或标题等元素应用到相应的样式，即可自动将样式中定义的格式应用到该元素上。

3.
大规模的格式更改：如果需要更改文档中的某个样式，例如字体、字号或颜色等，只需修改样式定义，整个文档中应用了该样式的文字、段落和标题等元素都会自动更新。这使得大规模的格式更改变得非常方便和高效。

4.
导航和结构的清晰性：通过使用样式，可以为文档中的各个部分添加标题样式，如标题1、标题2等。这些标题样式不仅能为文档提

图 2-7　向 ChatGPT 提问“Word 中样式的作用”

本任务具体要求：

新建样式“样式 001”。样式的字体格式如下，中文字体为“楷体”，英文字体为“Times New Roman”，字号为“小四”。样式的段落格式如下，首行缩进为 2 字符，段前为 0.5 行，段后为 0.5 行，行距为 1.5 倍，两端对齐。将新建的样式“样式 001”应用于正文中的文字，不包括章名、小节名、表格中文字、表和图的题注文字。

操作过程：

先将鼠标光标置于非章名、小节名的任意正文中，单击“开始”选项卡中“样式”选项组右下角的“样式”窗格启动器按钮。在打开的“样式”窗格中，单击“新建样式”按钮，如图 2-8 所示。

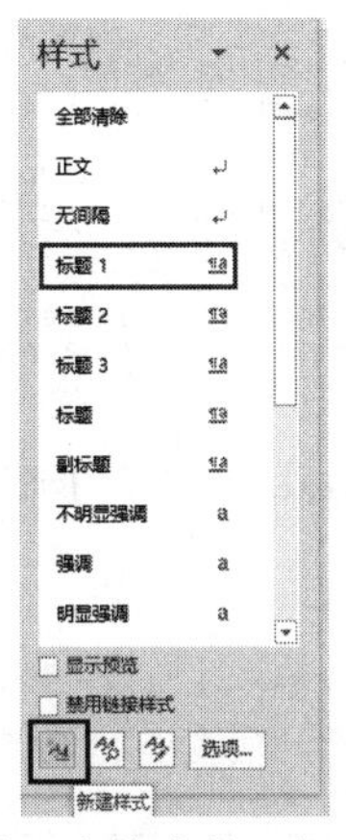

图 2-8　“样式”窗格中的“新建样式”按钮

在打开的“根据格式化创建新样式”对话框中，修改样式名称为“样式 001”。在“格式”区域中设置字体格式如下，中文字体为“楷体”，英文字体为“Times New Roman”，字号为“小四”。在“格式”区域中设置段落格式如下，首行缩进为 2 字符，段前为 0.5 行，段后为 0.5 行，行距为 1.5 倍，两端对齐，如图 2-9 所示，单击“确定”按钮。

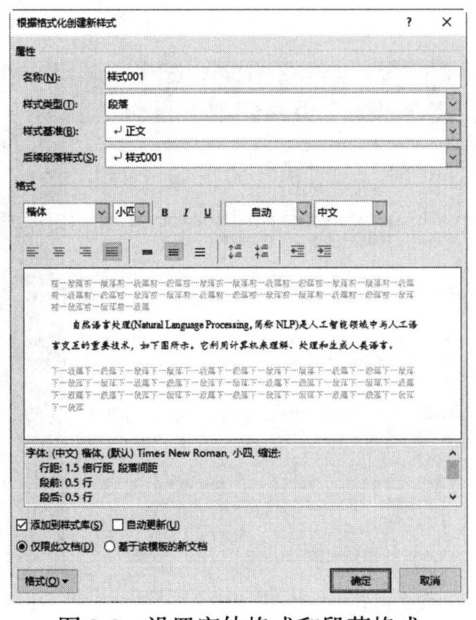

图 2-9　设置字体格式和段落格式

选中文档中除章名、小节名、表格、表和图的题注文字外的文字内容，选择应用样式“样式 001”。

在应用样式“样式 001”后，长文档第 2 页的效果如图 2-10 所示。

能力，给人们的生活和工作带来很大便利。未来，NLP 的发展将与人工智能的进步紧密结合，为人类创造更多的价值。

1.2 NLP 的发展历程

NLP 的研究起源于 20 世纪 50 年代，随着计算机科学的迅速发展，NLP 也取得了长足进步。其发展历程大致可以分为三个阶段，如下表所示。

NLP 的发展历程

阶段名称	年代	主要内容
规则制定阶段	1950—1980	研究人员开始尝试使用计算机来处理自然语言，提出了一些规则和符号来表示语言知识。典型工作有 CHOMSKY 的生成语法等。这些规则主要依靠语言学家的经验制定，机器只是作为规则执行的工具
统计方法阶段	1980—2010	大数据与机器学习技术兴起，研究人员开始使用统计方法来处理语言。开始出现基于统计的机器翻译、词性标注等系统。这些统计模型可以自动学习语言知识而不仅依靠人工制定的规则。典型工作有 IBM 的统计机器翻译模型等
深度学习阶段	2010 年至今	深度学习技术的发展带来了 NLP 的革命，神经网络被成功应用于 NLP 各个领域。出现了聊天机器人、机器翻译、文本生成等应用。深度学习模型如 BERT、GPT 等打破了统计模型的局限，在许多 NLP 任务上达到甚至超过人类的性能

第2章 机器学习概述

2.1 什么是机器学习

机器学习是一门研究如何让机器自动获取知识并改进自身的技术。它属于人工智能的一个分支，使得机器可以从数据中学习、变得更加智能而无需明确的编程，如下图所示。

图 2-10　应用样式“样式 001”后的长文档第 2 页的效果

子任务 3：生成目录

生成目录

我们先向 ChatGPT 提问，让它告诉我们 Word 中如何自动生成目录，如图 2-11 所示。

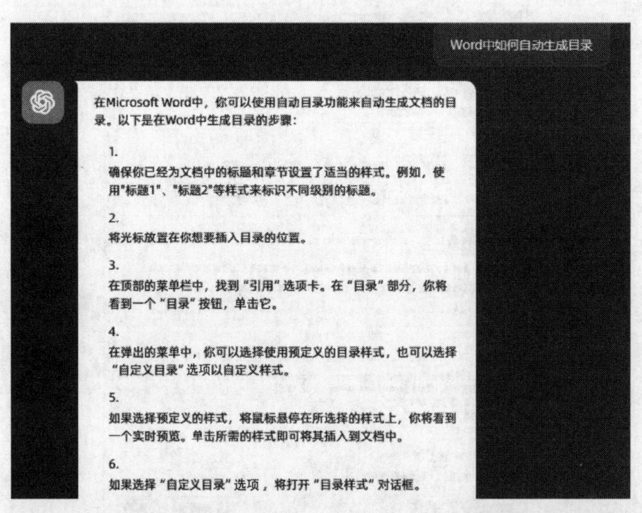

Word中如何自动生成目录

在Microsoft Word中，你可以使用自动目录功能来自动生成文档的目录。以下是在Word中生成目录的步骤：

1.
确保你已经为文档中的标题和章节设置了适当的样式。例如，使用"标题1"、"标题2"等样式来标识不同级别的标题。

2.
将光标放置在你想要插入目录的位置。

3.
在顶部的菜单栏中，找到“引用”选项卡。在“目录”部分，你将看到一个“目录”按钮，单击它。

4.
在弹出的菜单中，你可以选择使用预定义的目录样式，也可以选择“自定义目录”选项以自定义样式。

5.
如果选择预定义的样式，将鼠标悬停在所选择的样式上，你将看到一个实时预览。单击所需的样式即可将其插入到文档中。

6.
如果选择“自定义目录”选项，将打开“目录样式”对话框。

图 2-11　向 ChatGPT 提问“Word 中如何自动生成目录”

本任务具体要求：

在正文前插入 1 页空白页作为目录页。在目录页的第 1 行居中位置显示“目录”文字并应用“标题 1”样式 ；从第 2 行开始，使用“引用”中的目录功能自动生成文档目录。

操作过程：

先将鼠标光标置于正文最前面，单击“布局”选项卡中“页面设置”选项组的“分隔符”按钮 ，在弹出的下拉菜单中选择“分节符”→“下一页”命令。

在新插入的第 1 页空白页中，双击第 1 行的居中位置，输入文字“目录”并应用样式“标题 1”，删除“目录”前的“第 1 章”。按回车键另起一行，单击“引用”选项卡中“目录”选项组的“目录”按钮，在弹出的下拉菜单中选择“自定义目录”命令。在打开的“目录”对话框中，设置显示级别为“2”，如图 2-12 所示，单击“确定”按钮。

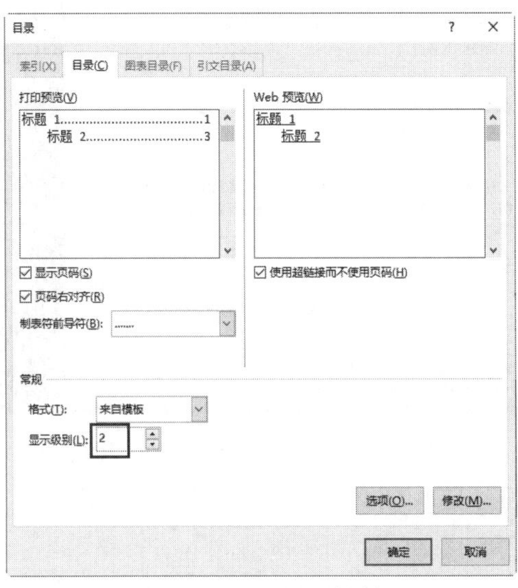

图 2-12　“目录”对话框

删除自动生成的目录中的第 1 行（即“目录”行），目录效果如图 2-13 所示。

目录

第 1 章　NLP 入门......2
1.1　什么是 NLP......2
1.2　NLP 的发展历程......3
第 2 章　机器学习概述......3
2.1　什么是机器学习......3
2.2　机器学习的类型......4
第 3 章　语言模型......5
3.1　什么是语言模型......5
3.2　n-gram 语言模型的简介......6
3.3　神经网络语言模型......6
第 4 章　ChatGP 模型......7
4.1　ChatGPT 模型架构......7
4.2　chatgpt 的训练数据......7
4.3　ChatGPT 的预训练技术......8
第 5 章　小结与展望......8
5.1　ChatGPT 模型的特点小结......8
5.2　语言生成技术与人工智能的未来......9

图 2-13　目录效果

任务二　引用图片和表格

添加图表题注

子任务 1：添加图注、表注

我们先向 ChatGPT 提问，让它告诉我们 Word 中题注的作用及添加方法，如图 2-14 所示。

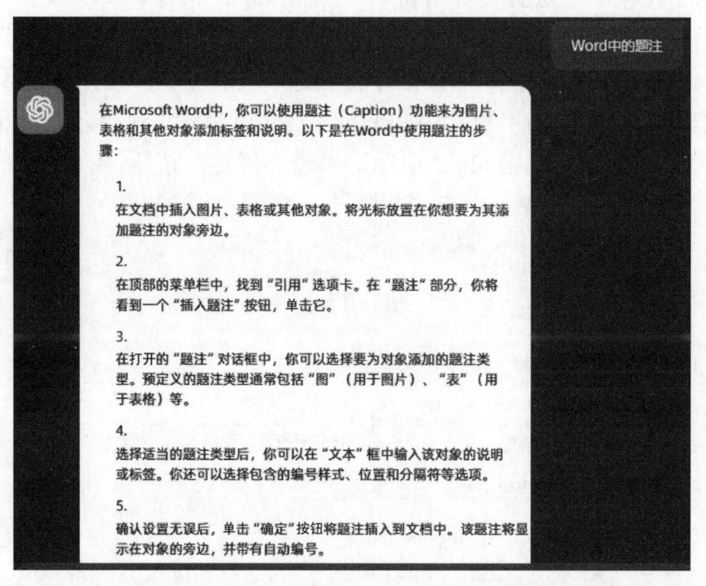

图 2-14　向 ChatGPT 提问“Word 中的题注”

> **小提示：**
> 在 Word 中，可以使用题注功能为图片、表格和其他对象添加标签和说明，并可以根据题注自动生成索引项。

本任务具体要求：

对正文中的图片添加题注“图”，题注位于图片下方，题注编号为“章序号-图片在章中的序号”（例如，第 1 章中的第 2 张图片，题注编号为“1-2”），题注的说明文字为图片下的一行文字，图片及题注居中显示。对正文中的表格添加题注“表”，题注位于表格上方，题注编号为“章序号-表格在章中的序号”（例如，第 2 章中的第 1 张表格，题注编号为“2-1”），表格的说明文字使用表格的上一行文字，表及题注居中显示。

操作过程：

先将鼠标光标置于第一张图片下的一行文字前，单击“引用”选项卡中“题注”选项组的“插入题注”按钮。在打开的“题注”对话框中，单击“新建标签”按钮。在打开的“新建标签”对话框中，设置标签为“图”，单击“确定”按钮。在“题注”对话框中，单击“编号”按钮。在打开的“题注编号”对话框中，勾选“包含章节号”复选框，单击“确定”按钮。此时的“题注”对话框如图 2-15 所示，单击“确定”按钮。在题注编号与题注文字内容之间输入一个空格。分别选中图片和题注，单击“开始”选项卡中“段落”选项组的“居中”按钮，第一张图片的题注效果如图 2-16 所示。

图 2-15　“题注”对话框

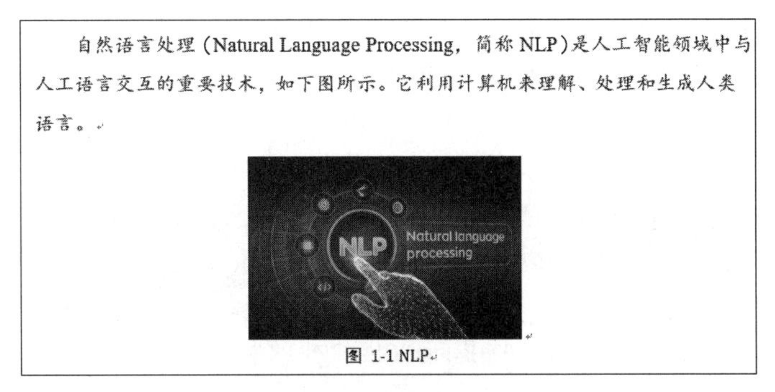
自然语言处理（Natural Language Processing，简称 NLP）是人工智能领域中与人工语言交互的重要技术，如下图所示。它利用计算机来理解、处理和生成人类语言。

图 1-1 NLP

图 2-16　第一张图片的题注效果

对其他的图片重复以上操作，添加相应的题注。

将鼠标光标置于第一张表格上的一行文字前，单击“引用”选项卡中“题注”选项组的“插入题注”按钮。在打开的“题注”对话框中，单击“新建标签”按钮。在打开的“新建标签”对话框中，设置标签为“表”，并单击“确定”按钮。在“题注”对话框中，单击“编号”按钮。在打开的“题注编号”对话框中，勾选“包含章节号”复选框，单击“确定”按钮，再次单击“确定”按钮，即可在题注编号与题注文字内容之间输入一个空格。分别选中表格和题注，单击“开始”选项卡中“段落”选项组的“居中”按钮，第一张表格的题注效果如图 2-17 所示。

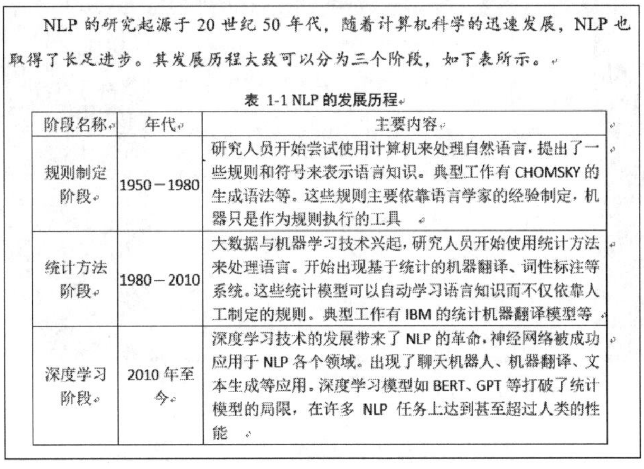

NLP 的研究起源于 20 世纪 50 年代，随着计算机科学的迅速发展，NLP 也取得了长足进步。其发展历程大致可以分为三个阶段，如下表所示。

表 1-1 NLP 的发展历程

阶段名称	年代	主要内容
规则制定阶段	1950－1980	研究人员开始尝试使用计算机来处理自然语言，提出了一些规则和符号来表示语言知识。典型工作有 CHOMSKY 的生成语法等。这些规则主要依靠语言学家的经验制定，机器只是作为规则执行的工具
统计方法阶段	1980－2010	大数据与机器学习技术兴起，研究人员开始使用统计方法来处理语言。开始出现基于统计的机器翻译、词性标注等系统。这些统计模型可以自动学习语言知识而不仅依靠人工制定的规则。典型工作有 IBM 的统计机器翻译模型等
深度学习阶段	2010 年至今	深度学习技术的发展带来了 NLP 的革命，神经网络被成功应用于 NLP 各个领域。出现了聊天机器人、机器翻译、文本生成等应用。深度学习模型如 BERT、GPT 等打破了统计模型的局限，在许多 NLP 任务上达到甚至超过人类的性能

图 2-17　第一张表格的题注效果

对其他的表格重复以上操作，添加相应的题注。

子任务 2：插入脚注、尾注

知识链接：

在 Word 中，脚注和尾注用于在文档中插入注释或引用。它们是文档的补充信息，通常用于解释术语、提供引用或提供其他相关的注释。

脚注位于页面的底部，而尾注则位于整篇文档的末尾。

本任务具体要求：

为文档标题中的“ChatGPT”插入脚注，脚注内容为向 ChatGPT 提问“ChatGPT 的中文名称是什么”时所给出的答案。为文档正文第 3 行中的“人工智能”插入尾注，尾注内容为根据向 ChatGPT 提问“人工智能的概念”时所给出的答案归纳得出的。

操作过程：

先向 ChatGPT 提问，让它告诉我们 ChatGPT 的中文名称，如图 2-18 所示。

图 2-18　向 ChatGPT 提问“ChatGPT 的中文名称是什么”

“闲聊AI”或“对话AI”

ChatGPT[1]原理

第1章 NLP 入门

图 2-19　插入脚注后的效果

选中文档标题中的“ChatGPT”，单击“引用”选项卡中“脚注”选项组的“插入脚注”按钮，在页面底部的脚注区域中输入 ChatGPT 给出的答案“‘闲聊 AI’或‘对话 AI’”。添加脚注后，在标题中的“ChatGPT”的右上角出现引用标志，当鼠标指针指向“ChatGPT”时就会显示脚注内容，插入脚注后的效果如图 2-19 所示。

再向 ChatGPT 提问，让它告诉我们人工智能的概念，如图 2-20 所示。

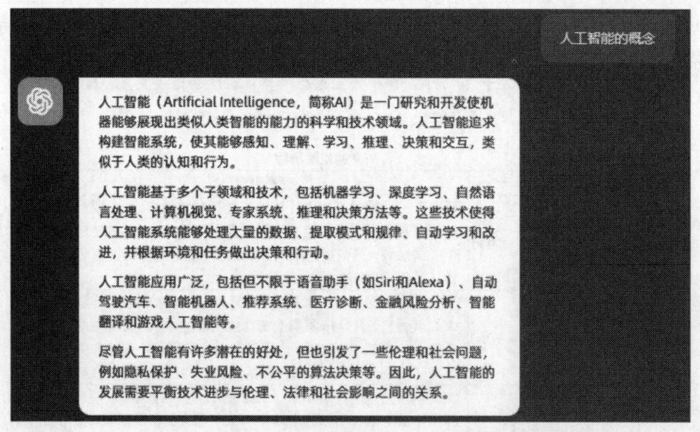

图 2-20　向 ChatGPT 提问“人工智能的概念”

选中文档正文第 3 行中的“人工智能”，单击“引用”选项卡中“脚注”选项组的“插入尾注”按钮，在文档末尾的尾注区域中输入 ChatGPT 给出的答案“人工智能（Artificial Intelligence，简称 AI）是一门研究和开发使机器能够展现出类似人类智能的能力的科学和技术领域。人工智能追求构建智能系统，使其能够感知、理解、学习、推理、决策和交互，类似于人类的认知和行为。”添加尾注后，在正文第 3 行中的“人工智能”的右上角出现引用标志，当鼠标指针指向“人工智能”时就会显示尾注内容。

子任务 3：交叉引用

使用交叉引用

我们先向 ChatGPT 提问，让它告诉我们 Word 中交叉引用的作用及添加方法，如图 2-21 所示。

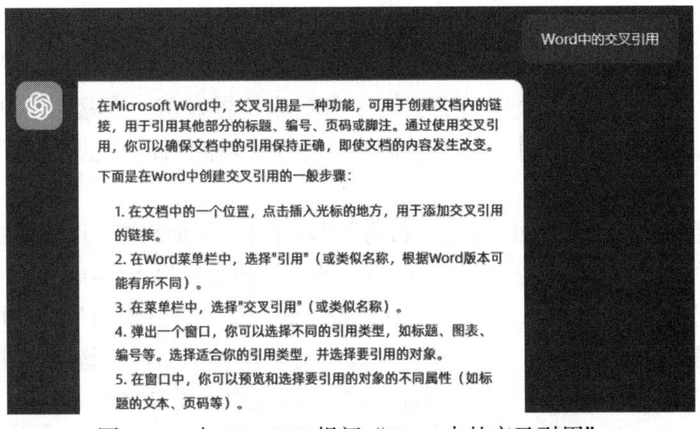

图 2-21　向 ChatGPT 提问“Word 中的交叉引用”

本任务具体要求：

对正文中出现“如下图所示”的“下图”二字使用交叉引用，将其更改为“图 X-Y”，其中“X-Y”为图题注的编号。对正文中出现“如下表所示”的“下表”二字使用交叉引用，将其更改为“表 X-Y”，其中“X-Y”为表题注的编号。

操作过程：

先选中文档第一张图片上方“如下图所示”中的“下图”二字，再单击“引用”选项卡中“题注”选项组的“交叉引用”按钮。在打开的“交叉引用”对话框中，设置“引用类型”为“图”，“引用内容”为“仅标签和编号”，“引用哪一个题注”为“图 1-1 NLP”，如图 2-22 所示。单击“插入”按钮，完成交叉应用的创建，当鼠标指针指向“图 1-1”时就会出现链接提示，效果如图 2-23 所示。使用同样的方法，完成所有图片及表格的交叉引用的创建。

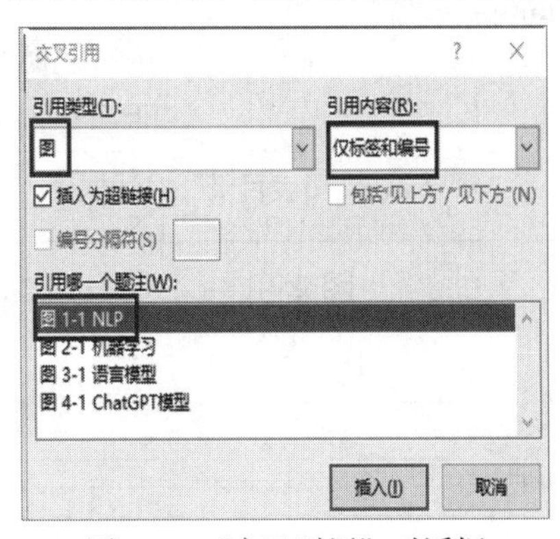

图 2-22　“交叉引用”对话框

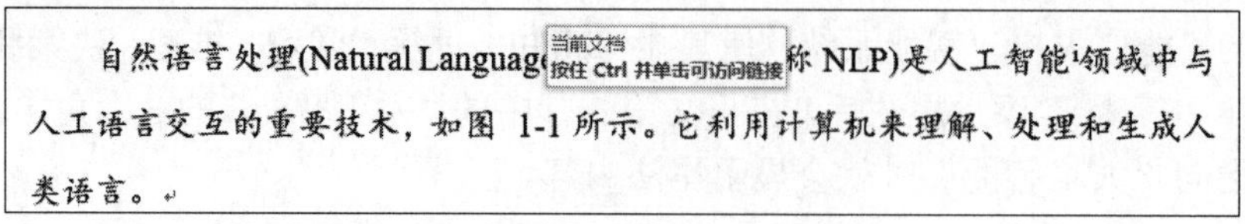

自然语言处理(Natural Languag 当前文档 按住 Ctrl 并单击可访问链接 称 NLP)是人工智能领域中与人工语言交互的重要技术，如图 1-1 所示。它利用计算机来理解、处理和生成人类语言。

图 2-23　创建交叉引用后的效果

创建图表目录

子任务 4：创建图表目录

本任务具体要求：

在目录页后插入 2 页空白页，且每页为单独一节。在第 1 页空白页的第 1 行居中位置显示文字“图索引”并应用“标题 1”样式 ；从第 2 行开始，使用“引用”菜单中的目录功能来自动生成图索引项。在第 2 页空白页的第 1 行居中位置显示“表索引”文字并应用“标题 1”样式 ；从第 2 行开始，使用“引用”菜单中的目录功能来自动生成表索引项。

操作过程：

先将鼠标光标置于正文最前面，单击“布局”选项卡中“页面设置”选项组的“分隔符”按钮，在弹出的下拉菜单中选择“分节符”→“下一页”命令，再重复以上操作新建 2 页空白页。

在第 1 页空白页中，双击第 1 行的居中位置，输入文字“图索引”并应用样式“标题 1”，删除“图索引”前的“第 1 章”。按回车键另起一行，单击“引用”选项卡中“题注”选项组的“插入表目录”按钮。在打开的“图表目录”对话框中，设置题注标签为“图”，如图 2-24 所示，单击“确定”按钮。自动生成的“图索引”目录如图 2-25 所示。

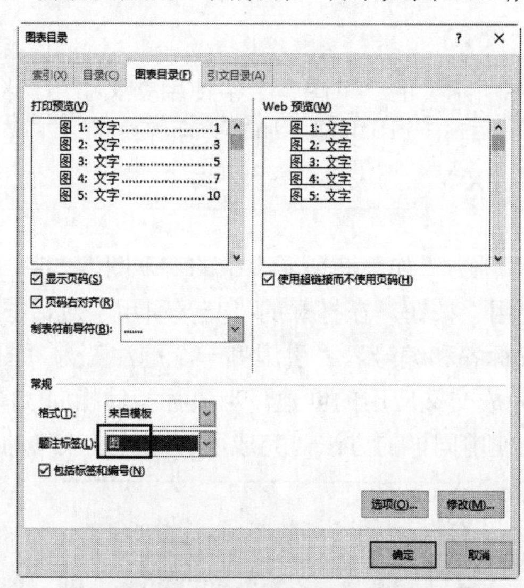

图 2-24　“图表目录”对话框

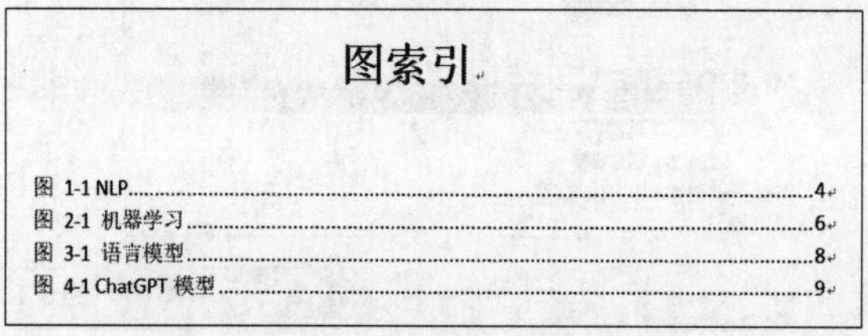

图索引

图 2-25　“图索引”目录

使用同样的方法，在第 2 页空白页中生成“表索引”目录，效果如图 2-26 所示。

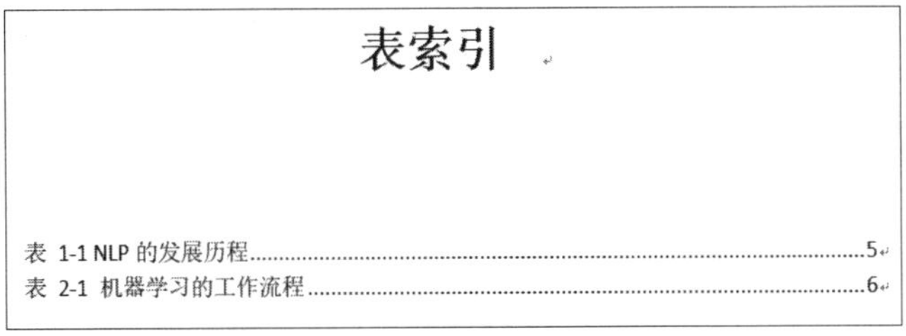

表索引

图 2-26　“表索引”目录效果

任务三　设计页眉页脚

子任务 1：合理选择分隔符

我们先向 ChatGPT 提问，让它告诉我们 Word 中分页符与分节符的作用与区别，如图 2-27 所示。

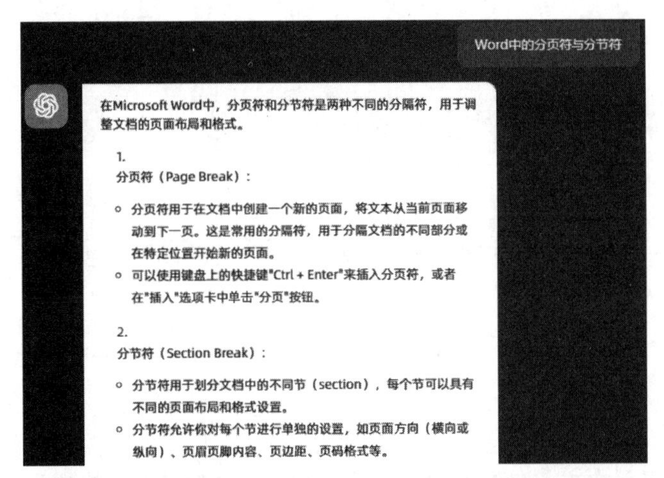

图 2-27　向 ChatGPT 提问“Word 中的分页符与分节符”

小提示：

分页符和分节符是两种不同的分隔符，用于调整文档的页面布局和格式。

分页符用于在文档中创建一个新的页面，将文本从当前页面移动到下一页。这是常用的分隔符，用于分隔文档的不同部分，或者在特定位置创建新的页面。

分节符用于划分文档中的不同节，每节可以具有不同的页面布局和格式设置。分节符允许用户对每节进行单独的设置，如页面方向、页眉页脚内容、页边距、页码格式等。首先通过在“布局”选项卡中单击“分节符”按钮来插入分节符，然后选择适合的分节类型，如“下一页”“连续”“奇偶页”等。

本任务具体要求：

通过添加分隔符让正文的每章在新的一页中显示，且每章为单独一节。

操作过程：

先将鼠标光标置于文字“第 2 章”的最前面，单击“布局”选项卡中“页面设置”选项组的“分隔符”按钮 ，在弹出的下拉菜单中选择“分节符”→“下一页”命令。

后面的各章进行相同的操作。

子任务 2：插入页脚

本任务具体要求：

在正文的页脚中插入页码，居中显示。页码采用“1,2,3,...”格式，页码连续，从“1”开始。

操作过程：

双击正文首页页脚区，单击“设计”选项卡中“导航”选项组的“链接到前一条页眉”按钮，断开与前面节的链接。单击“设计”选项卡中“页眉和页脚”选项组的“页码”按钮，在弹出的下拉菜单中选择“页面底端”→“普通数字 2”命令，如图 2-28 所示。

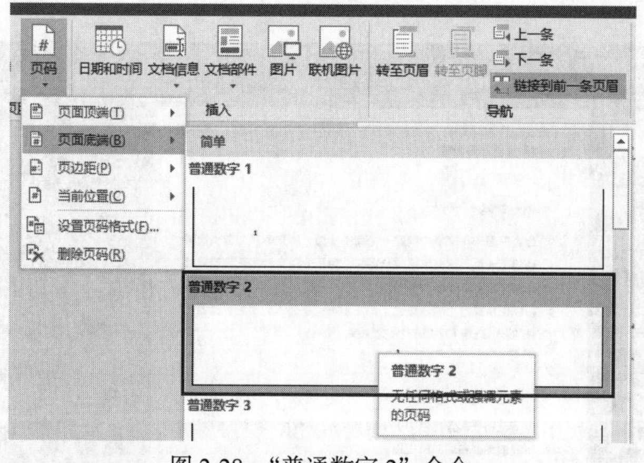

图 2-28 “普通数字 2”命令

选中插入的页码并右击，在弹出的快捷菜单中选择“设置页码格式”命令。在打开的“页码格式”对话框中，设置“编号格式”为“1,2,3,...”，页码编号的“起始页码”为“1”，如图 2-29 所示，单击“确定”按钮。

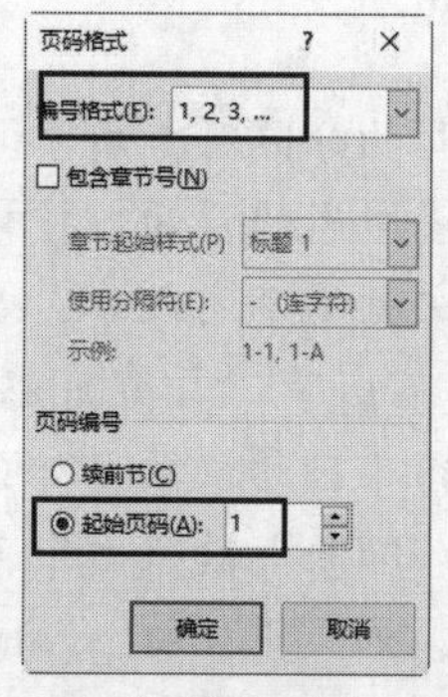

图 2-29 “页码格式”对话框

子任务 3：插入页眉

奇偶页插入不同的页眉

我们先向 ChatGPT 提问，让它告诉我们 Word 中域的作用、类型及使用方法，如图 2-30 所示。

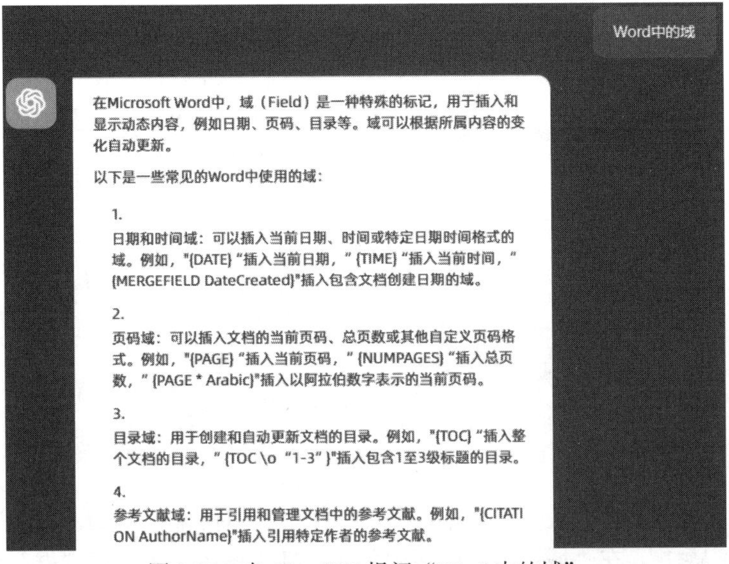

图 2-30　向 ChatGPT 提问“Word 中的域”

> **小提示：**
>
> 在 Word 中，域是一种特殊的标记，用于插入和显示动态内容，如日期、页码、目录等。域可以根据所属内容的变化来自动更新。

本任务具体要求：

使用域为正文添加页眉，居中显示。对于奇数页，页眉中的文字为“章序号 章名”（如“第 1 章 NLP 入门”）；对于偶数页，页眉中的文字为“节序号 节名”（如“1.2 NLP 的发展历程”）。更新文档目录、图索引项、表索引项。

操作过程：

先将鼠标光标置于正文的首页页眉处，在“设计”选项卡的“导航”选项组中，勾选“奇偶页不同”复选框，单击“链接到前一条页眉”按钮，断开与前一条页眉的链接，如图 2-31 所示。

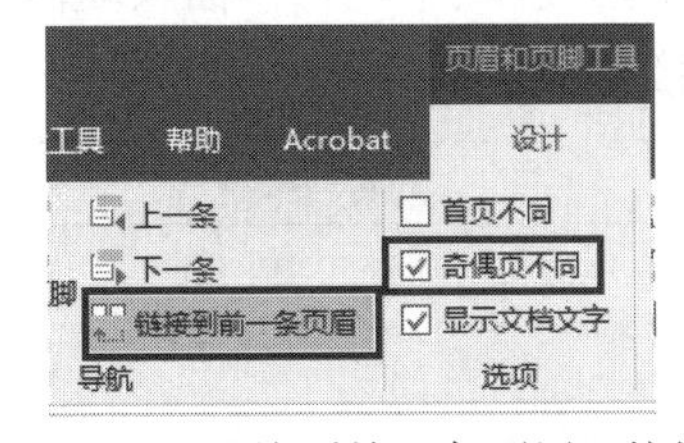

图 2-31　“链接到前一条页眉”按钮

单击“插入”选项卡中“文本”选项组的“文档部件”按钮，在弹出的下拉菜单中选择“域”命令。在打开的“域”对话框中，设置“域名”为“StyleRef”，“样式名”为“标题 1”，在“域选项”区域中勾选“插入段落编号”复选框，如图 2-32 所示，单击“确定”按钮。

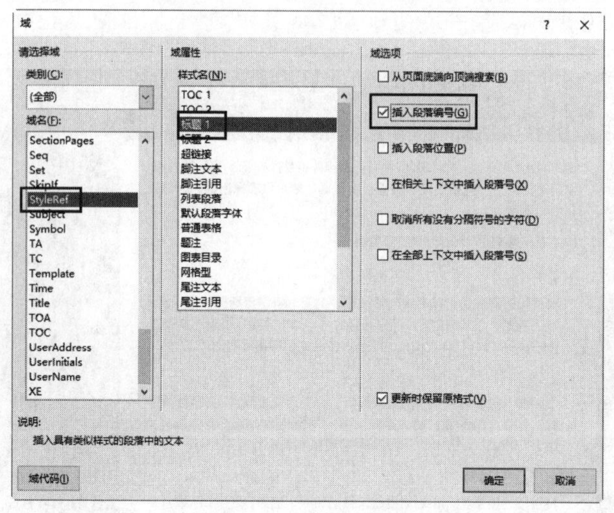

图 2-32 “域”对话框

在显示的“第 1 章”后输入一个空格，再次打开“域”对话框，设置“域名”为“StyleRef”，“样式名”为“标题 1”，在“域选项”区域中勾选“插入段落位置”复选框，单击“确定”按钮，显示章名的页眉效果如图 2-33 所示。

图 2-33　显示章名的页眉效果

将鼠标光标置于正文的第二页页眉处，在“设计”选项卡的“导航”选项组中，单击“链接到前一条页眉”按钮，断开与前一条页眉的链接。在打开的“域”对话框中，设置“域名”为“StyleRef”，“样式名”为“标题 2”，在“域选项”区域中勾选“插入段落编号”复选框，单击“确定”按钮。

在显示的“1.2”后输入一个空格，再次打开“域”对话框，设置“域名”为“StyleRef”，“样式名”为“标题 2”，在“域选项”区域中勾选“插入段落位置”复选框，最后单击“确定”按钮，显示节名的页眉效果如图 2-34 所示。

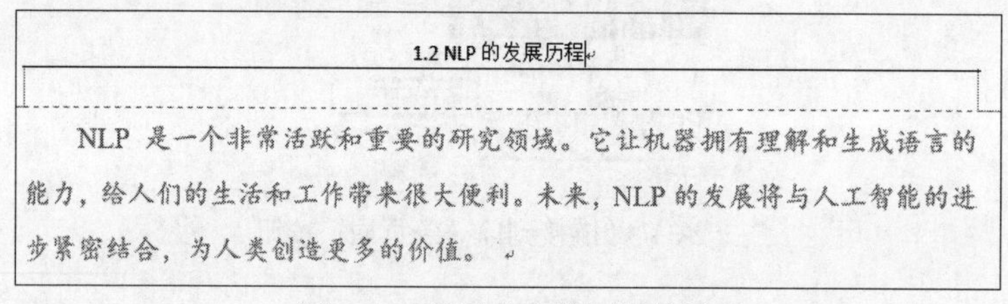

图 2-34　显示节名的页眉效果

插入页眉后，会发现正文偶数页的页码已不再显示，需要重新插入正文偶数页的页码。

因为重新设置了页码，前三页目录页中的页码不正确，需要对目录页进行更新。右击目录区，在弹出的快捷菜单中选择“更新域”命令。在打开的“更新目录”对话框中，选中“更新整个目录”单选按钮，如图 2-35 所示，单击“确定”按钮，删除多余的目录内容。

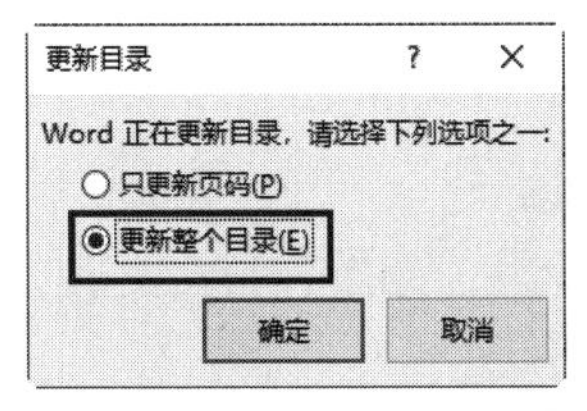

图 2-35　“更新目录”对话框

ChatGPT 原理-排版最终效果

任务四　创新性自我挑战

子任务 1：撰写个人职业生涯规划书并进行排版

无论对于学习、工作，还是对于生活，每个人心中都有一个蓝图。工作的时间占用了人生的三分之二，所以职业规划对于我们的人生来说是非常重要的。

职业生涯规划是指通过对个人职业兴趣、职业价值观、个性、语言能力、动手能力、社交能力、组织管理能力等综合因素进行详细了解后，以具体的文案方式对个人适合的职业类别、工作环境和单位类别进行确定的一种职业指导。职业生涯规划能够帮助人们更好地了解自身的优势及缺陷，以便有针对性地学习、提高，是帮助人们就业、再就业的方法，还是帮助许多企业和个人发展的不可或缺的重要手段。

请根据你的实际情况撰写一份个人职业生涯规划书并进行排版。

内容要求：可以分为自我认知、职业能力倾向、职业选择、调整与优化等板块。

字数要求：1500 字以上。

排版要求：参照本项目中介绍的 Word 长文档排版格式。

子任务 2：围绕家乡特色设计一份旅游推荐册

我们都会说自己的家乡很美，充满历史和文化底蕴，有着许多美丽的景点和独特的自然风光。

请你围绕家乡特色，设计一份旅游推荐册。可以从历史文化、自然风光、美食、民俗文化、休闲度假、农业观光、艺术文化、科技创新等方面介绍。

字数要求：2000 字以上。

排版要求：参照本项目中介绍的 Word 长文档排版格式。

【任务考评】

项目名称					
项目成员					
评价项目	评价内容	分值	自评 20%	互评 30%	师评 50%
职业素养 （40%）	具有良好的计算机使用习惯，爱护公共设施，环境整洁	5			
	纪律性强，不迟到早退，按时完成承担的任务	10			
	态度端正、工作认真、积极承担困难任务	5			
	发现问题后能主动寻求解决办法，及时和教师、同学探讨	10			
	团结合作意识强，主动帮助他人	10			
专业能力 （60%）	能使用多级列表对章名、小节名进行自动编号	10			
	能新建和应用样式	5			
	能自动生成文档目录	10			
	能对文档进行分页	5			
	能利用域为文档奇、偶页设置不同的页眉	20			
	能为文档添加页码	5			
	能更新目录	5			
合计	综合得分：__________	100			
总结反思	1．学到的新知识： 2．掌握的新技能： 3．项目反思：你遇到的困难有哪些，你是如何解决的？ 学生签字：				
综合评语	教师签字：				

【能力拓展】

拓展训练 1：“5G 时代智慧医疗健康白皮书”的规范化排版

利用表格或文本框排版

5G 医疗健康是 5G 技术在医疗健康行业的一个重要应用领域。随着 5G 技术正式商用的到来，以及大数据、“互联网+”、人工智能、区块链等前沿技术的充分整合和运用。5G 医疗健康呈现出强大的影响力和生命力，对深化医药卫生体制改革、加快“健康中国”建设，以及推动医疗健康产业发展，起到重要的支撑作用。

当前，我国 5G 医疗健康的发展尚处于起步阶段，在顶层架构、系统设计和落地模式上还需要不断完善，但是 5G 医疗健康的前期探索已经取得良好的应用示范成果，实现了 5G 技术在医疗健康领域包括远程会诊、远程超声、远程手术、应急救援、远程示教、远程监护、智慧导诊、移动医护、智慧院区管理、AI 辅助诊断等众多场景的广泛应用。

通过互联网检索和 ChatGPT 问答，请你整理一份“5G 时代智慧医疗健康白皮书”文档并进行规范化排版。

> 想一想
> 如何为 Word 长文档添加精美的封面？

拓展训练 2：“水处理项目商业计划书”的创意设计

水是宝贵的自然资源，也是生命之源。水资源的日益匮乏已经逐渐成为制约地区开发和经济发展的因素之一。同时，随着人民生活的不断提高，保护环境已成为当务之急。目前能源工业发展迅速，国家在大力发展清洁能源的同时不忘保护环境。节约用水，以及开发水资源的重复利用技术已是当务之急。

通过互联网检索和 ChatGPT 问答，请你整理一份“水处理项目商业计划书”文档并进行创意设计。

【延伸阅读——AI 文本生成】

AI 文本生成的方式大体分为两类：非交互式文本生成与交互式文本生成。非交互式文本生成的主要应用方向包括结构化写作（如标题生成与新闻播报）、非结构化写作（如剧情续写与营销文本）、辅助性写作。

日常中常见的新闻播报属于结构化写作，通常具有比较强的规律性，能够在有高度结构化的数据作为输入的情况下生成文章。同时，AI 不具备个人色彩，行文相对严谨、客观，因此在地震信息播报、体育快讯报道、公司年报数据、股市讯息等领域的文本生成方面具有较大优势。国内许多知名媒体旗下都有这种类型的 AI 小编，包括新华社的“快笔小新”、《人民日报》的“小融”、《南方都市报》的“小南”、封面传媒的“小封”、腾讯的 Dreamwriter，以及今日头条的 Xiaomingbot 等。

而相较于这种结构化写作，非结构化写作更难。非结构化写作任务，如诗歌、小说/剧情续写，或者营销文本编写等，都需要一定的创意与个性化，然而即便如此，AI 也能展现出令人惊叹的写作潜力。

以诗歌为例，2017 年微软公司推出的人工智能虚拟机器人“小冰”出版了人类史上第一部由 AI 生成的诗集《阳光失了玻璃窗》，其中包含 139 首现代诗。

除了诗歌，AI 也能进行故事、剧本和小说的写作。2016 年的伦敦科幻电影节上诞生了人类史上第一部由 AI 生成的剧本所拍摄的电影《阳春》（Sunspring）。这部影片的机器人编剧“本杰明”由纽约大学研究人员开发，虽然影片只有 9 分钟，但本杰明在写作前经过了上千部科幻电影的训练学习，包括经典影片《2001 太空漫游》《捉鬼敢死队》《第五元素》等。

除了上面介绍的这些应用，最令人印象深刻的交互式文本内容生成应用要数 ChatGPT。与前面展示的例子不同，ChatGPT 可以同时作为问答、聊天及创作的 AI，它的使用场景日常且多样，融合了文案生成、小说续写、代码生成、代码漏洞修复、在线问诊等场景，甚至展现出了超越搜索引擎的潜力。

面对这样强大的功能，人们很容易会幻想 AI 生成文本的未来：程序员、研究员、产品经理等涉及重复性工作的脑力劳动者可能被 AI 取代，这些职业可能都演变成了新职业——提示词（Prompt）工程师，目的就是帮助人类更好地与 AI 互动。

项目二理论小测

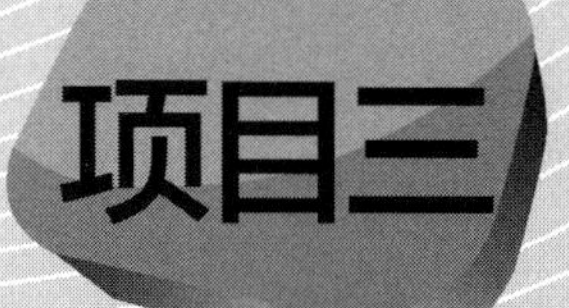

高效办公：Word 高级功能的使用

知识目标：

1. 理解邮件合并的概念和基本流程，掌握邮件合并的高级功能。
2. 掌握多人协同编辑文档的方法，包括设置共享文档、设置权限等。
3. 了解 VBA 与宏的基本概念，掌握使用 VBA 与宏自动化完成常见任务的方法。

能力目标：

1. 能够独立使用 Word 的邮件合并功能，根据需求创建邮件模板并连接数据源，完成邮件合并并输出邮件。
2. 能够创建主控文档、添加子文档，并能够快速地将主文档拆分为多个子文档。
3. 能够使用多种在线文档工具编辑文档，与他人共享文档并设置适当权限，实时跟踪和管理他人的修改。
4. 能够借助 ChatGPT 使用 VBA 与宏功能，实现自动化的任务处理。

素养目标：

1. 提升信息管理和组织能力，能够合理利用邮件合并、多人协同编辑、VBA 与宏来提高工作效率。
2. 培养问题解决能力和创新思维，能够利用 Word 高级功能解决实际工作和学习中的问题。
3. 培养团队合作意识和沟通能力，能够与他人共享和编辑文档，实现有效的协作。
4. 培养节约资源、保护环境的意识。

【项目导读】

在日常的工作和学习中，Word 是一款常用办公软件，多用于文档的编辑和排版。然而，Word 还拥有许多高级功能，如邮件合并、多人协同编辑、VBA 与宏等。特别是 VBA（Visual Basic for Applications）作为一种强大的编程语言，其能够与 Word 深度整合，实现自动化处理和定制化功能。这些高级功能使 Word 成为一个强大且灵活的文字处理工具，从而帮助用户处理复杂的任务，提高工作效率，同时为用户提供了更多自定义和个性化的选择。无论是处理大量相似的文档、与团队成员协同编辑，还是定制特定的功能，Word 都可以提供相应的功能模块来满足用户的需求。

【任务工单】

<table>
<tr><td>项目描述</td><td colspan="2">本项目围绕 Word 高级功能的使用，重点介绍邮件合并、多人协同编辑、VBA 与宏功能等，通过实际案例和练习，使学生获得实用的技能，提高工作效率，更好地应对工作挑战</td></tr>
<tr><td>任务名称</td><td colspan="2">任务一　邮件合并
任务二　多人协同编辑文档
任务三　巧用 VBA 与宏
任务四　创新性自我挑战</td></tr>
<tr><td>任务列表</td><td>任务要点</td><td>任务要求</td></tr>
<tr><td>1. 借助 ChatGPT 了解邮件合并</td><td>● 围绕概念向 ChatGPT 提问
● 围绕操作向 ChatGPT 提问</td><td rowspan="4">● 数据源的创建要准确，尤其是带图片的数据源，图片的名称务必在 Excel 中体现
● 文档类型根据要求选择正确
● 模板文档的创建可以适当融入创新设计</td></tr>
<tr><td>2. 邮件合并初体验</td><td>● 创建数据源、Word 模板文档
● 选择收件人
● 插入合并域
● 完成合并：编辑单个文档</td></tr>
<tr><td>3. 邮件合并再探索</td><td>● 根据要求选择正确的文档类型
● 邮件合并规则的使用</td></tr>
<tr><td>4. 邮件合并深拓展</td><td>● 数据源中图片的有效处理
● 模板中图片的正确导入方向为“文档部件”→“域”，类别为链接和引用；域名为 IncludePicture</td></tr>
<tr><td>5. 使用主控文档与子文档</td><td>● 创建和编辑主控文档和子文档
● 在主控文档中添加子文档</td><td rowspan="2">● 子文档的内容编辑要准确
● 下载并安装腾讯文档 App</td></tr>
<tr><td>6. 在线文档的编辑</td><td>● 快速将主控文档拆分成多个子文档
● 选择和使用在线文档编辑工具
● 设置文档权限、分享等</td></tr>
<tr><td>7. 宏命令处理文字格式化</td><td>● 根据要求向 ChatGPT 提问
● 打开 Word 宏编辑器
● 运行调试代码</td><td rowspan="2">● 启用宏功能
● 确保需要处理的 Word 文档包含图片</td></tr>
<tr><td>8. 宏命令处理图片</td><td>● 根据要求向 ChatGPT 提问
● 打开 Word 宏编辑器
● 运行调试代码</td></tr>
<tr><td>9. 创新性自我挑战</td><td>● 任务分组
● “大学生网络创业交流会”邀请函制作
● 比较多种在线文档工具</td><td>● 小组成员分工合理，在规定时间内完成 2 个子任务
● 探讨交流，互帮互助
● 内容充实有新意，格式规范</td></tr>
</table>

【任务分析】

任何类型的文件在进行邮件合并时都必须有两个文档，一个是主文档，即 Word 模板文档，在主文档中输入的内容是固定不变的数据，如图形及文字数据，其中必须包含合并域。另一个是数据源文档，它包含主文档中变动的信息，如姓名、性别、地址等。该类文档可以是 Excel 工作表、文本文件、数据库文件等。邮件合并的主要步骤如图 3-1 所示

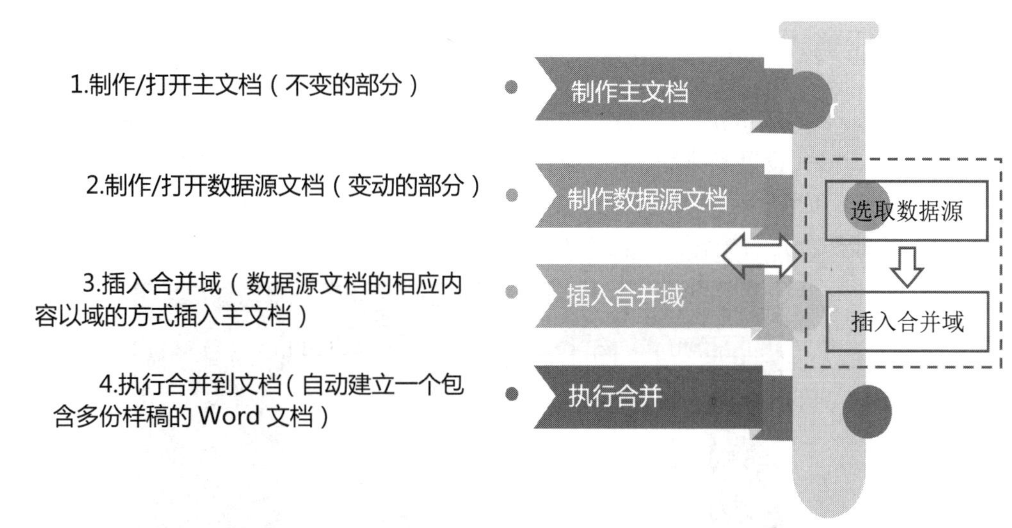

图 3-1　邮件合并的主要步骤

在日常办公中，我们经常需要与他人合作，一起完成文档的编辑和撰写。Word 作为一款常用的办公软件，提供了多人协同编辑的功能，方便多个用户同时对同一个文档进行修改和更新，能满足企业在各场景下“多人、多地、多端在线实时协同”的远程协同办公需求，真正实现办公“零距离”。多人协同编辑的主要流程如图 3-2 所示。

图 3-2　多人协同编辑的主要流程

一般来讲，宏（Macro）是一组能自动执行任务的编程指令。对 Word 而言，Word 宏使用 VBA 编程语言自动执行 Word 任务的指令，它可以帮助用户自定义 Office 应用程序中的操作，以及自动化操作。然而对于初学者来说，学习 VBA 代码编程可能有些困难，在本项目的任务三中，我们可借助 ChatGPT 来编写和调试 VBA 代码。

【任务实施】

任务一　邮件合并

子任务 1：借助 ChatGPT 了解邮件合并

Word 是一个广泛应用于办公和文档处理的工具，很多人对其实用的基本功能非常熟悉，如文字输入、格式设置和排版等。然而，很少有人探索和学习其更高级的功能，如邮件合并、VBA 与宏等。当用户对一项功能不熟悉时，可以借助 ChatGPT 进行了解。例如，向 ChatGPT 提问 Word 邮件合并的概念，如图 3-3 所示。

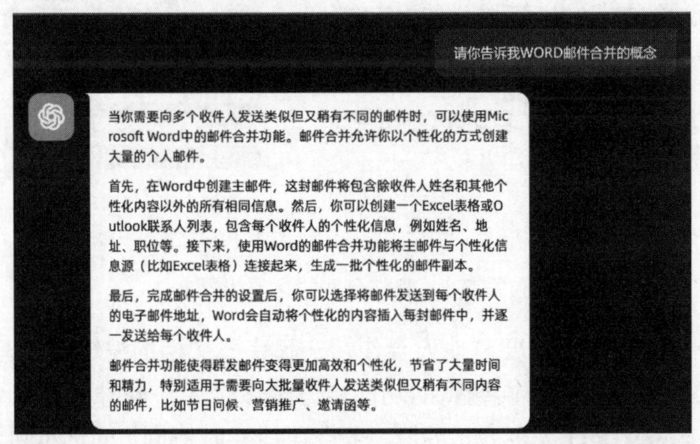

图 3-3　向 ChatGPT 提问“请你告诉我 WORD 邮件合并的概念”

在了解了邮件合并的概念后，就可以了解其操作步骤，如图 3-4 所示。

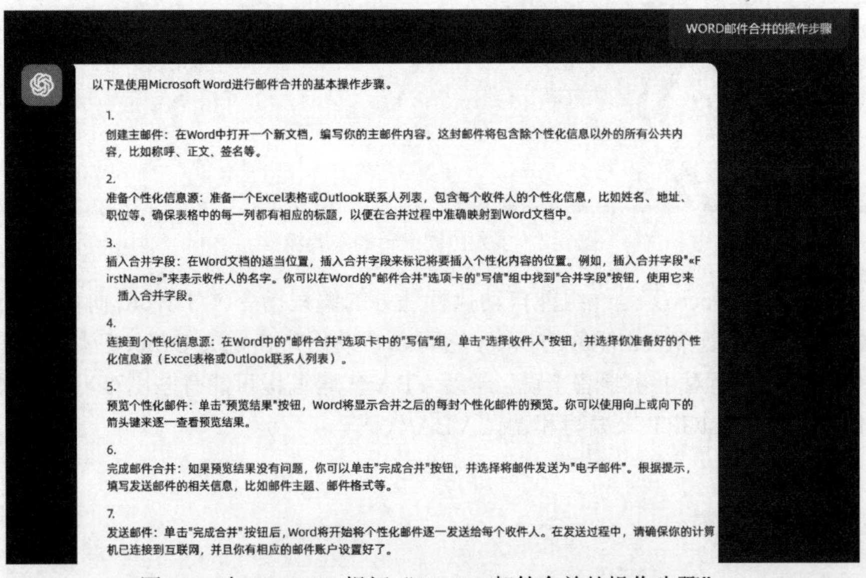

图 3-4　向 ChatGPT 提问“WORD 邮件合并的操作步骤”

子任务 2：邮件合并初体验

制作学生成绩单

通过子任务 1，我们了解了邮件合并的概念和操作步骤，下面通过一个案例来动手实践。

在桌面的“练习”文件夹中，新建成绩信息文档“CJ.xlsx”，如表 3-1 所示。

表 3-1 成绩信息

姓名	语文	数学	英语
张三	80	91	98
李四	78	69	79
王五	87	86	76
赵六	65	97	81

本任务具体要求：

（1）使用邮件合并功能，新建成绩单范本文档“CJ_T.docx”，如图 3-5 所示。

（2）生成所有学生的成绩单文档“CJ.docx”。

«姓名»同学

语文	«语文»
数学	«数学»
英语	«英语»

图 3-5 成绩单范本文档

操作过程：

（1）在桌面新建“练习”文件夹，并在“练习”文件夹中新建 Excel 文档“CJ.xlsx”，输入表 3-1 所示的数据，注意从顶格开始输入（即从 A1 单元格开始），如图 3-6 所示。

	A	B	C	D
1	姓名	语文	数学	英语
2	张三	80	91	98
3	李四	78	69	79
4	王五	87	86	76
5	赵六	65	97	81

图 3-6 输入成绩信息文档的数据

> **小提示：**
>
> Excel 文档的第一行单元格中应该包含列头信息，用于标识每列数据存储的内容。列头信息通常是描述性且唯一的，如“姓名”“电子邮件”“地址”等，这样可以避免混淆或错误地输入数据。在邮件合并过程中，列头信息用于指定字段和输入个性化信息。

（2）在“练习”文件夹中，新建 Word 文档“CJ_T.docx”，插入一个三行两列的表格并在表格中输入固定不变的内容，邮件合并主文档模板如图 3-7 所示。

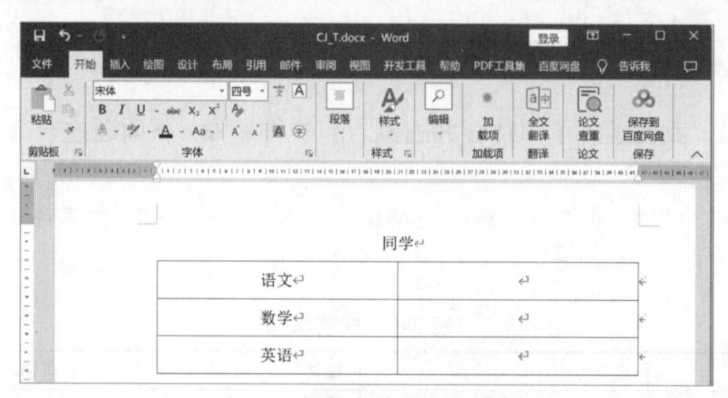

图 3-7　邮件合并主文档模板

（3）单击“邮件”选项卡的“开始邮件合并”按钮，在弹出的下拉菜单中选择“普通 Word 文档”命令。单击“选择收件人”按钮，在弹出的下拉菜单中选择“使用现有列表”命令，在打开的“选取数据源”对话框中浏览计算机文件夹，选择“CJ.xlsx”文档，最后单击“打开”按钮。将鼠标光标置于“同学”前面，单击“插入合并域”按钮，在弹出的下拉菜单中选择“姓名”命令，如图 3-8 所示。使用相同的方法，在其他位置插入相应的域，保存文档。

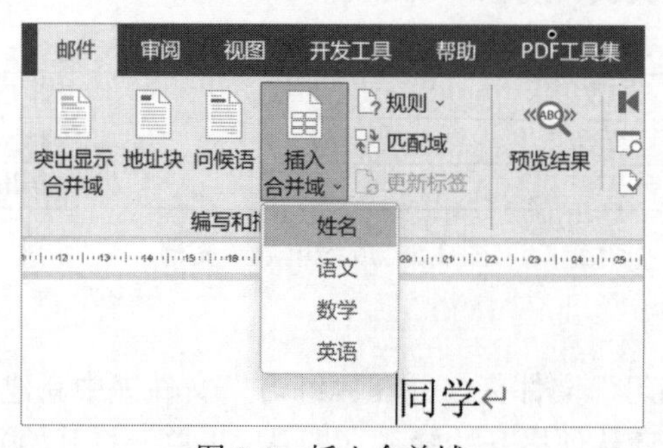

图 3-8　插入合并域

（4）打开文档“CJ_T.docx”，单击“邮件”选项卡中“完成”选项组的“完成并合并”按钮，在弹出的下拉菜单中选择“编辑单个文档”命令。在打开的“合并到新文档”对话框中，选中“全部”单选按钮，最后单击“确定”按钮，生成 Word 文档“信函 1.docx”，并将此文档重命名为“CJ.docx”，保存到练习文件夹中，此文档即所有学生的成绩单文档，如图 3-9 所示。

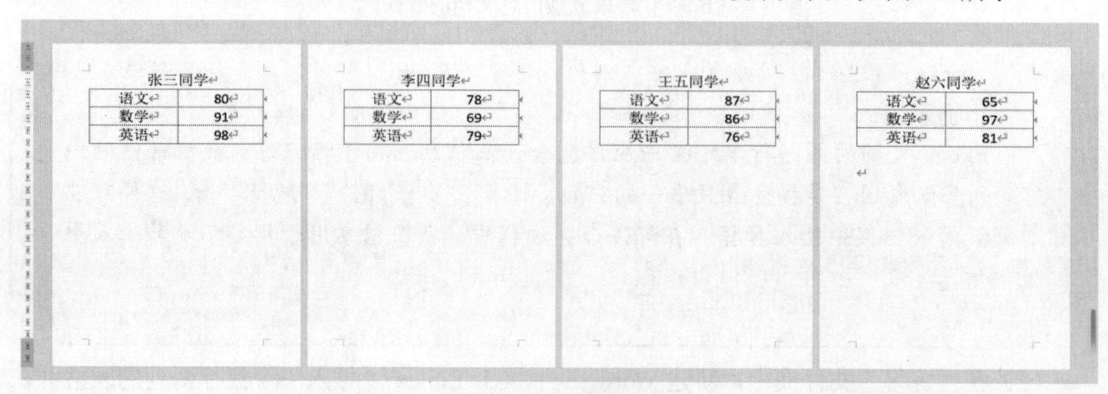

图 3-9　成绩单文档

小提示：

在执行邮件合并时，要确保数据源文件没有被其他应用程序锁定，或者处于正在编辑状态，以免无法顺利读取数据源，或者产生错误。

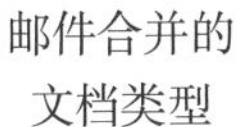

邮件合并的文档类型

信封的批量制作

知识链接：

选择正确的文档类型是确保邮件合并功能正常运行的重要一步。那么什么是邮件合并的文档类型呢？简单来说就是邮件合并后的一个样式，即信函、电子邮件、信封、标签、目录、普通 word 文档等。

信函（Letter）：信函是一种形式化的信件撰写和发送方式，邮件合并功能可以将收件人的个性化信息插入信函的特定位置。用户可以在信函中设置标题、收件人地址、发件人地址、日期等信息，并在正文中插入个性化的内容；还可以选择信函的样式、字体、颜色等来定制信函的外观。

电子邮件（E-mail）：电子邮件在现代通信中起着重要作用，邮件合并可以生成个性化的电子邮件。用户可以设置电子邮件的主题、收件人、抄送、密送、正文等，并插入收件人的个性化信息。根据邮件合并的要求，用户还可以选择不同的电子邮件格式和风格，以确保邮件的专业性和个性化。

信封（Envelope）：邮件合并还可以帮助用户生成个性化的信封。用户可以选择不同的信封尺寸、样式和布局，并将收件人的个性化信息插入适当的位置。邮件合并还可以自动添加发件人地址和邮戳等信息，使信封看起来更专业和个性化。

标签（Label）：通过邮件合并功能，用户可以生成个性化的标签，可以选择不同类型的标签尺寸和布局，并将收件人的个性化信息插入标签上。这对批量打印大量的地址标签或其他标签来说非常有用。

目录（Directory）：邮件合并还可以帮助用户创建目录或电话簿。用户可以选择目录的样式、布局和内容，并将个性化的信息插入目录中，如姓名、电话号码、地址等，合并后的多条记录位于同一页中。

普通 Word 文档：除了以上几种特定的文档类型，邮件合并还可以应用于普通 Word 文档。用户可以自由设计文档的内容和样式，并使用邮件合并功能插入个性化信息，生成个性化的文档。这对于生成个性化的报告、通知、邀请函等来说非常有用。

子任务 3：邮件合并再探索

邮件合并的规则

党的二十大报告指出，“推动经济社会发展绿色化、低碳化是实现高质量发展的关键环节。实施全面节约战略，推进各类资源节约集约利用”。

本任务具体要求：

通过子任务 2，我们获取了成绩单文档，如图 3-9 所示。然而，每张 A4 纸只打印一个学生的成绩是一种浪费资源的做法。出于节约纸张、保护环境的观念，我们希望充分利用纸张，将多个学生的成绩打印在同一张 A4 纸上。

操作过程：

（1）复制文档“CJ_T.docx”，并粘贴为副本，打开文档“CJ_T - 副本.docx”，会打开一个对话框，如图 3-10 所示，单击“是”按钮，即可打开文档。在模板文档制作的表格后增加一行空白行，以方便打印后裁剪。

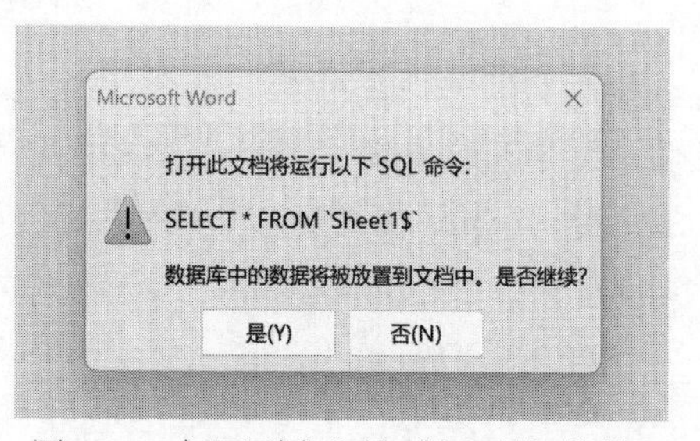

图 3-10　打开副本文档时打开的对话框

（2）单击“邮件”选项卡的“开始邮件合并”按钮，在弹出的下拉菜单中选择“目录”命令。单击“完成并合并”按钮，在弹出的下拉菜单中选择“编辑单个文档”命令。在打开的“合并到新文档”对话框中，选中“全部”单选按钮，最后单击“确定”按钮，即可生成 Word 文档“目录 1.docx”，多条记录在同一页纸上，如图 3-11 所示。

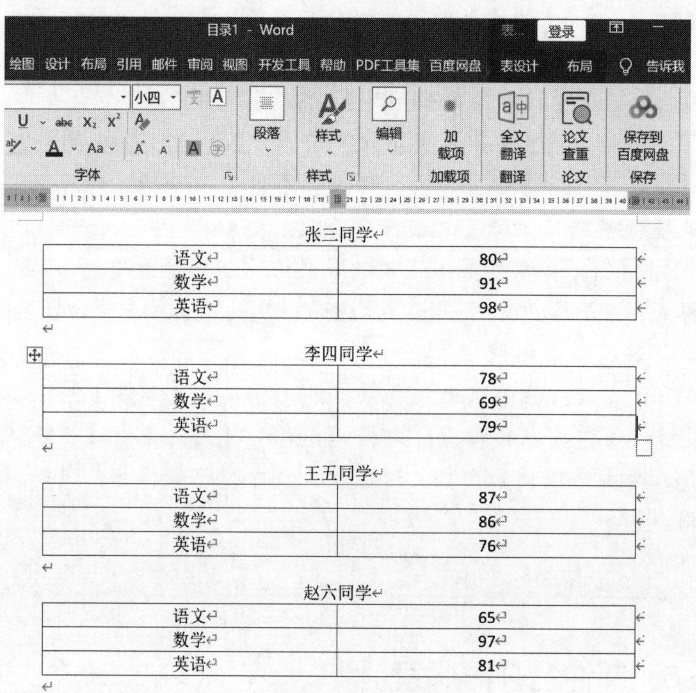

图 3-11　多条记录在同一页纸上

如果要求成绩单文档突显出优异的成绩，对 90 分及以上的成绩加“★”显示，则操作过程如下。

操作过程：

（1）重新打开“CJ_T - 副本.docx”文档，单击“插入”选项卡的“符号”按钮，在弹出的下拉菜单中选择“其他符号”命令，选中“★”符号，并单击“插入”按钮，复制“★”符号，并将插入的“★”符号删除，使“★”符号被存放在“剪贴板”中。

（2）将鼠标光标置于表格“«语文»”后面，单击“邮件”选项卡的“规则”按钮，在弹出的下拉菜单中选择“如果...则...否则”命令，会打开条件设置对话框，按照如图 3-12 所示进行设置，最后单击“确定”按钮。

图 3-12　条件设置对话框

（3）同理，设置“数学”“英语”的显示条件。单击“完成并合并”按钮，在弹出的下拉菜单中选择“编辑单个文档”命令。在打开的“合并到新文档”对话框中，选中“全部”单选按钮，最后单击“确定”按钮，即可生成 Word 文档“目录 2.docx”，带“★”的学生成绩单如图 3-13 所示。

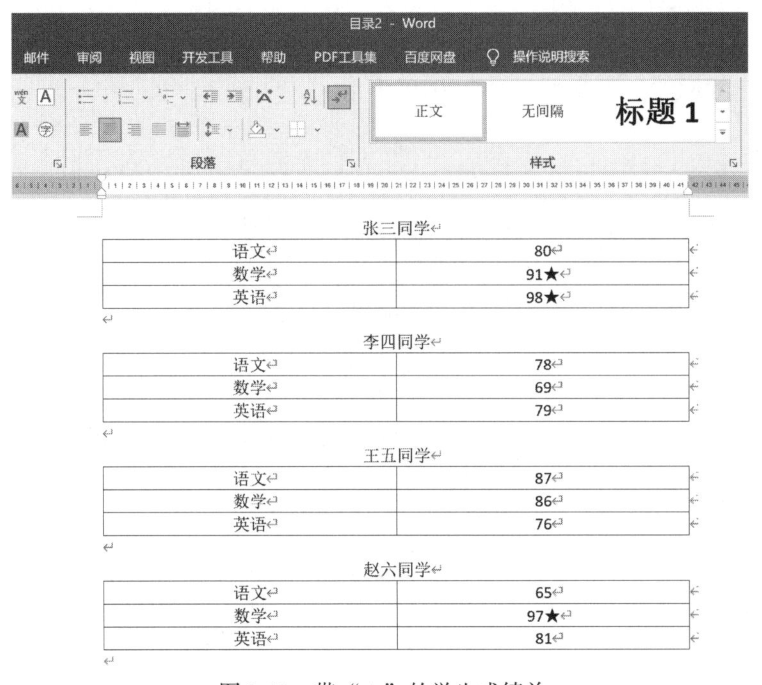

图 3-13　带“★”的学生成绩单

子任务 4：邮件合并深拓展

批量制作员工出入证

本任务具体要求：

子任务 2 和子任务 3 中介绍的邮件合并主要集中在表格与文字处理上，但在日常工作中，往往要求高效地处理带有照片的批量任务，如制作准考证、员工证等。本任务要求制作一份××公司的员工出入证，效果如图 3-14 所示。

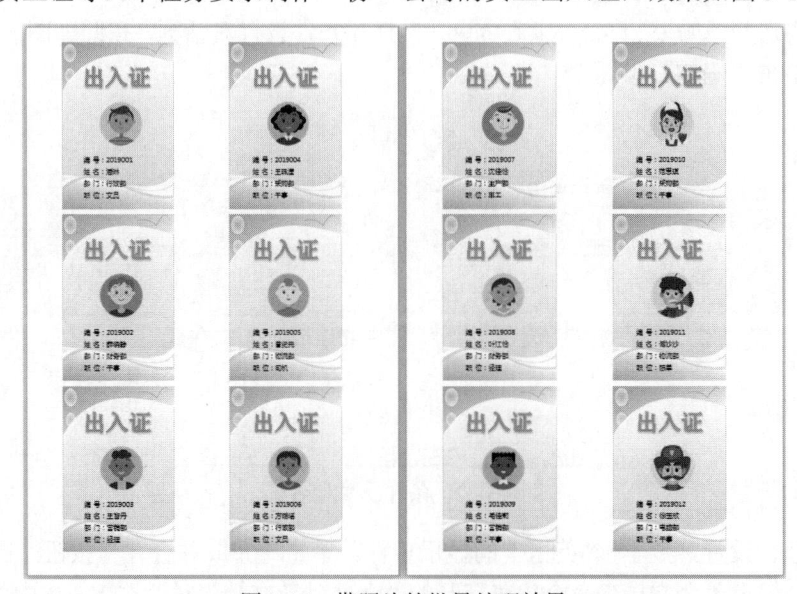

图 3-14　带照片的批量处理效果

操作过程：

（1）准备数据源：Excel 文档“员工信息表.xlsx”内容如图 3-15 所示。将所有员工的照片放在同一文件夹下，并将该文件夹命名为“员工照片”，并且保证每张照片的格式均为“.jpg”，每张照片名称为对应的员工编号，如“2019001.jpg”。

	A	B	C	D
1	员工编号	姓名	部门	职位
2	2019001	潘琳	行政部	文员
3	2019002	薛晓静	财务部	干事
4	2019003	王皆丹	营销部	经理
5	2019004	王珮滢	采购部	干事
6	2019005	曹纪元	物流部	司机
7	2019006	方璐瑶	行政部	文员
8	2019007	沈佳怡	生产部	车工
9	2019008	叶江怡	财务部	经理
10	2019009	毛佳莉	营销部	干事
11	2019010	范思琪	采购部	干事
12	2019011	傅沙沙	物流部	跟单
13	2019012	徐玉欣	电脑部	干事
14	2019013	许思佳	生产部	车工
15	2019014	沈于皓	财务部	干事
16	2019015	林俊湖	营销部	干事
17	2019016	陈杰凯	采购部	干事
18	2019017	吴健郎	物流部	跟单
19	2019018	周远涛	电脑部	干事
20	2019019	程江奇	生产部	车工
21	2019020	朱卓婷	电脑部	干事

图 3-15　员工信息表内容

（2）在桌面新建“出入证制作”文件夹，将文档“员工信息表.xlsx”和文件夹“员工照片”移入其中，并在该文件夹下新建文档“出入证模板.docx”，按照如图 3-16 所示完成模板部分不变内容的设置。

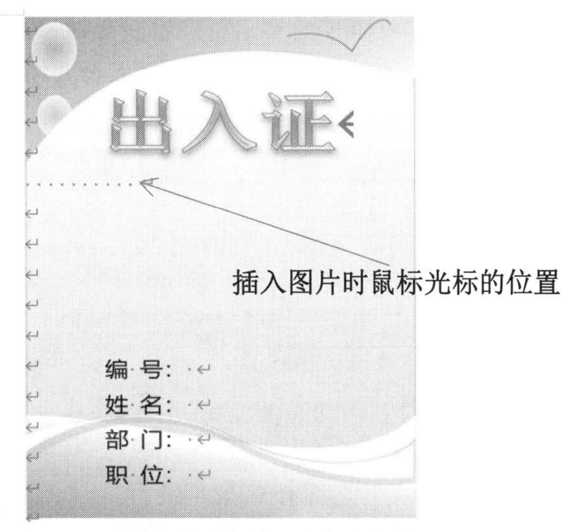

图 3-16　出入证模板部分不变内容的设置

小提示：

Excel 数据文档、存放照片的文件夹和作为模板的 Word 文档必须放在同一文件夹下，不能直接放在桌面上，否则在后续操作步骤中进行“邮件合并”时会出错。

（3）在“出入证模板.docx”文档中，单击“布局”选项卡中的“栏”按钮，在弹出的下拉菜单中选择“两栏”命令。单击“邮件”选项卡中的“开始邮件合并”按钮，在弹出的下拉菜单中选择“目录”命令，接下来的邮件合并步骤可以参照子任务 2。

（4）将鼠标光标置于文字“出入证”下面一行，如图 3-16 所示的插入图片时鼠标光标的位置。单击“插入”选项卡中的“文档部件”按钮，在弹出的下拉菜单中选择“域”命令，在打开的“域”对话框中，设置类别为“链接和引用”，域名为“IncludePicture”，文件名或 URL 为照片存放的位置，具体到其中一张照片，如“C:\Users\zly\Desktop\出入证制作\员工照片\2019001.jpg”，如图 3-17 所示，最后单击“确定”按钮。

图 3-17　设置域

（5）插入照片后，适当调整照片的大小。选中照片按“Alt+F9”组合键，可以得到如图 3-18 所示的照片域值。选中“2019001”，单击“插入合并域”按钮，在弹出的下拉菜单中选择“员工编号”命令进行替换。

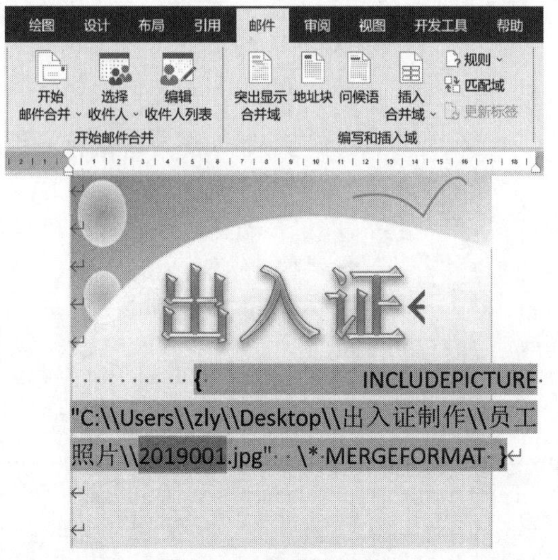

图 3-18 照片的处理

小提示：
注意，在替换照片域值时仅选中“2019001”，不可选中“.jpg”。

（6）按“Alt+F9”组合键恢复显示图片，单击“完成并合并”按钮，在弹出的下拉菜单中选择“编辑单个文档”命令。在打开的“合并到新文档”对话框中，选中“全部”单选按钮，最后单击“确定”按钮。

（7）对生成的最终文档按“Ctrl+A”组合键进行全选，按“F9”键刷新，如果出现如图 3-19 所示的安全声明对话框，则单击“是”按钮即可。

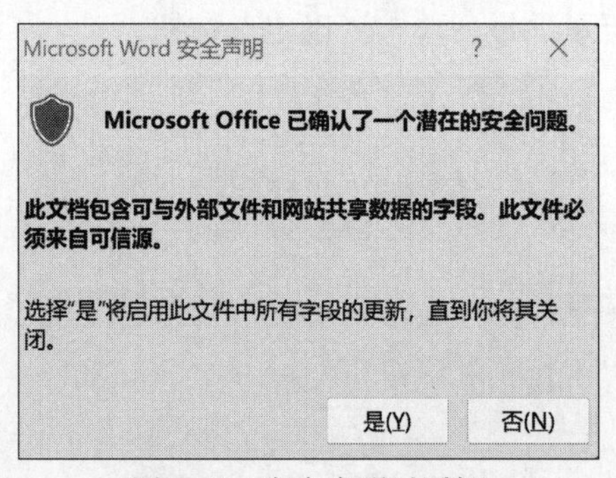

图 3-19 安全声明对话框

想一想
如果照片的格式不一致，应该如何处理？请试一试。

任务二　多人协同编辑文档

子任务 1：使用主控文档与子文档

主控文档是一个整合和管理多个相关文件的文件，提供导览和导向功能。子文档是与主控文档相关联的辅助文件，提供详细信息和补充材料。例如，在桌面的“练习”文件夹中，新建主控文档“Main.docx”，按顺序新建子文档“Sub1.docx”“Sub2.docx”“Sub3.docx”。

本任务具体要求：

（1）文档“Sub1.docx”的第一行内容为“Sub^1”，第二行内容为“ǎ”，样式均为正文。

（2）文档“Sub2.docx”的第一行内容为“办公软件高级应用”，样式为正文，将该文字设为书签（名为“Mark”）；第二行内容为空白行；第三行内容为书签 Mark 标记的文本。

（3）文档“Sub3.docx”的第一行内容为该文档创建日期（格式不限）；第二行内容为“→”；第三行内容为该文档的存储大小。

操作过程：

（1）在练习文件夹中新建文档“Sub1.docx”“Sub2.docx”“Sub3.docx”“Main.docx”。

（2）文档“Sub1.docx”的第一行需要用到字体（上标）；第二行需要用到插入符号。

（3）文档“Sub2.docx”的第一行内容为“办公软件高级应用”，选中文字，插入书签；第三行内容可以使用域或交叉引用来完成。

（4）文档“Sub3.docx”的第一行使用域插入文档创建日期；第二行内容为英文状态下的两个减号和一个大于号的自动组合；第三行使用域插入文档大小时显示为 0，需要保存文件，重新打开后右键更新域才能看到准确值。

（5）打开文档“Main.docx”，进入大纲视图，单击“主控文档”选项卡中的“显示文档”按钮，单击“插入”按钮将子文档“Sub1.docx”“Sub2.docx”“Sub3.docx”插入主控文档，如图 3-20 所示。

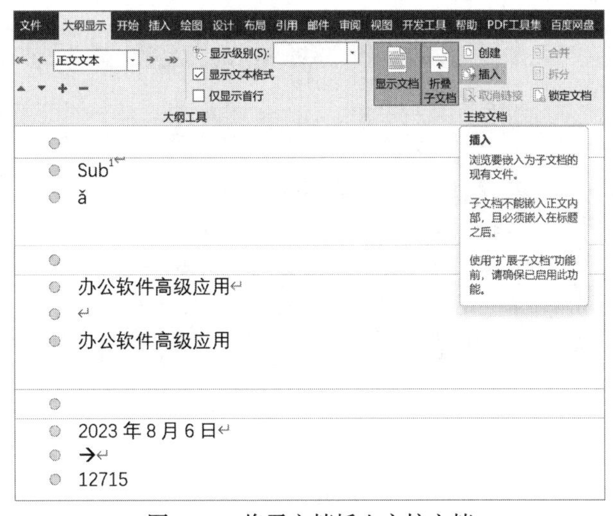

图 3-20　将子文档插入主控文档

小提示：

在折叠子文档后，子文档的具体内容消失，只显示子文档的存储位置。

应该先保存并关闭子文档后，再插入主控文档。

子任务 2：在线文档的编辑

将主文档快速拆分成多个子文档

使用 Word 的主控文档，是制作长文档最合适的方法。主控文档包含几个独立的子文档，可以使用主控文档控制整篇文章或整本书，将书中的各章节作为主控文档的子文档。例如，为了更好地学习人工智能知识，请同学们组织团队进行相关资料的收集和编辑，建立主控文档“人工智能现状及发展趋势展望.docx”，并建立 3 个子文档分别对应 3 个章节。

本任务具体要求：

（1）将文档“人工智能现状及发展趋势展望.docx”按标题拆分成 3 个子文档。

（2）编辑子文档 1“第 1 章人工智能简介.docx”，进入修订模式，利用腾讯文档 App 的功能，生成文档链接，分享给其他人。

（3）其他子文档，同样操作。

操作过程：

（1）建立主控文档：新建文档“人工智能现状及发展趋势展望.docx”，输入文字“第 1 章人工智能简介”“第 2 章人工智能技术应用”“第 3 章人工智能的发展前景”，每个章名单独一行，并将其设置为“标题 1”样式。

（2）拆分子文档：单击“视图”选项卡中的“大纲”按钮，单击“主控文档”选项组中的“显示文档”按钮，并设置“大纲工具”选项组中的“显示级别”为“1 级”。将 3 个标题全部选中，单击“主控文档”选项组中的“创建”按钮，如图 3-21 所示。单击工具栏左上方的“保存”按钮，在文档的相同目录下将出现 3 个子文档。

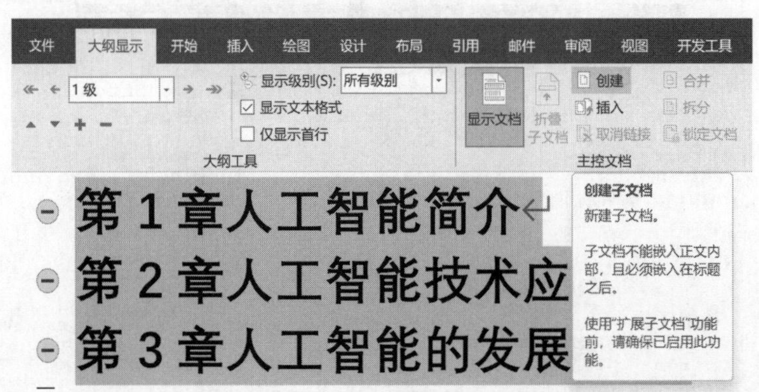

图 3-21　大纲显示选项卡

（3）将子文档设置为“修订”模式：打开文档“第 1 章人工智能简介.docx”，单击“审阅”选项卡中“修订”选项组的“修订”按钮。

（4）为子文档 1 创建链接：打开腾讯文档 App，使用微信扫描登录。在界面中单击“导入”按钮，如图 3-22 所示，导入子文档 1“第 1 章人工智能简介.docx”。

图 3-22　导入子文档 1

（5）选中导入的文件并右击，在弹出的快捷菜单中选择“分享”命令。在打开的“分享”对话框中，设置“仅我分享的好友”为“可编辑”，并单击“QQ 好友”或“微信好友”按钮，如图 3-23 所示。

图 3-23　分享设置

任务三　巧用 VBA 与宏

宏的使用方法

子任务 1：宏处理文字格式化

VBA 是 Office 应用的一种编程语言，其本质是语言；宏是由用户对规则或模式进行预定义的一系列的具体操作，其本质是指令/命令。使用宏可以省去手动操作的烦琐，提高工作效率。在长文档排版中，通常需要花费大量时间将新建的样式应用到正文无编号的文字中，但当学会简单的宏后，你就可以借助 ChatGPT 编写 VBA 代码，从而快速处理文字格式化，如图 3-24 所示。

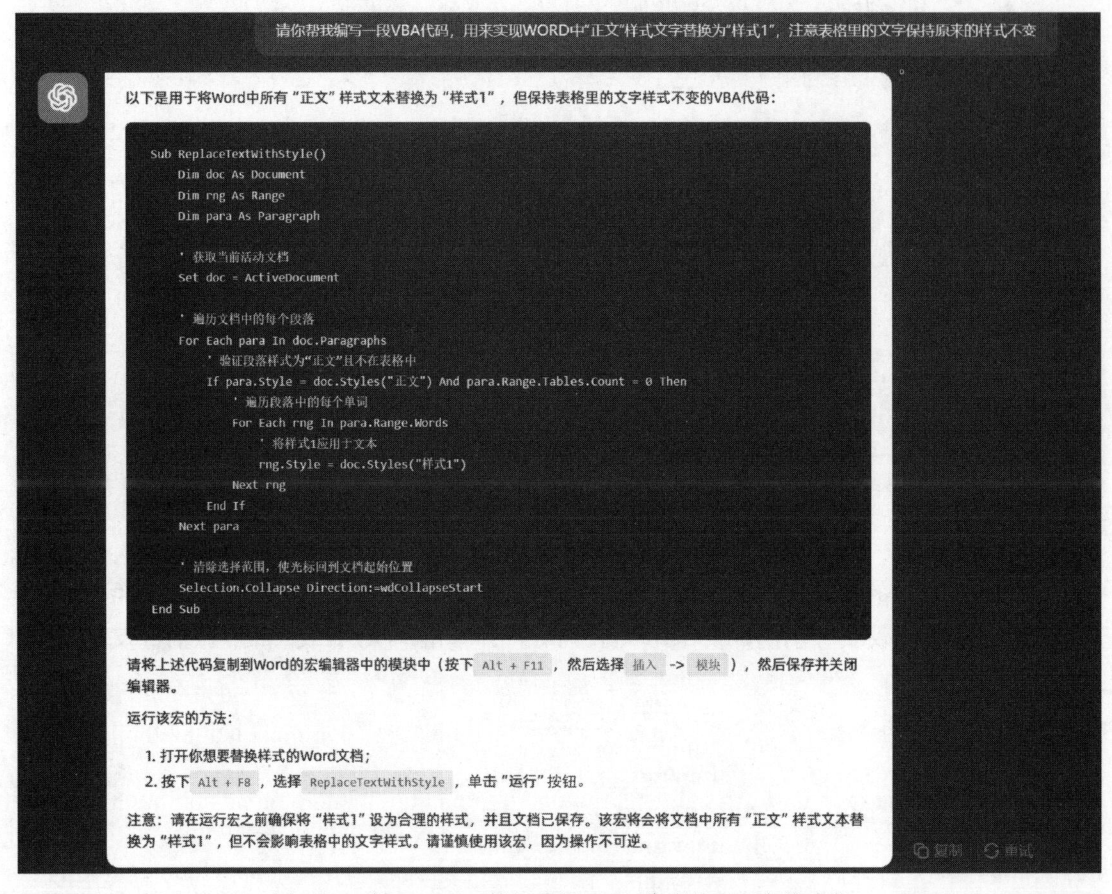

图 3-24　向 ChatGPT 提问编写 VBA 代码处理文字格式化

> **小提示：**
> 当使用宏时被告知宏已被禁用，可以单击 Word 最左侧的“文件”菜单按钮，在弹出的菜单中选择“选项”命令。在打开的“Word 选项”对话框中选择“信任中心”选项，并单击“信任中心设置”按钮。在打开的“信任中心”对话框中选择“宏设置”选项，选中“启用所有宏”单选按钮，最后单击“确定”按钮。

子任务 2：宏处理图片

在文档的编辑过程中，除了处理文字格式，通常也会遇到对图片的批量处理。例如，文档中有几十张图片，需要设置所有图片的高度为 12cm，宽度为 9cm。如果一张一张地修改，则耗时较久，可以通过宏来批量快速处理 Word 文档中所有图片，如图 3-25 所示。

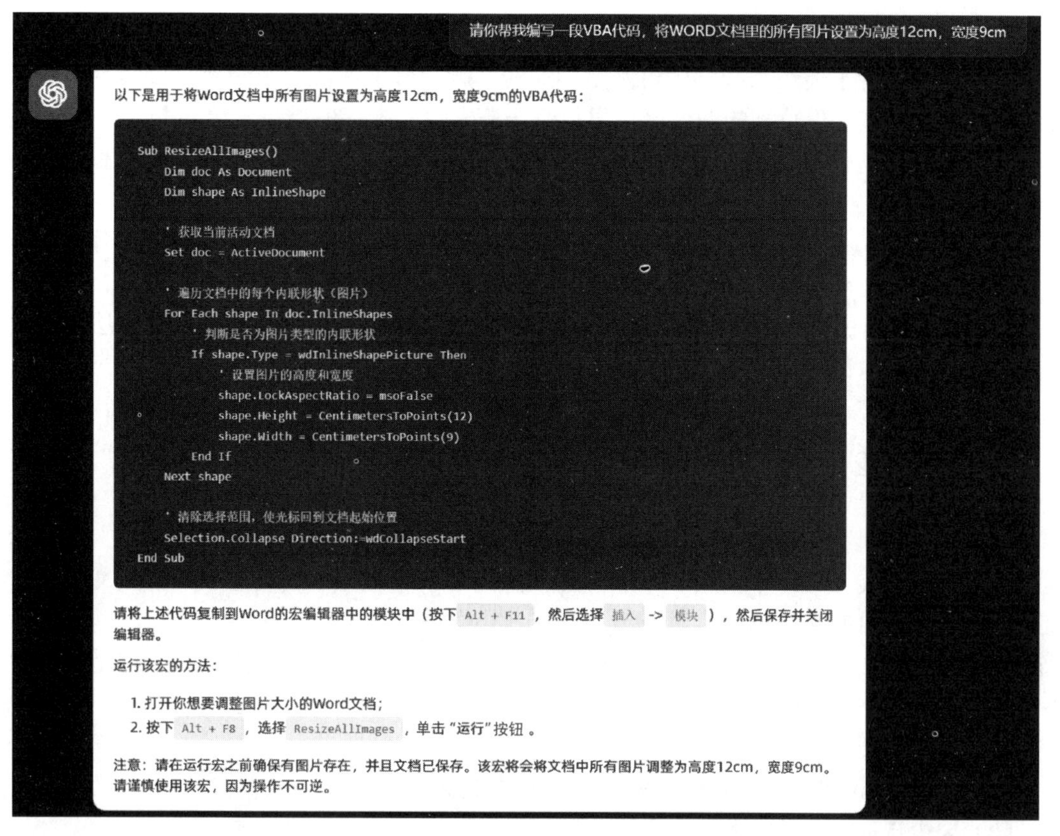

图 3-25　宏处理图片

知识链接：

VBA 提供了大量的对象来实现对 Office 的访问和控制操作。VBA 以面向对象的编程方式实现对对象的访问和控制。Word 中用到的对象有 Document 文档对象、Range 范围对象、Pagesetup 页面设置对象、Font 字体对象、Paragraph 段落对象、Table 表格对象、Shape 图片对象等，通过对这些对象的定义或引用、设置的属性、方法和事件，就可以完成 Word 文档的格式化操作。

例如，通过 Pagesetup 页面设置对象可以设置 Word 文档的左右边距、上下边距、页眉和页脚等数据；通过 Font 字体对象的属性可以设置文档中中文字体的格式名称、字体颜色、是否为粗体、斜体、是否有下画线等内容；通过 Paragraph 段落对象可以设置文档的段落及段落的左右缩进、段前及段后缩进、首行缩进、段落的行间距等内容。

任务四　创新性自我挑战

子任务 1：制作“大学生网络创业交流会”邀请函

随着互联网的迅速发展和普及，越来越多的大学生开始关注并尝试网络创业。作为一种新的创业方式，网络创业具有低成本、灵活性强、市场广阔等优势，吸引着越来越多年轻人的关注和参与。为了促进班级学生对网络创业的了解，班主任决定组织模拟大学生网络创业交流会，请你制作一份特别的邀请函，发放给全班学生。本任务具体要求如下。

（1）明确活动信息，包含时间、地点、持续时长等，确保被邀请者了解交流会的基本信息。

（2）设置邀请函格式。邀请函采用正式的商务信函格式，包含信头、称谓、主体内容、结束语和署名等；也可以采用个性化的设计，但必须包含标题、称谓、正文、落款。

（3）邀请函模板可以采用 Word 制作，图文混排更有创意，通过邮件合并的方法快速生成班级所有学生的邀请函。

子任务 2：比较多种在线文档编辑工具

在线文档编辑工具相当于一个轻量级、跨平台、多途径的 Office。使用在线文档编辑工具，首先不用安装 Office 软件；其次在电脑网页、手机小程序中都可以使用在线文档来进行简单的编辑；编辑的文档可以实时更新、分享、协作等。

常见的在线文档编辑工具有腾讯文档、石墨文档、金山文档、讯飞文档等。你是班级学习小组的成员，现在要求你来比较多种在线文档编辑工具，并撰写使用心得。

本任务具体要求：

（1）通过 ChatGPT 和网络检索来了解常用的在线文档编辑工具有哪些？

（2）至少选取其中的 3 种工具来进行试用体验，比较各工具的优缺点。

（3）介绍你认为最值得推荐的一款工具，并详细地阐明理由和该工具的使用方法。

【任务考评】

项目名称					
项目成员					
评价项目	评价内容	分值	自评 20%	互评 30%	师评 50%
职业素养（40%）	具有良好的计算机使用习惯，爱护公共设施，环境整洁	5			
	纪律性强，不迟到早退，按时完成承担的任务	10			
	态度端正、工作认真、积极承担困难任务	5			
	发现问题后能主动寻求解决办法，及时和教师、同学探讨	10			
	团结合作意识强，主动帮助他人	10			
专业能力（60%）	能独立使用邮件合并功能	5			
	能完成带照片的邮件合并	15			
	掌握多人协同编辑文档的方法	5			
	能使用多种在线协同文档编辑工具	10			
	能借助 ChatGPT 创建使用宏功能完成任务	15			
	完成的作品具有创新性	10			

续表

合计	综合得分：________	100			
总结反思	1．学到的新知识： 2．掌握的新技能： 3．项目反思：你遇到的困难有哪些，你是如何解决的？ 学生签字：				
综合评语	教师签字：				

【能力拓展】

拓展训练 1：制作超市优惠商品促销卡

当你去超市购物时，经常会看到一张张引人注目的促销卡。在促销卡上，大而醒目的字体印刷着促销商品的信息，可以吸引顾客的眼球。现在请你制作 XX 超市优惠商品的促销卡，要求如下：

（1）根据文档“促销商品.docx”创建“目录”类型的邮件合并主文档。根据文档“产品列表.docx”填写收件人列表，在表格中新增合并域，让该字段替代标明的占位符。

（2）在文档“促销商品.docx”的基础上，添加个人创意设计。例如，巧妙地融入精美的图案和独特的 Logo 装饰，来吸引顾客驻足。

（3）编辑收件人列表，使其以“产品编号”升序的方式，筛选“饮料”及“干果”类别不重复的第一笔产品，完成并合并编辑单个文档，并将合并后的文件命名为“优惠商品.docx”，并保存。

拓展训练 2：使用 VBA 与宏实现表格数据排序

使用 VBA 与宏实现表格数据排序

假设一个文件夹中包含多个 Word 文档，每个文档中包含一个表格，有“产品名称”、“销售数量”和“销售额”三列数据。请使用 VBA 与宏来快速实现每个文档内的表格按销售额降序排序。

【延伸阅读——AIGC：智能创作时代】

面对互联网内容生产效率提升的迫切需求，人们突发奇想，能否利用人工智能辅助内容生产呢？这种继“专业生产内容（Professionally Generated Content，PGC）”、“用户生产内容（User Generated Content，UGC）”之后形成的，完全由人工智能生成内容的创作形式被称为 AIGC。英国科幻作家亚瑟·克拉克说，“任何足够先进的技术，都与魔法无异”。AIGC 的魔法吸引了众多资本，仅从国内的相关产业来看，阿里巴巴、京东、网易有道、百度、360 等公司宣布将推出或计划开发类似的产品；百信银行、澎湃新闻、爱奇艺等各领域的优秀企业也宣布将与百度 AIGC 应用展开合作。

让人工智能这样的非人机器学会创作绝非易事，科学家已经做了很多尝试，并将这一研究领域称为“生成式人工智能（Generative AI）”，主要研究人工智能如何被用于创建文本、音频、图像、视频等模态信息。

最初的 AIGC 通常基于小模型展开，这类模型一般需要特殊的标注数据训练，从而解决特定的场景任务，但其通用性较差，很难被迁移，而且高度依赖人工来调节参数。后来，这种形式的 AIGC 逐渐被基于大数据量、大参数量、强算法的大模型（Foundation Model）取代，新形式的 AIGC 无须经过调整，或者只需经过少量微调（Fine-tuning）就可以迁移到多种生成任务中。

2014 年诞生的生成对抗网络（Generative Adversarial Networks，GAN）是 AIGC 早期转向大模型的重要尝试，它利用生成器和判别器的相互对抗，结合其他技术模块，可以实现各种模态内容的生成。而到了 2017 年，变换器（Transformer）架构的提出，使得深度学习模型的参数数量在后续的发展中突破 1 亿大关，这种基于超大参数规模的大模型，为 AIGC 领域带来了前所未有的机遇。此后，各种类型的 AIGC 应用开始涌现，但并未获得全社会的广泛关注。

2022 年下半年发生了两个重要事件，这引起了人们对 AIGC 的关注。2022 年 8 月，在美国科罗拉多州博览会上，数字艺术类冠军被颁发给了由 AI 自动生成、由 Photoshop 润色的画作《太空歌剧院》。该消息一经发布就引起了巨大的轰动。该画作兼具古典的神韵和太空的深邃奥妙，如此恢宏细腻的画风很难让人相信它是由 AI 自动生成的，而《太空歌剧院》夺得冠军这一消息也极大地冲击了人们过往对“人工智能的创造力远逊于人”的固有认知，自此彻底点燃了人们对 AIGC 的兴趣与讨论，AIGC 也从看似遥远的概念逐步以生动有趣的方式走入了人们的生活，带来了过去难以想象的丰富体验。

2022 年 11 月 30 日，OpenAI 发布了名为“ChatGPT”的超级 AI 对话模型，再次引起了人们对 AIGC 的讨论热潮。ChatGPT 不仅可以清晰地理解用户的问题，还能如人类一般流畅地回答用户的问题，并完成一些复杂任务，包括按照特定风格撰写诗歌、假扮特定角色对话、修改错误代码等。此外，ChatGPT 还表现出一些人类特质。例如，承认自己的错误，按照设定的道德准则拒绝不怀好意的请求等。ChatGPT 一经上线，网民们就开始争相体验，到处都是关于 ChatGPT 的文章和视频。然而，也有不少人对此表示担忧，担心作家、画家、程序员等职业在未来都将被人工智能取代。

虽然存在这些担忧，但人类的创造物终究会助力于人类自身的发展，AIGC 无疑是一种生产力的变革，将世界送入智能创作时代。

项目三理论小测

智慧助手：ChatGPT协助数据处理

知识目标：

1. 掌握使用ChatGPT生成Excel表格数据的方法和技巧。
2. 熟悉工作表数据的简单清洗方法。
3. 掌握单元格格式化操作、数据格式设置的方法。
4. 掌握单元格数据、工作簿和工作表的保护方法。
5. 掌握数据有效性的设置方法。

能力目标：

1. 能够根据需要使用ChatGPT生成Excel表格数据。
2. 能够熟练把Excel表格格式化成所需的效果。
3. 能够对Excel表格数据进行有效的数据保护。
4. 能够对Excel表格数据进行输入数据的有效性控制。
5. 在数据处理中遇到困难能够随时向ChatGPT寻求帮助，使ChatGPT成为协助数据处理的智慧助手。

素养目标：

1. 培养信息获取与处理能力、批判性思维能力、问题解决能力、创新能力。
2. 培养综合素养，能够适应复杂多变的社会环境，具备持续学习和自我发展的能力。
3. 培养积极思考、敢于动手和不断探究新知识的欲望。
4. 培养正确的道德观、爱岗敬业的精神、严谨细致的工作作风、团队协作的职业素养。

【项目导读】

ChatGPT 不仅能帮助我们编写 Word 文档，还能生成 Excel 表格数据。我们可以根据需要对 Excel 工作表中的数据进行格式设置、数据保护、数据有效性设置等操作。在操作时如果遇到疑问或困难，可以随时向 ChatGPT 提问以获取帮助，使 ChatGPT 成为协助数据处理的智慧助手。

【任务工单】

<table>
<tr><td>项目描述</td><td colspan="2">本项目首先借助 ChatGPT 生成 Excel 数据，再对其进行格式化、保护操作，最后利用“数据验证”功能对已有数据进行数据有效性控制</td></tr>
<tr><td>任务名称</td><td colspan="2">任务一　使用 ChatGPT 生成 Excel 数据
任务二　数据的简单处理
任务三　数据的隐私保护
任务四　创新性自我挑战</td></tr>
<tr><td>任务列表</td><td>任务要点</td><td>任务要求</td></tr>
<tr><td>1．确定表格的结构和内容</td><td>● 确定表格结构
● 确定表格内容</td><td rowspan="9">● 借助 ChatGPT 生成 Excel 数据表格
● 对 Excel 数据表格进行格式化操作
● 对 Excel 数据表格进行保护操作
● 对 Excel 表格中的数据设置有效性</td></tr>
<tr><td>2．编写文本描述</td><td>● 根据确定的表格结构和内容，编写需交给 ChatGPT 工作的任务文本
● 对任务文本进行精细的编辑和修改，确保文本内容的精确性、完整性和规范性</td></tr>
<tr><td>3. 使用 ChatGPT 生成表格数据及导出</td><td>● 向 ChatGPT 提交工作任务，生成表格数据
● 新建工作簿，并把表格数据复制到工作表中</td></tr>
<tr><td>4．工作表数据的清洗</td><td>● 对工作表数据进行清洗操作，确保数据的规范性</td></tr>
<tr><td>5．单元格格式化操作、数据格式的设置</td><td>● 对单元格进行格式化操作
● 对数据进行格式化设置</td></tr>
<tr><td>6．单元格数据的保护</td><td>● 对数据进行保护
● 设置数据编辑密码
● 设置数据查看密码</td></tr>
<tr><td>7．工作簿和工作表的保护</td><td>● 保护工作簿结构
● 设置工作簿的打开权限和修改权限密码</td></tr>
<tr><td>8．单元格数据有效性的设置</td><td>● 设置单元格区域的数据有效性，并设置输入信息、出错信息</td></tr>
<tr><td>9．行/列数据有效性的设置</td><td>● 分别设置相应行/列的数据有效性，使之符合实际需要</td></tr>
<tr><td>10．创新性自我挑战</td><td>● 任务分组
● 使用剪贴板</td><td>● 小组成员分工合理，在规定时间内完成 2 个子任务
● 探讨交流，互帮互助
● 内容充实有新意，格式规范</td></tr>
</table>

【任务分析】

我们首先需确定生成表格的结构和内容，设计出规范、严谨、科学的 ChatGPT 工作任务，再把工作任务交给 ChatGPT，让 ChatGPT 自动生成 Excel 数据。将生成的 Excel 数据复制到 Excel 工作表中，经过适当的清洗工作将其变成规范的 Excel 数据。

Excel 提供了丰富的数据格式化选项，通过对数据表格的格式化操作，可以让数据表格呈现出清晰、易读、美观的效果。

利用 Excel 中的保护功能，可以保护单元格、工作表和工作簿，有效防止无权限用户对数据的操作，还可以防止因误操作或不必要的修改而导致的数据损坏。

利用 Excel 中的数据有效性功能，可以限制在特定单元格中输入的数据类型、范围或值，确保数据格式的规范性和一致性。

【任务实施】

任务一 使用 ChatGPT 生成 Excel 数据

子任务 1：确定表格的结构和内容

因数据处理的需要，我们想让 ChatGPT 生成一份员工信息的 Excel 数据。数据表格中需要包含如下字段：

序号 姓名 部门 职位 性别 学历 基本工资 绩效工资

子任务 2：编写文本描述

为了保证生成的数据表格中的数据规范性和一致性，我们可以先告诉 ChatGPT 第 1 条记录的具体数据格式。数据表格中的记录数量不宜太少，也不用太多，在此设定为需要 50 条记录。

因此，我们将交给 ChatGPT 的工作任务描述如下：

请帮我生成一份 Excel 数据表格。要求有 50 条记录，数据表格的第 1 条记录如下所示：

序号	姓名	部门	职位	性别	学历	基本工资	绩效工资
A2301	杨俊杰	财务部	部门经理	男	硕士	5500	4530

> 小提示：
> 在描述工作任务时，一定要做到明确、合理、准确、完整。

子任务 3：使用 ChatGPT 生成表格数据及导出

向 ChatGPT 提交工作任务，ChatGPT 根据任务要求自动生成一份有 50 条记录的数据表格（局部），如图 4-1 所示。

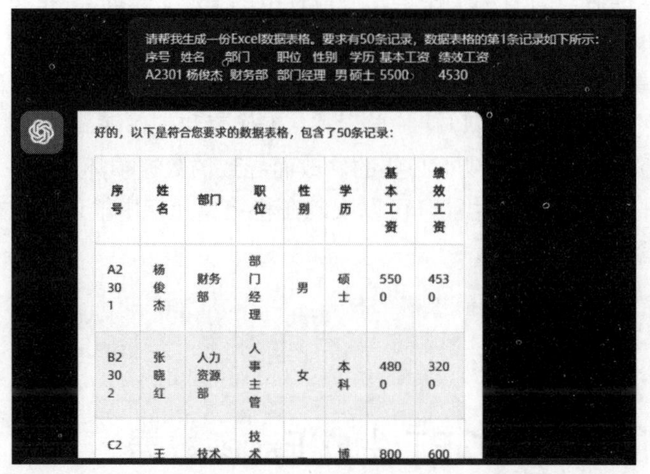

图 4-1　ChatGPT 生成的数据表格（局部）

新建工作簿文件“员工信息表.xlsx”，将 ChatGPT 自动生成的数据表格复制到工作表 Sheet1 中，员工信息表原始数据如图 4-2 所示。（表格中数据的基本单位为“元”。）

	A	B	C	D	E	F	G	H
1	序号	姓名	部门	职位	性别	学历	基本工资	绩效工资
2	A2301	杨俊杰	财务部	部门经理	男	硕士	5500	4530
3	B2302	张晓红	人力资源部	人事主管	女	本科	4800	3200
4	C2303	王勇	技术部	技术总监	男	博士	8000	6000
5	D2304	李娜	销售部	销售经理	女	本科	6000	4000
6	E2305	张峰	运营部	运营经理	男	硕士	5800	4500
7	F2306	王丽	客户服务部	客户经理	女	大专	4200	2800
8	G2307	刘鹏	采购部	采购经理	男	本科	5200	3800
9	H2308	张兵	市场部	市场经理	男	硕士	5500	4200
10	I2309	王华	财务部	财务主管	男	本科	4800	3200
11	J2310	李秀芳	人力资源部	人事专员	女	大专	3500	2500
12	K2311	赵强	技术部	技术员	男	大专	3800	2700
13	L2312	刘红军	销售部	销售代表	男	大专	3200	2000
14	M2313	王丹丹	运营部	运营专员	女	大专	3400	2200

图 4-2　员工信息表原始数据

任务二　数据的简单处理

拆分和冻结窗口

图片批量导入 Excel 中

子任务 1：工作表数据的清洗

我们先向 ChatGPT 提问，让它告诉我们工作表数据清洗的作用和方法，如图 4-3 所示。

工作表数据的清洗主要为了保证数据的规范性、准确性及完整性。一些原始的数据往往需要进行清洗操作。

下面，对 ChatGPT 自动生成的数据表格进行简单的清洗操作。

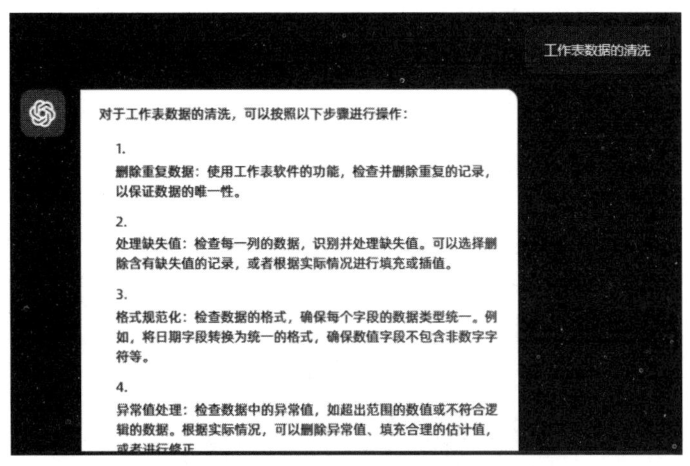

图 4-3　向 ChatGPT 提问“工作表数据的清洗”

操作过程：

（1）将序号列中的首字母统一修改为“A”：单击选中 A2 单元格，双击 A2 单元格右下角的填充柄。

（2）检查“姓名”列单元格中是否存在重复值：选中 B 列单元格，单击“开始”选项卡中“样式”选项组的“条件格式”按钮，在弹出的下拉菜单中选择“突出显示单元格规则”→“重复值”命令。在打开的“重复值”对话框中，选择或设置合适的“设置为”的样式，如图 4-4 所示，最后单击“确定”按钮。观察所有姓名，如果出现相应格式的数据，则说明该数据是重复值，将其改为新的名字即可。

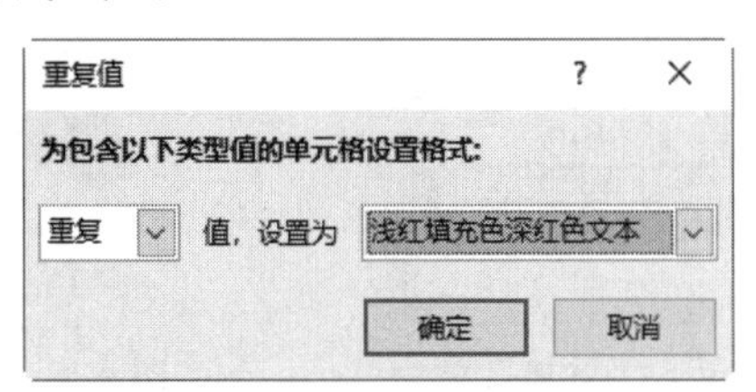

图 4-4　“重复值”对话框

（3）检查是否存在空值、错误值：观察所有数据情况，如果有空值则进行补全；如果有错误值则进行纠正。

清洗后的员工信息如图 4-5 所示。

	A	B	C	D	E	F	G	H
1	序号	姓名	部门	职位	性别	学历	基本工资	绩效工资
2	A2301	杨俊杰	财务部	部门经理	男	硕士	5500	4530
3	A2302	张晓红	人力资源部	人事主管	女	本科	4800	3200
4	A2303	王勇	技术部	技术总监	男	博士	8000	6000
5	A2304	李娜	销售部	销售经理	女	本科	6000	4000
6	A2305	张峰	运营部	运营经理	男	硕士	5800	4500
7	A2306	王丽	客户服务部	客户经理	女	大专	4200	2800
8	A2307	刘鹏	采购部	采购经理	男	本科	5200	3800
9	A2308	张兵	市场部	市场经理	男	硕士	5500	4200
10	A2309	王华	财务部	财务主管	男	本科	4800	3200
11	A2310	李秀芳	人力资源部	人事专员	女	大专	3500	2500
12	A2311	赵强	技术部	技术员	男	大专	3800	2700
13	A2312	刘红军	销售部	销售代表	男	大专	3200	2000
14	A2313	王丹丹	运营部	运营专员	女	大专	3400	2200

图 4-5　清洗后的员工信息

子任务 2：单元格格式化操作、数据格式的设置

单元格格式设置

条件格式设置

套用表格格式

选中所有单元格，设置字号为“14”，对齐方式为“居中”。单击“开始”选项卡中“单元格”选项组的“格式”按钮，在弹出的下拉菜单中选择“自动调整列宽”命令。

选中所有单元格，单击“样式”选项组中的“套用表格格式”按钮，在弹出的下拉菜单中选择“橙色，表样式中等深浅 3”命令。在打开的“套用表格式”对话框中，单击“确定”按钮。在“表格工具”选项卡的“设计”选项卡的“表格样式选项”选项组中，取消勾选“筛选按钮”复选框，如图 4-6 所示。

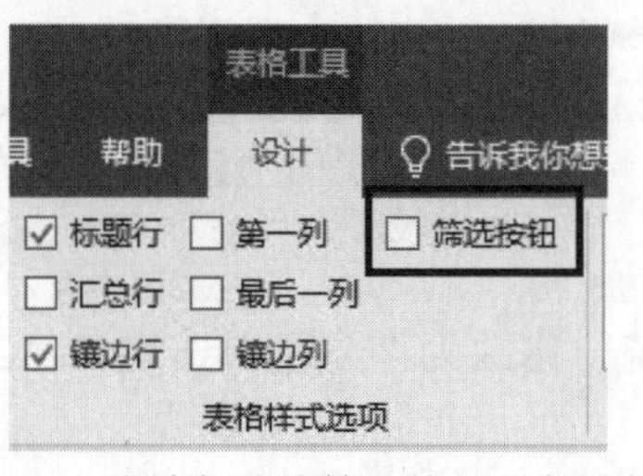

图 4-6　取消勾选“筛选按钮”复选框

右击单元格区域，在弹出的快捷菜单中选择“表格”→“转换为区域”命令，如图 4-7 所示。在打开的“Microsoft Excel”对话框中，单击“是”按钮，如图 4-8 所示，这样就可以将数据表的属性由表转换为普通区域。

图 4-7　选择“表格”→“转换为区域”命令

图 4-8　“Microsoft Excel”对话框

此时，初步格式化后的员工信息数据效果如图 4-9 所示。

序号	姓名	部门	职位	性别	学历	基本工资	绩效工资
A2301	杨俊杰	财务部	部门经理	男	硕士	5500	4530
A2302	张晓红	人力资源部	人事主管	女	本科	4800	3200
A2303	王勇	技术部	技术总监	男	博士	8000	6000
A2304	李娜	销售部	销售经理	女	本科	6000	4000
A2305	张峰	运营部	运营经理	男	硕士	5800	4500
A2306	王丽	客户服务部	客户经理	女	大专	4200	2800
A2307	刘鹏	采购部	采购经理	男	本科	5200	3800
A2308	张兵	市场部	市场经理	男	硕士	5500	4200
A2309	王华	财务部	财务主管	男	本科	4800	3200
A2310	李秀芳	人力资源部	人事专员	女	大专	3500	2500
A2311	赵强	技术部	技术员	男	大专	3800	2700
A2312	刘红军	销售部	销售代表	男	大专	3200	2000
A2313	王丹丹	运营部	运营专员	女	大专	3400	2200

图 4-9　初步格式化后的员工信息数据效果

选中所有单元格并右击，在弹出的快捷菜单中选择“设置单元格格式”命令。在打开的“设置单元格格式”对话框中选择“边框”选项卡，设置“外边框”中样式为“双实线”，颜色为“紫色”；设置“内部”样式为“粗实线”，颜色为“绿色”，如图 4-10 所示，最后单击“确定”按钮。

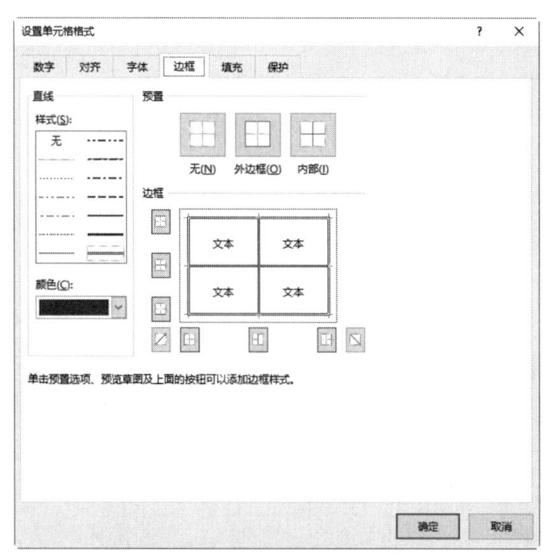

图 4-10　设置单元格边框格式

选中基本工资列、绩效工资列的所有单元格并右击，在弹出的快捷菜单中选择“设置单元格格式”命令。在打开的“设置单元格格式”对话框中选择“数字”选项卡，设置“分类”为“货币”，小数位数为“0”，如图 4-11 所示，最后单击“确定”按钮。

图 4-11　设置单元格数字格式

选中“职位”列的数据，单击“开始”选项卡中“样式”选项组的“条件格式”按钮，在弹出的下拉菜单中选择“突出显示单元格规则”→“文本中包含”命令。在打开的“文本中包含”对话框中，设置“为包含以下文本的单元格设置格式”参数为“主管”，选择合适的“设置为”样式，如图 4-12 所示，最后单击“确定”按钮。

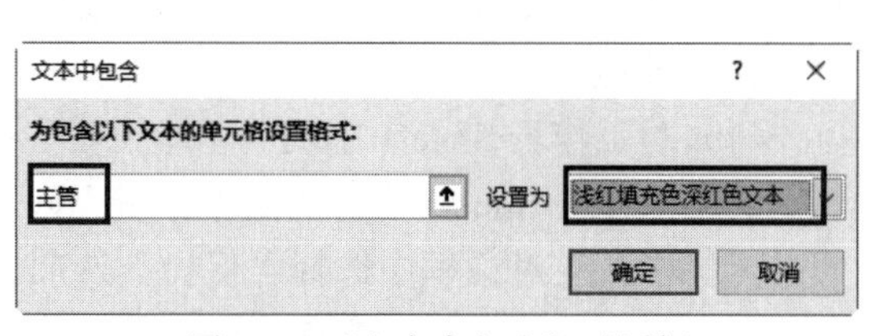

图 4-12　“文本中包含”对话框

选中“基本工资”列、“绩效工资”列单元格，单击“条件格式”按钮，在弹出的下拉菜单中选择“数据条”→“绿色数据条”命令，如图 4-13 所示。

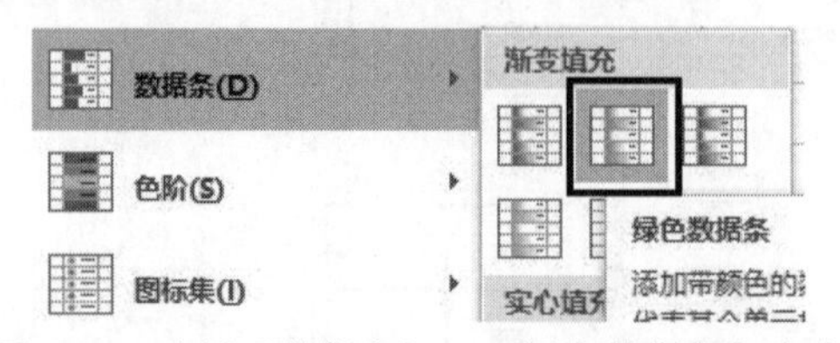

图 4-13　选择“数据条”→“绿色数据条”命令

选中第 1 行单元格并右击，在弹出的快捷菜单中选择“插入”命令。在 A1 单元格中输入表格标题文字“员工信息表”，设置文字格式为“字号 20、加粗、字体黑体、颜色深蓝”。选中 A1:H1 区域，单击“开始”选项卡中“对齐方式”选项组的“合并后居中”按钮。

最后，格式化的员工信息数据效果如图 4-14 所示。

	A	B	C	D	E	F	G	H
1	员工信息表							
2	序号	姓名	部门	职位	性别	学历	基本工资	绩效工资
3	A2301	杨俊杰	财务部	部门经理	男	硕士	¥5,500	¥4,530
4	A2302	张晓红	人力资源部	人事主管	女	本科	¥4,800	¥3,200
5	A2303	王勇	技术部	技术总监	男	博士	¥8,000	¥6,000
6	A2304	李娜	销售部	销售经理	女	本科	¥6,000	¥4,000
7	A2305	张峰	运营部	运营经理	男	硕士	¥5,800	¥4,500
8	A2306	王丽	客户服务部	客户经理	女	大专	¥4,200	¥2,800
9	A2307	刘鹏	采购部	采购经理	男	本科	¥5,200	¥3,800
10	A2308	张兵	市场部	市场经理	男	硕士	¥5,500	¥4,200
11	A2309	王华	财务部	财务主管	男	本科	¥4,800	¥3,200
12	A2310	李秀芳	人力资源部	人事专员	女	大专	¥3,500	¥2,500
13	A2311	赵强	技术部	技术员	男	大专	¥3,800	¥2,700
14	A2312	刘红军	销售部	销售代表	男	大专	¥3,200	¥2,000
15	A2313	王丹丹	运营部	运营专员	女	大专	¥3,400	¥2,200

图 4-14　格式化后的员工信息数据效果

任务三　数据的隐私保护

数据的保护

子任务 1：单元格数据的保护

可以使用单元格保护功能来保护工作表中的特定单元格，以防误操作或未经授权的更改。

在工作簿文件“员工信息表.xlsx”的工作表 Sheet1 后，插入 2 张新的空白工作表 Sheet2、Sheet3，把工作表 Sheet1 中的员工信息数据分别复制到工作表 Sheet2、Sheet3 中。

操作过程：

（1）对工作表 Sheet1 中的“基本工资”列、“绩效工资”列单元格中的数据进行保护。

选中工作表 Sheet1 中除“基本工资”列、“绩效工资”列外的其他单元格，在打开的“设置单元格格式”对话框中选择“保护”选项卡，取消勾选“锁定”复选框，如图 4-15 所示，最后单击“确定”按钮。这样可以确保所选单元格在保护工作表时不被锁定。

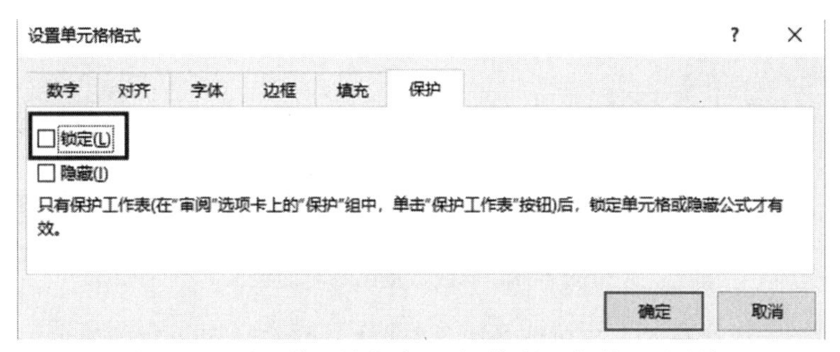

图 4-15 “设置单元格格式”对话框的“保护”选项卡

> **小提示：**
> 在默认情况下，工作表中的所有单元格都处于“锁定”状态。只有在保护工作表的情况下，设置“锁定”状态或“隐藏”状态才起作用。

> **小提示：**
> 在“保护”选项卡中，如果勾选“隐藏”复选框，当保护工作表后，编辑栏将不显示单元格中的公式。

单击“审阅”选项卡中“保护”选项组的“保护工作表”按钮。在打开的“保护工作表”对话框中，输入取消工作表保护时使用的密码，并设置“允许此工作表的所有用户进行”的操作。例如，勾选“选定锁定单元格”“选定未锁定的单元格”“设置单元格格式”等复选框，如图 4-16 所示，最后单击“确定”按钮。

在打开的“确认密码”对话框中，重新输入密码，如图 4-17 所示，最后单击“确定”按钮。

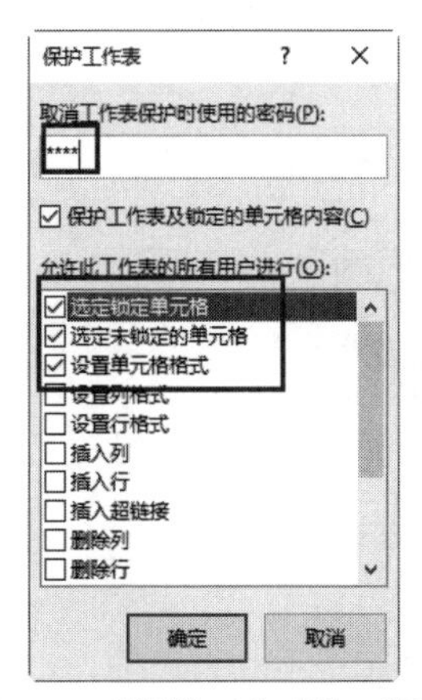

图 4-16 “保护工作表”对话框

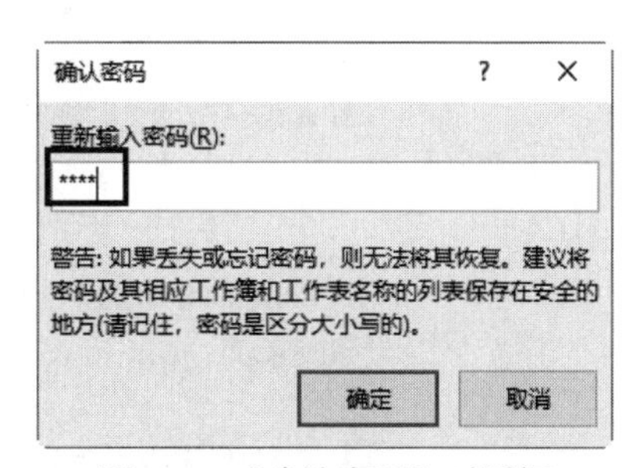

图 4-17 “确认密码”对话框

此时，工作表“基本工资”列、“绩效工资”列单元格中的数据已被保护，可以对它们正常设置单元格格式，但如果修改其中的数据，将出现如图 4-18 所示的修改数据出错对话框。除基本工资、绩效工资数据外的其他数据单元格因未被保护，可以正常编辑、修改。

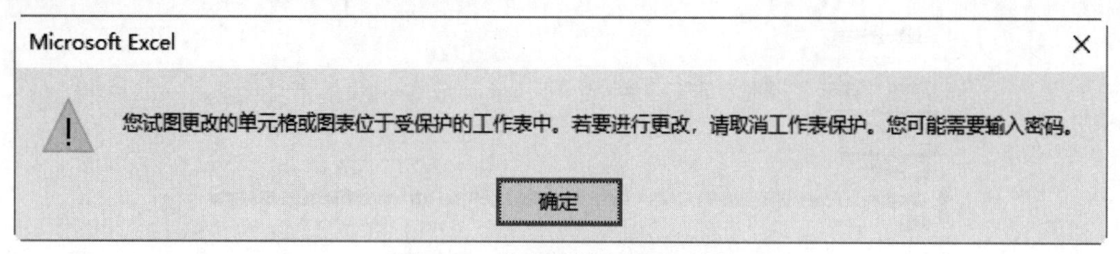

图 4-18　修改数据出错对话框

如果要取消单元格的保护，只需要单击“保护”选项组中的“取消保护工作表”按钮，输入正确的保护工作表密码即可。

（2）对工作表 Sheet2“姓名”列单元格中的数据设置编辑密码。

打开工作表 Sheet2，单击“审阅”选项卡中“保护”选项组的“允许编辑区域”按钮。在打开的“允许用户编辑区域”对话框中，单击“新建”按钮。在打开的“新区域”对话框中，设置“标题”为“姓名”，“引用单元格”为“=B:B”，“区域密码”为任意密码，如图 4-19 所示，最后单击“确定”按钮。在随后打开的“确认密码”对话框中再次输入密码进行确认。

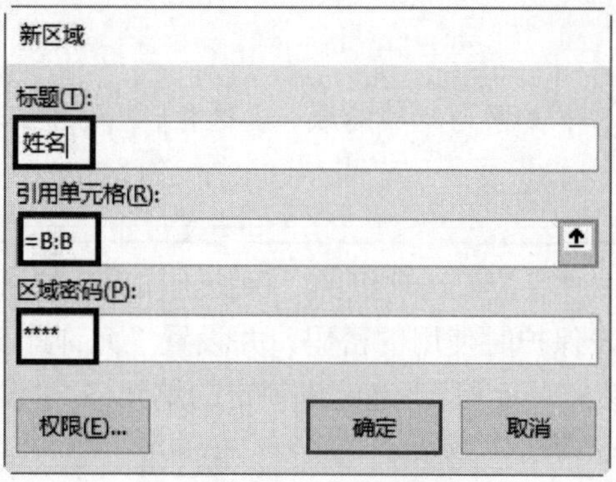

图 4-19　“新区域”对话框

在返回的“允许用户编辑区域”对话框中，单击“保护工作表”按钮，如图 4-20 所示。在打开的“保护工作表”对话框中，设置好保护工作表的密码。

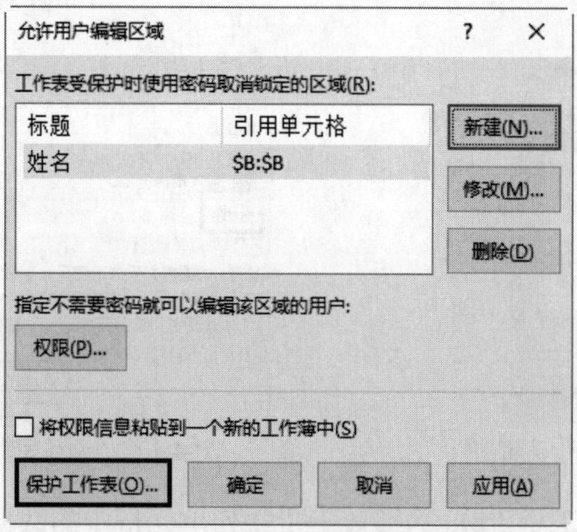

图 4-20　“允许用户编辑区域”对话框

此时，如果要想修改工作表中“姓名”列的数据，将自动打开如图 4-21 所示的“取消锁定区域”对话框，可以通过输入正确的编辑密码来进行编辑修改。其他数据都已经被保护，不能进行编辑修改操作。

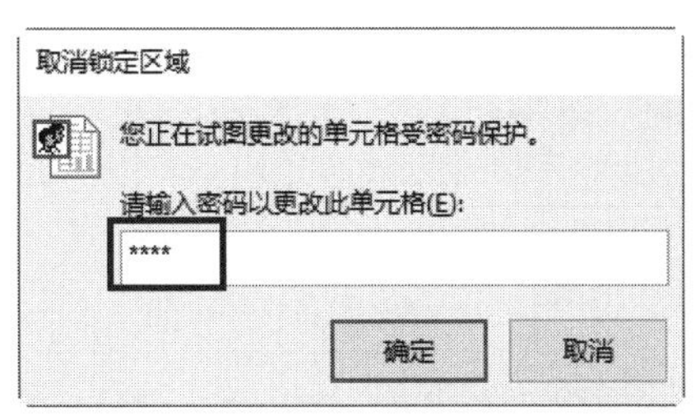

图 4-21 “取消锁定区域”对话框

如果要取消单元格的保护，只需单击“取消保护工作表”按钮，输入正确的保护工作表密码即可。

（3）对工作表 Sheet3 中的所有数据设置查看密码。

在工作表 Sheet3 的标题行前插入 1 个空白行，输入文字“请输入数据查看密码”并设置如图 4-22 所示的文字效果。

	A	B	C	D	E	F	G	H
1			请输入数据查看密码：					
2	员工信息表							
3	序号	姓名	部门	职位	性别	学历	基本工资	绩效工资
4	A2301	杨俊杰	财务部	部门经理	男	硕士	¥5,500	¥4,530
5	A2302	张晓红	人力资源部	人事主管	女	本科	¥4,800	¥3,200
6	A2303	王勇	技术部	技术总监	男	博士	¥8,000	¥6,000
7	A2304	李娜	销售部	销售经理	女	本科	¥6,000	¥4,000
8	A2305	张峰	运营部	运营经理	男	硕士	¥5,800	¥4,500

图 4-22 第 1 行的文字效果

选中 A4:H53 区域，单击“开始”选项卡中“样式”选项组的“条件格式”按钮，在弹出的下拉菜单中选择“新建规则”命令。在打开的“编辑格式规则”对话框中，设置“选择规则类型”为“使用公式确定要设置格式的单元格”，在“编辑规则说明”文本框中输入公式“=$F$1<>"A123"”（设置数据查看密码为“A123”），如图 4-23 所示。

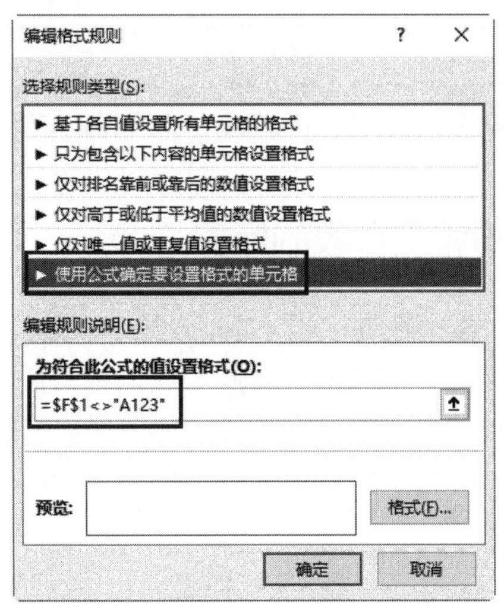

图 4-23 “新建格式规则”对话框

单击“新建格式规则”对话框中的“格式”按钮，在打开的“设置单元格格式”对话框中，设置分类为“自定义”，类型为“;;;”，如图4-24所示，单击“确定”按钮。

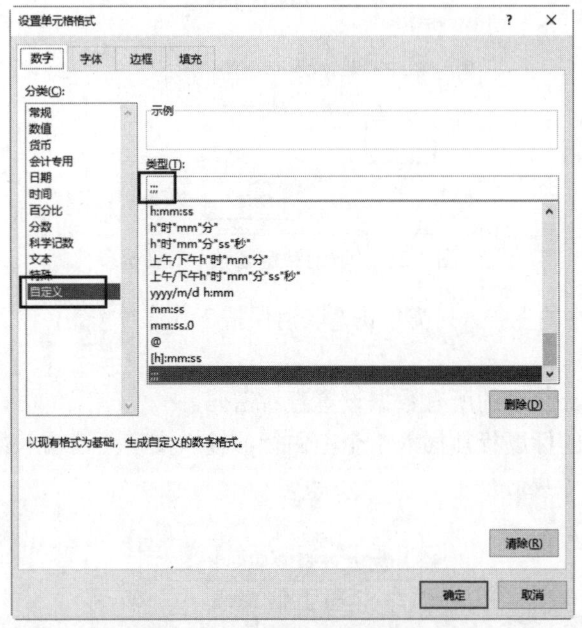

图4-24 “设置单元格格式”对话框

单击“新建格式规则”对话框中的“确定”按钮。此时，A4:H53区域中的数据已不显示，如图4-25所示。当在F1单元格中输入正确的查看密码“A123”后，A4:H53区域中的数据才会恢复显示。

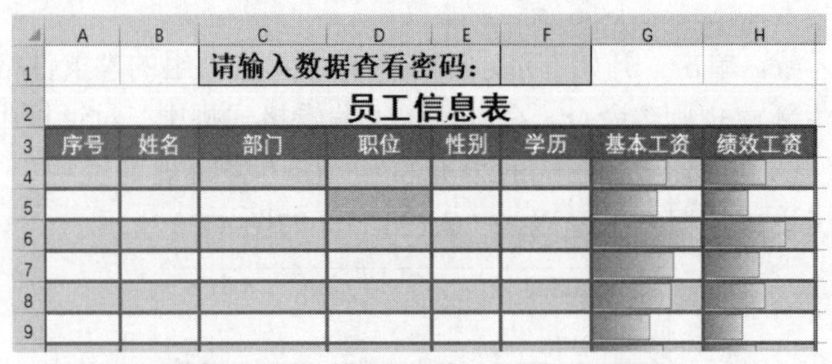

图4-25 单元格F1中没有输入正确的查看密码效果

子任务2：工作簿和工作表的保护

党的二十大报告中提出“强化经济、重大基础设施、金融、网络、数据、生物、资源、核、太空、海洋等安全保障体系建设”。在实际工作中，我们常常需要处理一些涉及个人隐私信息和敏感数据的内容，如身份证号码、银行卡号等。为了保护这些信息避免被未经授权的用户访问、使用或泄露，我们可以利用工作簿和工作表来进行有效的保护。

操作过程：

（1）保护工作簿结构。

小提示：

对工作簿的结构进行保护，可以禁止用户在工作簿中插入、删除、移动、复制、隐藏或取消隐藏工作表，禁止重命名工作表，禁止设置工作表标签颜色。

单击“审阅”选项卡中“保护”选项组的“保护工作簿”按钮。在打开的“保护结构和窗口”对话框中，在“密码”文本框中输入密码，单击“确定”按钮，如图 4-26 所示。在打开的“确认密码”对话框中，再次输入密码进行确认。

右击工作表标签，在弹出的快捷菜单中可以发现“插入”“删除”“重命名”“移动或复制”“工作表标签颜色”“隐藏”“取消隐藏”等命令已显示为灰色，不可使用，如图 4-27 所示。

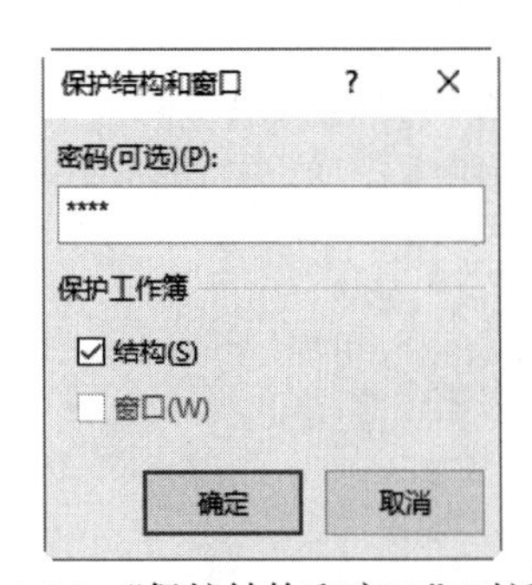

图 4-26　“保护结构和窗口”对话框

图 4-27　右击工作表标签弹出的快捷菜单

小提示：

通过“保护工作表”命令，保护的只是工作表的结构，仍然可以打开工作表，编辑、修改工作表。

（2）设置工作簿的打开权限和修改权限密码。

小提示：

在设置工作簿的打开权限密码后，只有输入正确的密码才能打开该工作簿。在设置工作簿的修改权限密码后，只有输入正确的密码才能编辑、修改该工作簿中的工作表数据。

单击“文件”菜单按钮，在弹出的菜单中选择“另存为”命令。在打开“另存为”对话框中，单击“工具”按钮，从打开的下拉菜单中选择“常规选项”命令，如图 4-28 所示。

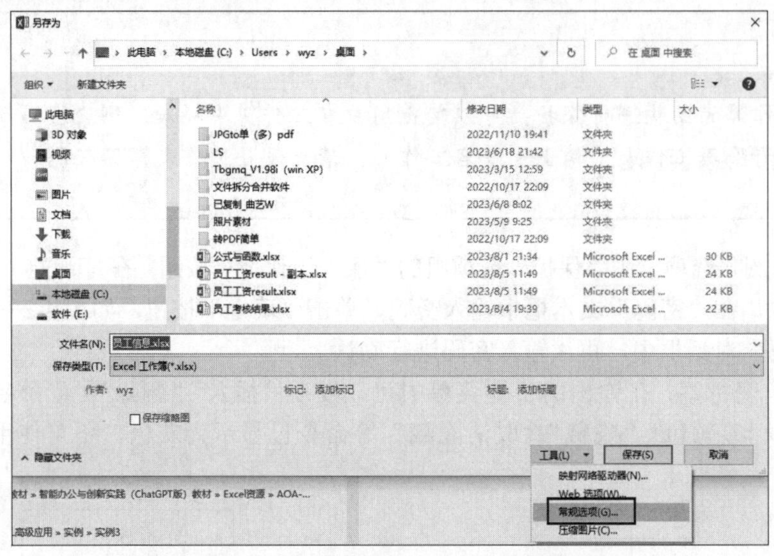

图 4-28 “另存为”对话框中的“常规选项”命令

在打开的“常规选项”对话框中，如图 4-29 所示，在“打开权限密码”文本框中输入打开权限密码，在“修改权限密码”文本框中输入修改权限密码，单击“确定”按钮。

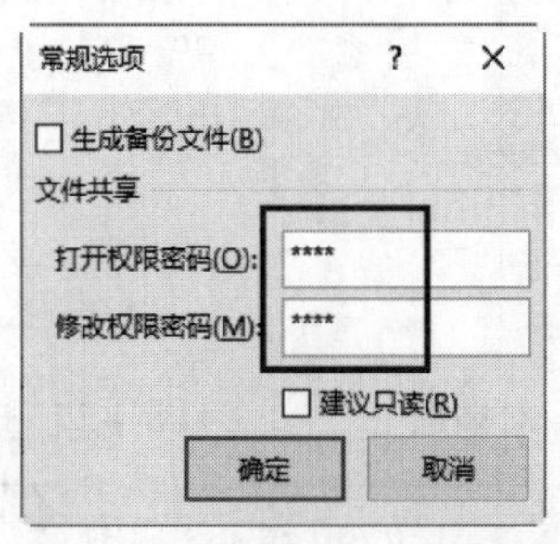

图 4-29 “常规选项”对话框

在打开的“确认密码”对话框中，再次输入密码进行确认。

小提示：

如果希望取消工作簿的打开权限密码、修改权限密码保护，可以再次打开“常规选项”对话框，删除其中的打开权限密码和修改权限密码，单击“确定”按钮，即可取消密码保护。

任务四 创新性自我挑战

数据有效性

子任务 1：单元格数据有效性的设置

我们先向 ChatGPT 提问，让它告诉我们单元格数据有效性的作用和设置，如图 4-30 所示。

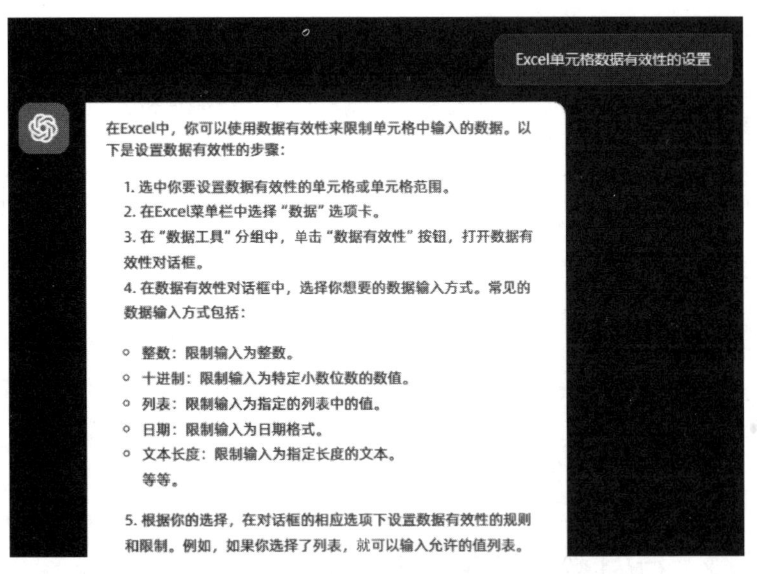

图 4-30　提问 ChatGPT“Excel 单元格数据有效性的设置”

在 Excel 中，数据有效性可以限制单元格中输入的数据。选中需要设置数据有效性的单元格，单击“数据”选项卡中“数据工具”选项组的“数据验证”按钮，在打开的“数据验证”对话框中，可以设置数据的验证条件、输入信息、出错警告、输入法模式，如图 4-31 所示。

图 4-31　“数据验证”对话框

在本任务中，打开素材文件夹中的工作簿“员工工资表.xlsx”，其中工作表 Sheet1 中的数据表格如图 4-32 所示。

操作过程：

（1）设置 M6:M8 区域的数据有效性为“2000 到 8000 之间的整数”；输入信息为“岗位工资为介于 2000 到 8000 之间的整数！”；出错警告的样式为“警告”，错误信息为“数据输入错误，请重新输入！！！”。

（2）设置 M12:M15 区域的数据有效性为“大于或等于 400 的小数”；输入信息为“学历津贴为大于或等于 400 的小数！”；出错警告的样式为“信息”，错误信息为“数据输入错误，请重新输入！！！”。

员工工资表

工号	姓名	部门	职位	性别	学历	基本工资	学历津贴	绩效工资	应发工资
23001	黄奕	五营业部	项目经理	女	博士	5800	1500	4330	11630
23002	李欣	三营业部	销售经理	女	博士	3500	1500	3932	8932
23003	李鹏程	三营业部	业务代表	男	大专	2600	400	4218	7218
23004	郭浩亮	三营业部	销售经理	男	硕士	3500	1000	5461	9961
23005	陆沈豪	八营业部	销售经理	男	博士	3500	1500	5687	10687
23006	饶明茹	二营业部	销售经理	女	硕士	3500	1000	6054	10554
23007	赵汉楠	六营业部	业务代表	男	博士	2600	1500	4915	9015
23008	邹翔宇	六营业部	业务代表	男	硕士	2600	1000	4148	7748
23009	钱浩楠	八营业部	业务代表	男	硕士	2600	1000	7433	11033
23010	许康	六营业部	业务代表	男	本科	2600	600	3443	6643
23011	唐锐文	四营业部	业务代表	女	本科	2600	600	6433	9633
23012	孙佳瑶	二营业部	业务代表	女	硕士	2600	1000	6478	10078
23013	周冰冰	六营业部	销售经理	女	硕士	3500	1000	4452	8952
23014	朱晨曦	五营业部	项目经理	女	硕士	5800	1000	7506	14306
23015	钱思梦	五营业部	业务代表	女	本科	2600	600	6495	9695
23016	章宏伟	六营业部	销售经理	男	大专	3500	400	7125	11025

岗位工资表

职位	岗位工资
项目经理	5800
销售经理	3500
业务代表	2600

学历津贴表

学历	学历津贴
博士	1500
硕士	1000
本科	600
大专	400

图 4-32　工作簿“员工工资表.xlsx”工作表 Sheet1 中的数据表格

子任务 2：行/列数据有效性的设置

对整行或整列数据有效性的设置方法与对单个单元格设置数据有效性的方法类似。

在本任务中，针对工作簿文件“员工工资表.xlsx”工作表 Sheet1 中的数据表格，完成如下操作。

（1）设置“工号”列单元格中的数据有效性为“文本长度必须是 5 位”。

（2）设置“职位”列单元格中的数据有效性为“只能输入或选择序列‘项目经理、销售经理、业务代表’中的一项”。

（3）设置“性别”列单元格中的数据有效性为“只能输入或选择序列‘男、女’中的一项”。

（4）设置“学历”列单元格中的数据有效性为“只能输入或选择序列‘博士、硕士、本科、大专’中的一项”。

（5）设置“绩效工资”列单元格中的数据有效性为“大于或等于 0 的小数”。

【任务考评】

项目名称					
项目成员					
评价项目	评价内容	分值	自评 20%	互评 30%	师评 50%
职业素养（40%）	具有良好的计算机使用习惯，爱护公共设施，环境整洁	5			
	纪律性强，不迟到早退，按时完成承担的任务	10			
	态度端正、工作认真、积极承担困难任务	5			
	发现问题后能主动寻求解决办法，及时和教师、同学探讨	10			
	团结合作意识强，主动帮助他人	10			

续表

专业能力（60%）	能使用 ChatGPT 生成 Excel 数据	10			
	能进行单元格格式化操作、数据格式的设置	20			
	能保护单元格中的数据	10			
	能保护工作簿和工作表	10			
	能设置单元格数据有效性	5			
	能设置行/列数据有效性	5			
合计	综合得分：__________	100			
总结反思	1．学到的新知识： 2．掌握的新技能： 3．项目反思：你遇到的困难有哪些，你是如何解决的？ 学生签字：				
综合评语	教师签字：				

【能力拓展】

拓展训练：剪贴板的使用

剪贴板的使用技巧

Excel 剪贴板是一个非常有用的工具，它可以帮助我们快速地复制所需数据，从而提高工作效率。当复制单元格数据时，它会被存储在剪贴板中，你可以将其按各种方式粘贴到指定位置。粘贴方式有多种选择，如保留原格式、公式、值、链接的图片等。

在实际应用中，剪贴板可以帮助我们实现一些特殊的效果，如一键合并单元格、一键拆分单元格、多次复制一次粘贴等。

通过互联网检索和 ChatGPT 问答，请你自行设计一份 Excel 数据表格，并练习剪贴板的各种使用方法。

【延伸阅读——ChatGPT 的数据可靠性】

ChatGPT 是现在比较流行的一款自然语言处理工具，可以提供智能问答、机器翻译、情感分析等功能。但是，很多人会担心 ChatGPT 数据的可靠性。实际上，ChatGPT 的数据来源主要有两种：一种是爬虫抓取的互联网数据，另一种是业界公开的语言数据集。

对于第一种数据来源，ChatGPT 通过使用高质量的爬虫来进行数据的抓取，保证了数据的整洁和准确性。同时，在抓取互联网数据时，ChatGPT 还使用了一些过滤器，过滤掉了一些低质量的数据，从而进一步提高了数据的可靠性。此外，ChatGPT 还对抓取的数据进行了清洗和标注，可进一步保证数据的质量。

对于第二种数据来源，ChatGPT 使用了一些公开的语言数据集，如 Wikipedia、Gutenberg 等。这些数据集具有较高的权威性和可靠性，因此 ChatGPT 得到的数据也具有较高的可靠性。此外，ChatGPT 还允许用户上传自己的语料库，从而进一步提高了数据的可靠性和适用性。

除了数据的来源，ChatGPT 还使用了一些技术手段来提高数据的可靠性。例如，ChatGPT 使用了迭代训练的方法，即通过多次训练来优化模型的准确度和泛化能力。这种方法可以有效地避免过拟合等问题，从而进一步提高数据的可靠性。

项目四理论小测

项目五

计算分析：公式与函数的高级应用

知识目标：

1. 熟悉基本运算符的具体应用。
2. 熟悉绝对引用与相对引用的使用方法。
3. 掌握数组公式的使用方法和技巧。
4. 掌握数据库函数的正确使用方法。
5. 掌握财务函数的具体应用。
6. 掌握逻辑函数的合理运用。
7. 掌握 INDEX\MATCH 函数的配合使用。
8. 了解其他相关函数的使用方法。

能力目标：

1. 能运用公式与函数解决一些工作、学习中的实际问题。
2. 能合理利用多个函数的配合使用解决复杂的问题。
3. 在数据处理中遇到困难能够随时向 ChatGPT 寻求帮助。

素养目标：

1. 培养信息获取与处理能力、批判性思维能力、问题解决能力、创新能力。
2. 培养综合素养，能够适应复杂多变的社会环境，具备持续学习和自我发展的能力。
3. 培养积极思考、敢于动手和不断探究新知识的欲望。
4. 培养正确的道德观、爱岗敬业的精神、严谨细致的工作作风、团队协作的职业素养。

【项目导读】

Excel 不仅可以用来记录和保存数据，还提供了强大的计算功能，公式与函数可以有效地帮助我们分析和处理数据。Excel 在数字化时代扮演着一个高效的数据处理角色。

本项目将学习 Excel 中公式和函数的具体应用。公式和函数是用于对数据进行计算和处理的工具，它们可以帮助我们快速地进行复杂的数学、统计、逻辑和文本等运算，提高工作效率。

【任务工单】

<table>
<tr><td>项目描述</td><td colspan="2">本项目通过对多个实例的具体实践操作，掌握各类函数的功能、语法及使用技巧，学会公式与函数的具体应用</td></tr>
<tr><td>任务名称</td><td colspan="2">任务一 公式的使用
任务二 函数的简单使用
任务三 函数的高级应用
任务四 创新性自我挑战</td></tr>
<tr><td>任务列表</td><td>任务要点</td><td>任务要求</td></tr>
<tr><td>1. 了解并使用基本运算符</td><td>● 算术运算符
● 文本运算符
● 比较运算符
● 实例操作</td><td rowspan="10">● 使用基本运算符完善计算机等级考试成绩表数据
● 绝对引用与相对引用的作用与区别
● 使用数组公式计算出 “员工工资表”中的相应数据
● 使用数据库函数及已设置的条件区域，计算数据
● 设定某列不能输入重复的数值
● 使用财务函数对贷款偿还金额进行计算
● 使用 VLOOKUP 函数及 HLOOKUP 函数进行计算
● INDEX\MATCH 函数的配合使用
● 使用函数对单元格中的时间数据四舍五入到最接近 15 分钟的倍数</td></tr>
<tr><td>2. 单元格的绝对引用与相对引用</td><td>● 绝对引用
● 相对引用
● 实例操作</td></tr>
<tr><td>3. 数组公式的使用</td><td>● 数组公式
● 实例操作</td></tr>
<tr><td>4. 数据库函数的使用</td><td>● 数据库函数
● 实例操作</td></tr>
<tr><td>5. 数学函数、统计函数的使用</td><td>● 数学函数
● 统计函数
● 实例操作</td></tr>
<tr><td>6. 财务函数的使用</td><td>● 财务函数
● 实例操作</td></tr>
<tr><td>7. HLOOKUP/VLOOKUP 函数的使用</td><td>● HLOOKUP 函数
● VLOOKUP 函数
● 实例操作</td></tr>
<tr><td>8. 逻辑函数的嵌套使用</td><td>● 逻辑函数
● 函数的嵌套
● 实例操作</td></tr>
<tr><td>9. INDEX/MATCH 函数的配合使用</td><td>● INDEX 函数
● MATCH 函数
● INDEX/MATCH 函数的配合使用实例操作</td></tr>
<tr><td>10. 其他函数的混合应用</td><td>● CONCAT 函数
● MROUND 函数
● 实例操作</td></tr>
<tr><td>11. 创新性自我挑战</td><td>● 任务分组
● 分析身份证号码的秘密
● 分析“学生体育成绩表”</td><td>● 小组成员分工合理，在规定时间内完成 2 个子任务
● 探讨交流，互帮互助
● 内容充实，格式规范</td></tr>
</table>

【任务分析】

Excel 公式是 Excel 中进行计算的等式，所有公式必须以“=”开头。Excel 函数是预先定义好的，执行计算、分析等处理数据任务的特殊公式。公式和函数的作用主要体现在以下几方面。

- 简单计算：公式和函数可以用于数值计算，如加减乘除、求和、平均值、最大值、最小值等计算。
- 数据映射：利用映射函数可以将一组数据中的某些值映射为另一组值，从而简化数据处理和分析的流程，提高工作效率。
- 条件判断：公式和函数可以根据特定的条件进行判断，并返回不同的结果。
- 字符串处理：公式和函数可以对文本进行处理，如连接字符串、提取子字符串、替换字符等。
- 日期与时间计算：公式和函数可以用于日期与时间的计算和处理。例如，计算两个日期之间的天数差，提取日期的年份、月份、星期等。
- 数据分析：公式和函数可以用于数据分析，如排序、过滤、查找、统计等。
- 逻辑运算：公式和函数可以进行逻辑运算，如与、或、非等。
- 数组计算：公式和函数可以处理多个值构成的数组，如矩阵运算、多条件的计算等。

公式和函数的作用如图 5-1 所示。

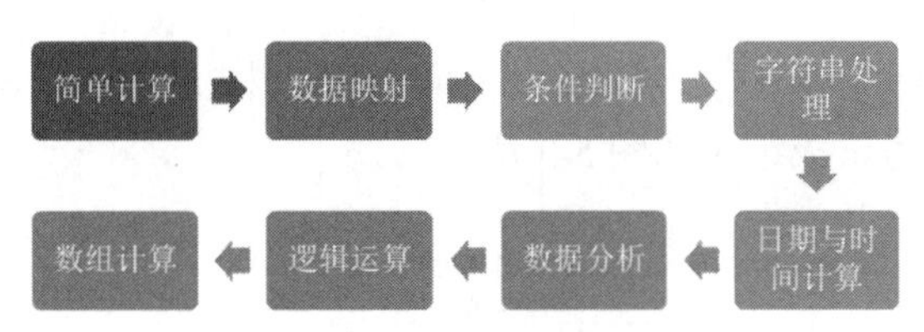

图 5-1　公式和函数的作用

【任务实施】

任务一　公式的使用

公式

子任务 1：了解并使用基本运算符

Excel 中的基本运算符用于进行各种计算操作。我们先向 ChatGPT 提问，让它告诉我们 Excel 中的基本运算符，如图 5-2 所示。

Excel 中的运算符主要包括算术运算符、文本运算符、比较运算符。

1. 算术运算符

算术运算符有负号（-）、百分数（%）、乘幂（^）、乘（*）、除（/）、加（+）和减（-）。

2. 文本运算符

Excel 的文本运算符只有一个，即“&”。“&”的作用是将两个文本连接起来组成一个连续的文本。

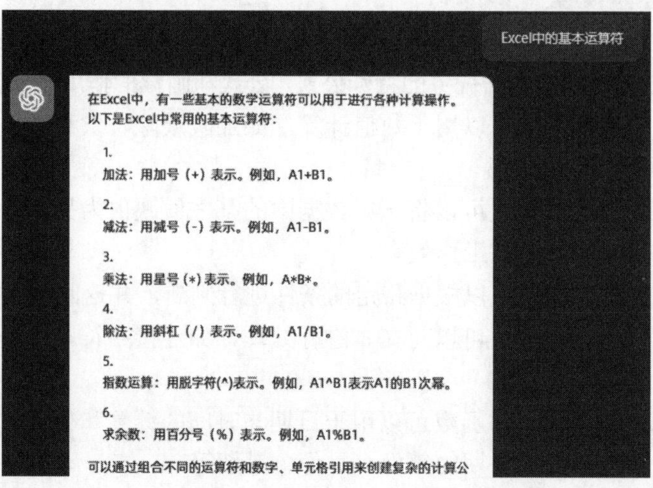

图 5-2　向 ChatGPT 提问“Excel 中的基本运算符”

3. 比较运算符

比较运算符有等于（=）、小于（<）、大于（>）、小于或等于（<=）、大于或等于（>=）、不等于（<>）。

在本任务中，我们先在素材文件夹中找到并打开素材文件“公式与函数.xlsx”，工作表 Sheet1 中的计算机等级考试成绩表如图 5-3 所示。

	A	B	C	D	E	F	G	H	I	J	K	L
1	2023年旅游A01班计算机等级考试成绩表											
2						考试日期						
3	姓名	单选题	判断题	Word操作题	Excel操作题	PowerPoint操作题	综合应用题	总分	是否大于平均分			
4	盛佳良	8	8	20	18	18	15				考试情况	
5	王添添	6	6	14	12	18	17				年份	2023
6	陈展科	9	5	11	12	16	12				日期	11.20
7	郑延平	8	9	20	20	19	17				人数	40
8	张彬彬	8	8	9	20	17	13				平均分	74.95
9	金鑫磊	5	6	15	20	11	10				60分以上人数	37
10	吴英健	10	9	15	16	20	18				合格率	
11	赵文潇	7	7	13	18	11	12				85分以上人数	8
12	徐澳星	10	9	20	16	15	15				优秀率	
13	陈开开	8	8	15	12	13	15					

图 5-3　计算机等级考试成绩表

下面我们使用 Excel 中的基本运算符来完善表格中的数据。

“考试日期”数据使用“××××年××月××日”的格式进行显示：选中 G2 单元格，输入公式“=L5&"年"&"11"&"月"&"20"&"日"”。

计算“总分”列的数据：选中 H4 单元格，输入公式“=B4+C4+D4+E4+F4+E4”，双击 H4 单元格右下角的填充柄向下自动填充公式。

计算“是否大于平均分”列数据：选中 I4 单元格，输入公式“=H4>74.95”，双击 I4 单元格右下角的填充柄向下自动填充公式。结果显示“True”表示“是”，显示“Flase”表示“否”。

计算“合格率”数据：选中 L10 单元格，输入公式“=L9/L7”。选中并右击 L10 单元格，在弹出的快捷菜单中选择“设置单元格格式”命令。在打开的“设置单元格格式”对话框的“数字”选项卡中，设置“分类”为“百分比”，“小数位数”为“1”，如图 5-4 所示，单击“确定”按钮。

图 5-4　“设置单元格格式”对话框

计算“优秀率”数据的方法同计算“合格率”数据类似。完善数据后的表格效果如图 5-5 所示。

	A	B	C	D	E	F	G	H	I	J	K	L
1	2023年旅游A01班计算机等级考试成绩表											
2						考试日期	2023年11月20日					
3	姓名	单选题	判断题	Word操作题	Excel操作题	PowerPoint操作题	综合应用题	总分	是否大于平均分			
4	盛佳良	8	8	20	18	18	15	90	TRUE		考试情况	
5	王添添	6	6	14	12	18	17	68	FALSE		年份	2023
6	陈展科	9	5	11	12	16	12	65	FALSE		日期	11.20
7	郑延平	8	9	20	20	19	17	96	TRUE		人数	40
8	张彬彬	8	8	9	20	17	13	82	TRUE		平均分	74.95
9	金鑫磊	5	6	15	20	11	10	77	TRUE		60分以上人数	37
10	吴英健	10	9	15	16	20	18	86	TRUE		合格率	92.5%
11	赵文潇	7	7	13	18	11	12	74	FALSE		85分以上人数	8
12	徐澳星	10	9	20	16	15	15	86	TRUE		优秀率	20.0%

图 5-5　完善数据后的表格效果

子任务 2：单元格的绝对引用与相对引用

单元格引用

我们先向 ChatGPT 提问，让它告诉我们 Excel 中绝对引用与相对引用的作用和区别，如图 5-6 所示。

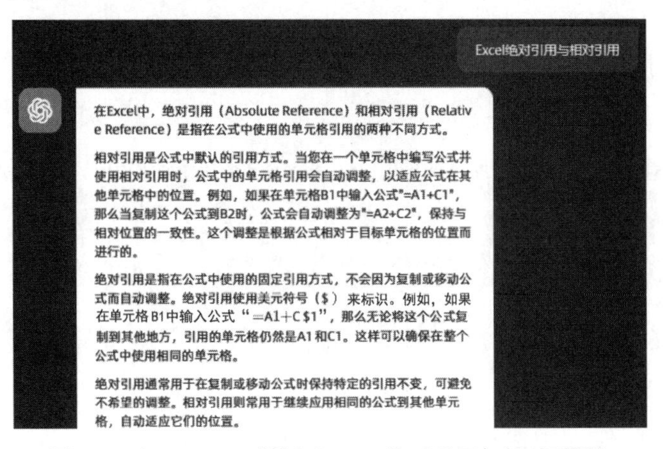

图 5-6　向 ChatGPT 提问“Excel 绝对引用与相对引用”

绝对引用与相对引用是指在 Excel 公式中使用的单元格引用的两种不同方式。

绝对引用是指在公式中使用的固定引用方式，不会因为复制或移动公式而自动调整。绝对引用使用美元符号“$”来标识。

相对引用是公式中默认的引用方式。当在单元格中编写公式并使用相对引用时，公式中的单元格引用会自动调整，以适应公式在其他单元格中的位置，这个调整是根据公式相对应的目标单元格位置而进行的。

例如，在上面的“子任务 1”中，在计算“是否大于平均分”列单元格中的数据引用“平均分”时，可以使用绝对引用将公式改为“=H4>$L$8”，而不能使用相对引用将公式改为“=H4>L8”。

子任务 3：数组公式的使用

我们先向 ChatGPT 提问，让它告诉我们 Excel 中数组公式的作用及使用方法，如图 5-7 所示。

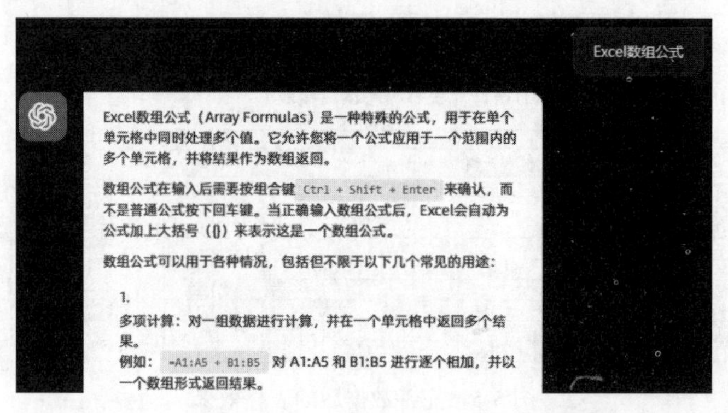

图 5-7 向 ChatGPT 提问“Excel 数组公式”

Excel 数组公式是一种特殊的公式，用于在单个单元格中同时处理多个值。它可以将一个公式应用于一个范围内的多个单元格，并将结果作为数组返回。

在输入数组公式后，需要按“Ctrl + Shift + Enter”组合键来确认，而与输入普通公式后需要按回车键不同。当正确输入数组公式后，Excel 会自动为公式加上大括号“{}”来表示这是一个数组公式。

在本任务中，打开工作表 Sheet2，其中的“员工工资表”原始表（局部）如图 5-8 所示。

	A	B	C	D	E	F	G	H	I
1	员工工资表								
2	编号	姓名	基本工资	岗位津贴	工龄津贴	奖励工资	应发工资	应扣工资	实发工资
3	A0001	吴峰昊	3040.00	510.00	168.00	444.00		75.00	
4	A0002	贾博	2980.00	500.00	164.00	500.00		62.00	
5	A0003	金怡	3000.00	530.00	152.00	510.00		50.00	
6	A0004	胡小	3020.00	500.00	142.00	450.00		50.00	
7	A0005	皓子赟	3015.00	515.00	120.00	480.00		65.00	
8	A0006	心晓萌	3040.00	540.00	116.00	480.00		68.00	
9	A0007	樊琳琳	3050.00	520.00	142.00	380.00		70.00	
10	A0008	珊斐	3020.00	550.00	140.00	446.00		50.00	
11	A0009	章逸	3040.00	500.00	134.00	580.00		60.00	
12	A0010	蒋良	3000.00	510.00	112.00	420.00		68.00	
13	A0011	赵青嫦	3055.00	617.00	147.00	385.00		40.55	

图 5-8 “员工工资表”原始表（局部）

使用数组公式计算“应发工资”列的数据：选中“应发工资”列的所有单元格区域 G3:G32，输入等号“=”；选中“基本工资”列的所有单元格区域 C3:C32，输入加号“+”；选中“岗位津贴”列的所有单元格区域 D3:D32，输入加号“+”；选中“工龄津贴”列的所有单元格区域 E3:E32，输入加号“+”；选中“奖励工资”列的所有单元格区域 F3:F32；按“Ctrl+Shift+Enter”组合键进行确认。此时在编辑栏中显示的公式为“{=C3:C32+D3:D32+E3:E32+F3:F32}”。

使用数组公式计算“实发工资”列的数据的方法类似。计算数据后的员工工资表（局部）如图 5-9 所示。

	A	B	C	D	E	F	G	H	I
1	员工工资表								
2	编号	姓名	基本工资	岗位津贴	工龄津贴	奖励工资	应发工资	应扣工资	实发工资
3	A0001	吴峰吴	3040.00	510.00	168.00	444.00	4162.00	75.00	4087.00
4	A0002	贾博	2980.00	500.00	164.00	500.00	4144.00	62.00	4082.00
5	A0003	金怡	3000.00	530.00	152.00	510.00	4192.00	50.00	4142.00
6	A0004	胡小	3020.00	500.00	142.00	450.00	4112.00	50.00	4062.00
7	A0005	皓子赟	3015.00	515.00	120.00	480.00	4130.00	65.00	4065.00
8	A0006	心晓萌	3040.00	540.00	116.00	480.00	4176.00	68.00	4108.00
9	A0007	樊琳琳	3050.00	520.00	142.00	380.00	4092.00	70.00	4022.00
10	A0008	珊斐	3020.00	550.00	140.00	446.00	4156.00	50.00	4106.00
11	A0009	章逸	3040.00	500.00	134.00	580.00	4254.00	60.00	4194.00

图 5-9　计算数据后的员工工资表（局部）

小提示：

由数组公式生成的数据是一个整体，不能对其中的个别数据进行更改。

任务二　函数的简单使用

函数的使用

公式计算后的出错信息

子任务 1：数据库函数的使用

我们先向 ChatGPT 提问，让它告诉我们 Excel 中有哪些数据库函数，如图 5-10 所示。

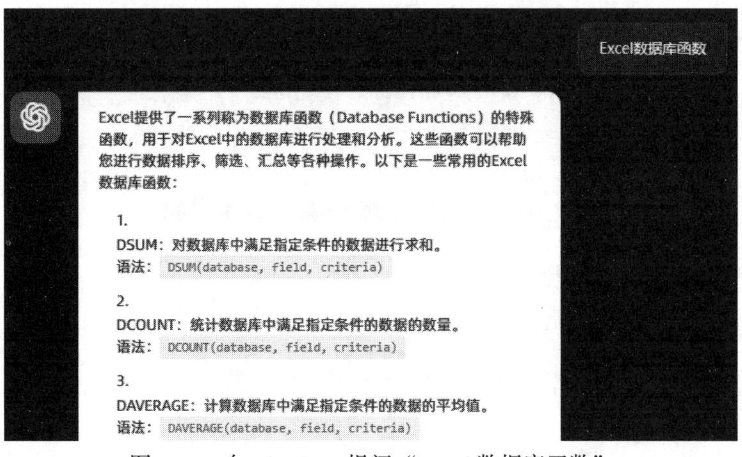

图 5-10　向 ChatGPT 提问“Excel 数据库函数”

Excel 提供了一系列被称为数据库函数的特殊函数，用于对 Excel 中的数据库进行复杂的处理和分析。

知识链接：

Excel 中常用的数据库函数有 DAVERAGE、DCOUNT、DCOUNTA、DGET、DMAX、DMIN、DPRODUCT、DSTDEV、DSUM、DVAR 等。

小提示：

数据库函数名的特点是函数名一般以字母“D”开头。使用数据库函数需要先设置条件区域。

打开工作表 Sheet3，其中的采购情况表的原始表如图 5-11 所示。

	A	B	C	D	E	F	G	H	I	J	K	L
1		采购情况表										
2	产品编号	产品名称	瓦数	寿命（小时）	商标	单价	每盒数量	采购盒数				
3	A001	白炽灯	200	3000	上海	4.50	4	20		条件区域1：		
4	C001	氖管	100	2000	上海	2.00	15	15		商标	产品名称	瓦数
5	B001	日光灯	60	3000	杭州	2.00	10	8		上海	白炽灯	<100
6	A002	白炽灯	80	1000	上海	0.40	40	12				
7	B002	日光灯	100	1500	上海	1.25	10	30		条件区域2：		
8	B003	日光灯	200	3000	上海	2.50	15	5		产品名称	瓦数	瓦数
9	A003	白炽灯	200	3000	杭州	5.00	3	8		白炽灯	>=80	<=100
10	C002	氖管	100	2000	北京	1.80	20	9				
11	A004	白炽灯	100	800	北京	0.50	10	15				
12	B004	日光灯	80	800	上海	0.90	25	25				
13	A005	白炽灯	60	1000	北京	0.35	25	18				
14	A006	白炽灯	80	1000	上海	0.65	30	16				
15	C003	氖管	100	2000	上海	0.80	10	15				
16	A007	白炽灯	60	1000	上海	0.45	20	5				
17												
18		情况						计算结果				
19		商标为上海，瓦数小于100的白炽灯的平均单价：										
20		产品为白炽灯，其瓦数大于等于80且小于等于100的品种数：										

图 5-11　采购情况表的原始表

计算商标为上海、瓦数小于 100 的白炽灯的平均单价：选中 H19 单元格，单击“插入函数”按钮。在打开的“插入函数”对话框中，设置“或选择类别”为“数据库”，“选择函数”为数据库求平均值函数“DAVERAGE”，如图 5-12 所示，单击“确定”按钮。

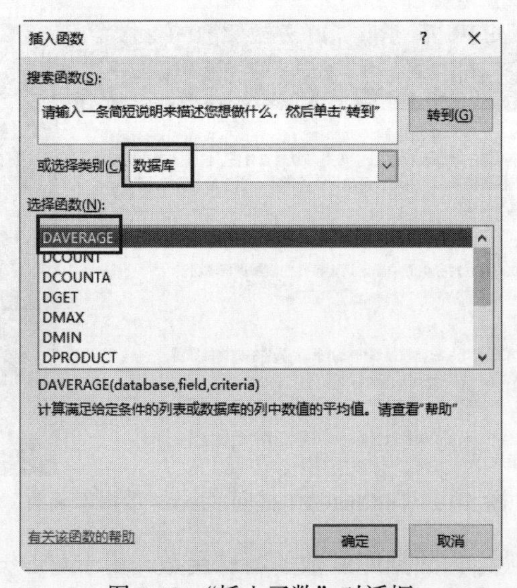

图 5-12　“插入函数”对话框

在打开的函数 DAVERAGE 的“函数参数”对话框中，设置“Database”为“A2:H16”（数据库区域），“Field”为“F2”（“单价”列单元格），“Criteria”为“J4:L5”（条件区域），如图 5-13 所示，最后单击“确定”按钮。

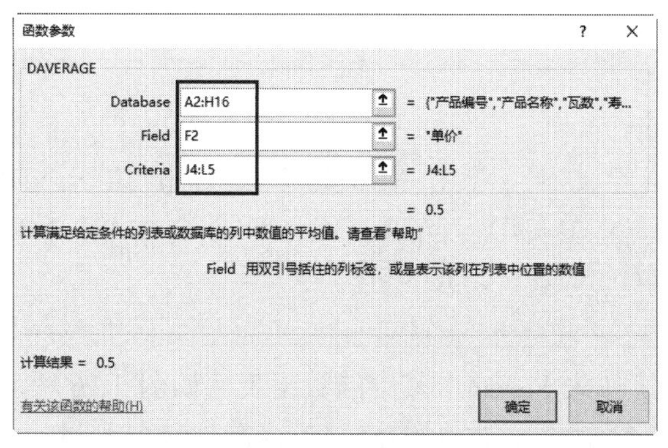

图 5-13　函数 DAVERAGE 的“函数参数”对话框

计算产品为白炽灯、瓦数大于等于 80 且小于等于 100 的品种数：选中 H20 单元格，单击“插入函数”按钮。在打开的“插入函数”对话框中，设置“或选择类别”为“数据库”，“选择函数”为数据库计数函数“DCOUNT”，最后单击“确定”按钮。

在打开的“函数参数”对话框中，设置“Database”为“A2:H16”（数据库区域），“Field”为“C2”（字段“瓦数”所在单元格），“Criteria”为“J8:L9”（条件区域），如图 5-14 所示，最后单击“确定”按钮。计算后的结果如图 5-15 所示。

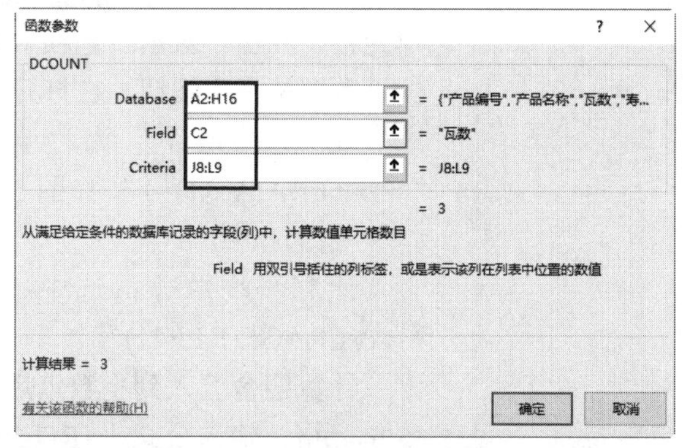

图 5-14　函数 DCOUNT 的“函数参数”对话框

情况	计算结果
商标为上海，瓦数小于100的白炽灯的平均单价：	0.5
产品为白炽灯，其瓦数大于或等于80且小于或等于100的品种数：	3

图 5-15　计算后的结果

小提示：

在上面函数 DCOUNT 的“函数参数”对话框中，“Field”也可被设置为“D2”“F2”“G2”“H2”，只要单元格中的数据全部是数值型即可；还可将其设置为数据所在数据库中的列号，如“3”“4”“6”“7”“8”。

常用函数介绍

子任务 2：数学、统计函数的使用

知识链接：

Excel 中常用的数学、统计函数有 ABS、INT、ROUND、ROUNDDOWN、ROUNDUP、MOD、RANDBETWEEN、RAND、AVERAGE、COUNT、MAX、MIN、LARGE、SMALL、SUMIF、SUMIFS、COUNTIF、COUNTIFS 等。

在本任务中，打开工作表 Sheet4，其中的数据表格如图 5-16 所示。

	A	B	C	D	E	F	G	H	I
1	学号	姓名	会计信息化	成本会计	应用写作	总分			
2	20231001	扬如奕	90	88	85	263			
3	20231002	吕颖萱	70	75	64	209		统计情况	统计结果
4	20231003	郭贵鑫	95	69	75	239		平均总分：	
5	20231004	徐珂涵	94	90	91	275		四舍五入到小数点后2位的平均总分：	
6	20231005	卞康妮	84	87	88	259		总分小于200的人数：	
7	20231006	杨徐甜	72	68	85	225		总分大于等于200，小于240的人数：	
8	20231007	王小易	85	71	76	232		总分大于等于240，小于260的人数：	
9	20231008	章赢丹	88	80	75	243		总分大于等于260的人数：	
10	20231009	徐馨岚	78	80	76	234			

图 5-16 工作表 Sheet4 中的数据表格

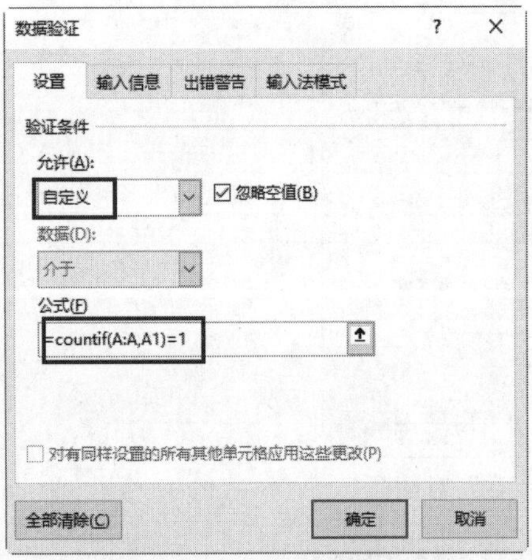

设定“学号”列不能输入重复的数值：选中 A 列单元格，单击“数据”选项卡中“数据工具”选项组的“数据验证”按钮。在打开的“数据验证”对话框中，设置“允许”为“自定义”，“公式”为“=countif(A:A,A1)=1”，如图 5-17 所示，最后单击“确定”按钮。

图 5-17 “数据验证”对话框

计算平均总分：选中 I4 单元格，输入公式“=AVERAGE(F2:F41)”。

计算四舍五入到小数点后 2 位的平均总分：选中 I5 单元格，输入公式“=ROUND(I4,2)”。

计算总分小于 200 的人数：选中 I6 单元格，输入公式“=COUNTIF(F2:F41,"<200")”。

计算总分大于等于 200 且小于 240 的人数：选中 I7 单元格，输入公式“=COUNTIFS(F2:F41,">= 200",F2:F41,"<240")”。

计算总分大于等于 240 且小于 260 的人数：选中 I8 单元格，输入公式“=COUNTIFS(F2:F41,">= 240",F2:F41,"<260")”。

计算总分大于等于 260 的人数：选中 I9 单元格，输入公式“=COUNTIF(F2:F41,">=260")”。

统计情况	统计结果
平均总分：	234.975
四舍五入到小数点后2位的平均总分：	234.98
总分小于200的人数：	4
总分大于等于200，小于240的人数：	18
总分大于等于240，小于260的人数：	11
总分大于等于260的人数：	7

图 5-18 计算结果

计算结果如图 5-18 所示。

子任务 3：财务函数的使用

我们先向 ChatGPT 提问，让它告诉我们 Excel 中有哪些财务函数，如图 5-19 所示。

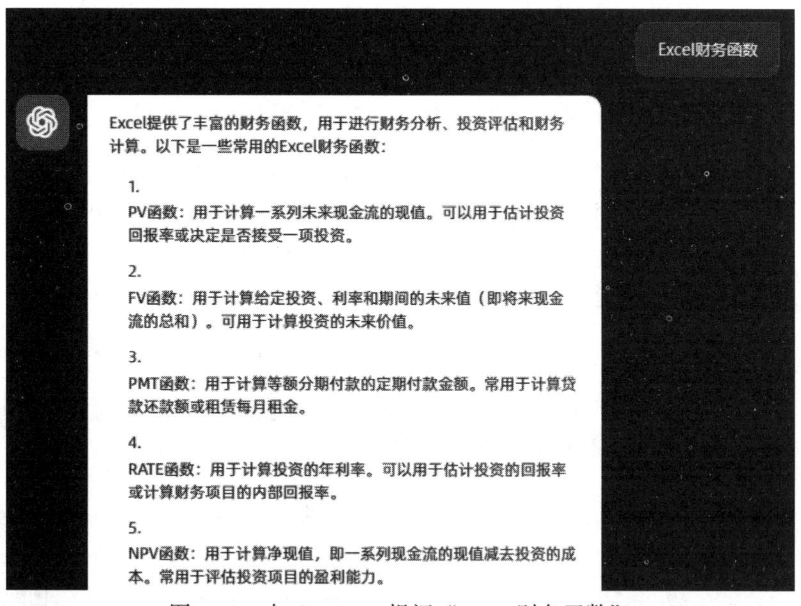

图 5-19　向 ChatGPT 提问“Excel 财务函数”

知识链接：

Excel 提供了丰富的财务函数，用于进行财务分析、投资评估和财务计算。常用的财务函数有 PV、FV、PMT、RATE、NPV、IRR、NPER、PPMT、IPMT、CUMIPMT 等。

知识链接：

PMT 函数

用途：基于固定利率及等额分期付款方式，返回贷款的每期付款额。

语法：PMT（rate,nper,pv,fv,type）

参数：rate 为贷款利率，nper 为该项贷款的付款总数，pv 为现值（也称为本金），fv 为未来值（或最后一次付款后希望得到的现金余额），type 指定各期的付款时间是在期初还是期末（1 为期初，0 为期末）。

IPMT 函数

用途：基于固定利率及等额分期付款方式，返回投资或贷款在某一给定期限内的利息归还额。

语法：IPMT（rate,per,nper,pv,fv,type）

参数：rate 为各期利率，per 用于计算其利息数额的期数（1 到 nper 之间），nper 为总投资期，pv 为现值（本金），fv 为未来值（最后一次付款后的现金余额。如果省略 fv，那么假设其值为零），type 指定各期的付款时间是在期初还是期末（0 为期末，1 为期初）。

在本任务中，打开工作表 Sheet5，其中的数据表格如图 5-20 所示。

	A	B	C	D	E
1	贷款情况			偿还贷款金额	
2	贷款金额：	800000		按年偿还贷款金额（年末）：	
3	贷款年限：	10		第16个月的贷款利息金额：	
4	年利息：	5.18%			

图 5-20　工作表 Sheet5 中的数据表格

计算按年偿还贷款金额（年末）：选中 E2 单元格，输入公式“=PMT(B4,B3,B2,0,0)”。

计算第 16 个月的贷款利息金额：选中 E3 单元格，输入公式“=IPMT(B4/12,16,B3*12,B2,0)”。

“偿还贷款金额”的计算结果如图 5-21 所示。

	A	B	C	D	E
1	贷款情况			偿还贷款金额	
2	贷款金额：	800000		按年偿还贷款金额（年末）：	¥-104,511.23
3	贷款年限：	10		第16个月的贷款利息金额：	¥-3,112.78
4	年利息：	5.18%			

图 5-21　“偿还贷款金额”的计算结果

VLOOKUP 函数一对多查询

子任务 4：HLOOKUP\VLOOKUP 函数的使用

知识链接：

HLOOKUP 为横向查找函数，VLOOKUP 为纵向查找函数。它们可以在复杂的数据中快速地查找并返回特定的值。

语法：HLOOKUP\VLOOKUP (lookup_value,table_array,row_index_num\col_index_num,range_lookup)

参数：lookup_value 为要查找的值，table_array 为要查找的区域，row_index_num\col_index_num 为返回数据在查找区域的第几行\第几列，range_lookup 为模糊匹配或精确匹配。

在本任务中，打开工作表 Sheet6，其中的数据表格（局部）如图 5-22 所示。

	A	B	C	D	E	F	G	H
1	电动汽车销量排行榜（2023.06）						车型厂商对照表	
2	排名	车型	销量	厂商	售价（万元）		车型	厂商
3	1	Model Y	51471		25.99 - 35.99		北京EU5	北京汽车
4	2	秦PLUS	38197		9.98 - 20.99		smart精灵#1	smart
5	3	宋PLUS新能源	27041		15.48 - 21.99		秦PLUS	比亚迪
6	4	海豚	26408		11.68 - 13.68		宋PLUS新能源	比亚迪
7	5	汉	25010		18.98 - 33.18		海豚	比亚迪
8	6	元PLUS	23546		13.98 - 16.78		汉	比亚迪
9	7	Model 3	22741		22.99 - 32.99		元PLUS	比亚迪
10	8	宋Pro新能源	21096		13.58 - 16.58		宋Pro新能源	比亚迪

图 5-22　工作表 Sheet6 中的数据表格（局部）

计算每种电动汽车车型的厂商：选中 D3 单元格，输入公式“=VLOOKUP(B3,G:H,2,0)”，双击 D3 单元格右下角的填充柄向下填充公式。“厂商”的计算结果如图 5-23 所示。

	A	B	C	D	E	F	G	H
1	电动汽车销量排行榜（2023.06）						车型厂商对照表	
2	排名	车型	销量	厂商	售价（万元）		车型	厂商
3	1	Model Y	51471	特斯拉中国	25.99 - 35.99		北京EU5	北京汽车
4	2	秦PLUS	38197	比亚迪	9.98 - 20.99		smart精灵#1	smart
5	3	宋PLUS新能源	27041	比亚迪	15.48 - 21.99		秦PLUS	比亚迪
6	4	海豚	26408	比亚迪	11.68 - 13.68		宋PLUS新能源	比亚迪
7	5	汉	25010	比亚迪	18.98 - 33.18		海豚	比亚迪
8	6	元PLUS	23546	比亚迪	13.98 - 16.78		汉	比亚迪
9	7	Model 3	22741	特斯拉中国	22.99 - 32.99		元PLUS	比亚迪
10	8	宋Pro新能源	21096	比亚迪	13.58 - 16.58		宋Pro新能源	比亚迪
11	9	AION Y	20583	广汽埃安	11.98 - 20.26		海鸥	比亚迪
12	10	海鸥	16560	比亚迪	7.38 - 8.98		唐新能源	比亚迪

图 5-23 “厂商”的计算结果

打开工作表 Sheet7，其中的数据表格如图 5-24 所示。

	A	B	C	D	E	F	G	H	I	J	K
1	超市部分商品利润率				利润率表						
2	商品名称	类别	利润率		饮料	乳饮料	饼干	糕点类	果脯蜜饯	糖果	罐头
3	鱼肉罐头	罐头			16%	20%	10%	18%	15%	22%	12%
4	硬糖	糖果									
5	味苏打饼	饼干									
6	威化类	糕点类									
7	味苏打饼	饼干									
8	碳酸饮料	饮料									
9	水果罐头	罐头									
10	水	饮料									
11	蔬菜罐头	罐头									

图 5-24 工作表 Sheet7 中的数据表格

计算每种商品的利润率：选中 C3 单元格，输入公式“=HLOOKUP(B3,$E$2:$K$3,2,0)”，双击 C3 单元格右下角的填充柄向下填充公式。“利润率”的计算结果如图 5-25 所示。

	A	B	C	D	E	F	G	H	I	J	K
1	超市部分商品利润率				利润率表						
2	商品名称	类别	利润率		饮料	乳饮料	饼干	糕点类	果脯蜜饯	糖果	罐头
3	鱼肉罐头	罐头	12%		16%	20%	10%	18%	15%	22%	12%
4	硬糖	糖果	22%								
5	味苏打饼	饼干	10%								
6	威化类	糕点类	18%								
7	味苏打饼	饼干	10%								
8	碳酸饮料	饮料	16%								
9	水果罐头	罐头	12%								
10	水	饮料	16%								
11	蔬菜罐头	罐头	12%								

图 5-25 “利润率”的计算结果

任务三 函数的高级使用

子任务 1：逻辑函数的嵌套使用

我们先向 ChatGPT 提问，让它告诉我们 Excel 逻辑函数及其使用方法，如图 5-26 所示。

逻辑函数主要用于处理条件和逻辑判断。函数嵌套是指在一个函数的参数中使用另一个函数。在 Excel 中，可以将多个函数嵌套在一起以实现复杂的功能。

在本任务中，先明确闰年的定义：“年数能被 4 整除而不能被 100 整除，或者能被 400 整除的年份”。

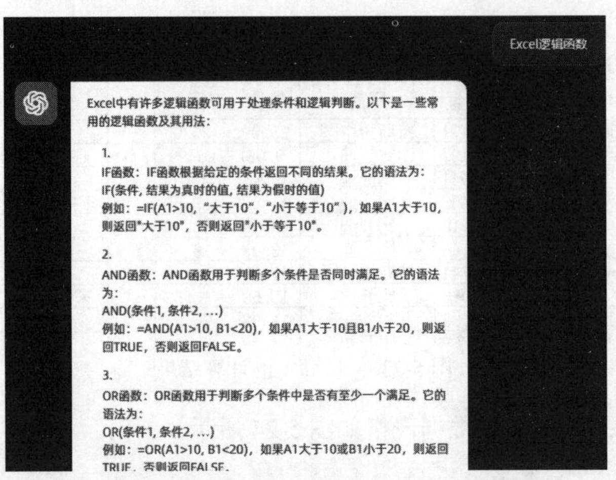

图 5-26　向 ChatGPT 提问“Excel 逻辑函数”

判断某年是否为闰年计算思路：先使用 TOADY 和 YEAR 函数求出当前的年份，再使用 MOD 函数求余数，最后根据求得的余数使用逻辑函数来判断是否为闰年。

计算当年是否为闰年：打开工作表 Sheet8，选中 B2 单元格，输入公式“ =IF(OR(AND(MOD(YEAR(TODAY()),4)=0,MOD(YEAR(TODAY()),100)<>0),MOD(YEAR(TODAY()),400)=0),"是","否")”。

“使用函数判断当年是否为闰年？”的计算结果如图 5-27 所示。

	A	B
1	问题	计算结果
2	使用函数判断当年是否为闰年？	否
3		

图 5-27　“使用函数判断当年是否为闰年？”的计算结果

子任务 2：INDEX/MATCH 函数的配合使用

INDEX/MATCH 函数组合查询

我们先向 ChatGPT 提问，让它告诉我们 INDEX/MATCH 函数的及其使用方法，如图 5-28 所示。

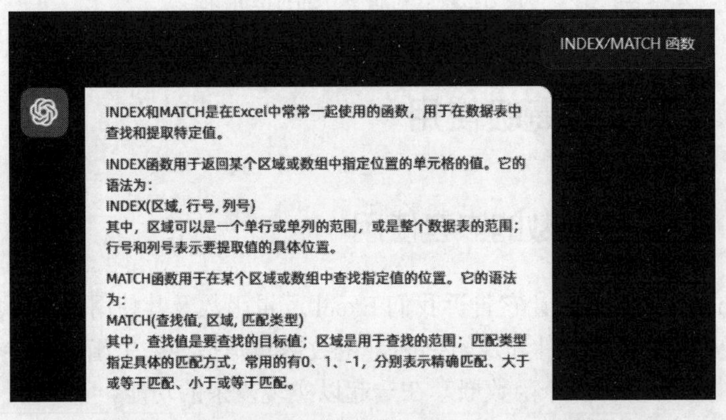

图 5-28　向 ChatGPT 提问“INDEX/MATCH 函数”

知识链接：

在 Excel 中，INDEX 函数和 MATCH 函数常常配合使用，用于在数据表中查找和提取特定值。

INDEX 函数

用途：返回某个区域或数组中指定位置单元格的值。

语法：INDEX(区域,行号,列号)

MATCH 函数

用途：在某个区域或数组中查找指定值的位置。

语法：MATCH(查找值,区域,匹配类型)

在本任务中，打开工作表 Sheet9，其中的数据表格如图 5-29 所示。

	A	B	C	D	E	F	G	H	I
1	公司应聘人员成绩表								
2	序号	性别	姓名	技能测试	理论笔试	专业笔试	面试成绩	总评成绩	排名
3	A001	女	杨惜悦	95	72	97	83	86.75	1
4	A002	男	刘超	60	57	99	100	79.00	6
5	A003	女	余婉婷	79	96	80	85	85.00	2
6	A004	女	陈夏薇	92	87	71	68	79.50	5
7	A005	女	张嫒	73	89	55	74	72.75	9
8	A006	女	扬如奕	65	94	52	78	72.25	11
9	A007	女	吕颖萱	89	72	96	65	80.50	4
10	A008	男	郭贵鑫	75	85	78	70	77.00	7
11	A009	女	徐珂涵	74	60	68	88	72.50	10
12	A010	女	卞康妮	68	75	78	79	75.00	8
13	A011	女	杨徐甜	55	59	62	99	68.75	12
14	A012	女	王小易	75	68	59	55	64.25	13
15	A013	女	章赢丹	98	75	85	75	83.25	3
16									
17			姓名	序号	性别	总评成绩	排名		
18			杨惜悦						
19			余婉婷						
20			章赢丹						

图 5-29　工作表 Sheet9 中的数据表格

使用 INDEX/MATCH 函数的配合使用计算表格下方 3 位应聘人员的信息： 选中 D18 单元格，输入公式“=INDEX($A$2:$I$15,MATCH($C18,$C$2:$C$15,0),MATCH(D$17,$A$2:$I$2,0))”，再把公式复制到其他单元格中。3 位应聘人员信息的计算结果如图 5-30 所示。

姓名	序号	性别	总评成绩	排名
杨惜悦	A001	女	86.75	1
余婉婷	A003	女	85	2
章赢丹	A013	女	83.25	3

图 5-30　3 位应聘人员信息的计算结果

智能序号及智能汇总的制作

子任务 3：其他函数的混合使用

知识链接：

CONCAT 函数

用途：将多个文本字符串连接在一起。

语法：CONCAT(文本 1,文本 2,…)

MROUND 函数

用途：将一个数值四舍五入到指定倍数的函数。

语法：MROUND(数值,进位倍数)

在本任务中，先打开工作表 Sheet10。

计算四舍五入到最接近 15 分钟的倍数的时间：选中 C2 单元格，输入公式“=CONCAT(HOUR(B2),":",MROUND(MINUTE(B2),15))”。四舍五入时间的计算结果如图 5-31 所示。

	A	B	C
1		原时间	四舍五入到最接近15分钟的倍数的时间
2		16:28:42	16:30

图 5-31　四舍五入时间的计算结果

任务四　创新性自我挑战

子任务 1：分析身份证号码的秘密

完整的身份证号码由 18 位数字组成：

- 前 6 位数字为行政区划分代码。
- 第 7 位至 14 位数字为出生日期。
- 第 15 位至 17 位数字为顺序码（奇数为男性，偶数为女性）。
- 第 18 位数字为校验码（由前 17 位数字计算得出）。

在本任务中，打开工作表 Sheet11，其中的数据表格如图 5-32 所示。

	A	B	C	D	E	F	G	H	I	J
1	从身份证号码中提取信息									
2	身份证号码	出生日期	性别	省/市/自治区					代码	省/市/自治区
3	110702198304230414					男性人数：			11	北京市
4	360702198611070424					女性人数：			12	天津市
5	210702197608146032					女性占比：			13	河北省
6	350725197711176621								14	山西省
7	330724197108230035								21	辽宁省
8	142301198711240011								22	吉林省
9	330702198512230023								23	黑龙江省
10	310721198909165425								31	上海市
11	330702196605116415								32	江苏省
12	420103196910011736								33	浙江省
13	540721197607076721								34	安徽省

图 5-32　工作表 Sheet11 中的数据表格

操作过程：

（1）使用 MID 和 CONCAT 函数从身份证号码中提取出“出生日期”，显示格式为“××××年××月××日”。

（2）使用 IF、MOD、MID 函数根据身份证号码计算出“性别”。

（3）使用 VLOOKUP 和 MID 函数根据身份证号码计算出“省/市/自治区”。

（4）使用 COUNTIF 函数统计出“男性”“女性”人数，并计算出“女性”人数的占比。

子任务 2：分析“学生体育成绩表”

在本任务中，打开工作表 Sheet12，其中的数据表格如图 5-33 所示。

	A	B	C	D	E	F	G	H	I	J	K
1	学生体育成绩表										
2	原学号	新学号	姓名	性别	100米成绩（秒）	结果1	铅球成绩（米）	结果2			
3	2023018001		陈培熙	男	12.85		7.56			统计表	
4	2023018002		杨雨娉	女	14.53		8.45			铅球成绩最好的学生成绩：	
5	2023018003		彭宇	女	16.11		6.54			“结果1”为合格的人数：	
6	2023018004		郑艾嘉	女	10.44		9.10				
7	2023018005		吴国春	男	13.82		6.89				
8	2023018006		王宇豪	男	11.60		10.11				
9	2023018007		张晨霖	男	16.32		8.82				
10	2023018008		周奇蕊	女	11.51		6.90				
11	2023018009		钱丽	女	14.61		5.73				
12	2023018010		胡艳红	女	16.67		7.39				
13	2023018011		邵航健	男	12.58		8.25				
14	2023018012		刘晶	女	14.28		9.33				

图 5-33　工作表 Sheet12 中的数据表格

操作过程：

（1）使用 REPLACE 函数和数组公式计算“新学号”列单元格中的数据。新学号在原学号的第 4 位后面加上“6”。

（2）使用 IF 函数和逻辑函数计算“结果 1”列和“结果 2”列数据。

① 结果 1：如果是男生，成绩小于 14.00，值为“合格”；成绩大于或等于 14.00，值为“不合格”。如果是女生，成绩小于 16.00，值为“合格”；成绩大于或等于 16.00，值为“不合格”。

② 结果 2：如果是男生，成绩大于 7.50，值为“合格”；成绩小于或等于 7.50，值为“不合格”。如果是女生，成绩大于 5.50，值为“合格”；成绩小于或等于 5.50，值为“不合格”。

（3）计算铅球成绩最好的学生成绩，将结果填入 K4 单元格中。

（4）计算“结果 1”为合格的人数，将结果填入 K5 单元格中。

【任务考评】

项目名称					
项目成员					
评价项目	评价内容	分值	自评 20%	互评 30%	师评 50%

续表

职业素养（40%）	具有良好的计算机使用习惯，爱护公共设施，环境整洁	5			
	纪律性强，不迟到早退，按时完成承担的任务	10			
	态度端正、工作认真、积极承担困难任务	5			
	发现问题后能主动寻求解决办法，及时和教师、同学探讨	10			
	团结合作意识强，主动帮助他人	10			
专业能力（60%）	能使用基本运算符进行基本的运算	5			
	了解绝对引用与相对引用的作用与区别	5			
	能利用数组公式进行计算	10			
	能利用数据库函数进行计算	10			
	能利用财务函数进行计算	10			
	能利用 VLOOKUP 和 HLOOKUP 函数进行计算	10			
	能利用 INDEX 和 MATCH 函数的配合使用进行计算	10			
合计	综合得分：__________	100			
总结反思	1. 学到的新知识： 2. 掌握的新技能： 3. 项目反思：你遇到的困难有哪些，你是如何解决的？ 学生签字：				
综合评语	教师签字：				

【能力拓展】

拓展训练 1：借助 ChatGPT 完成多条件查询任务

在 Excel 中对数据进行多条件查询时，可以使用自动筛选、高级筛选命令，也可以使用函数如 VLOOKUP、LOOKUP、数据库函数等，还可以使用函数组合如 VLOOKUP+CHOOSE、OFFSET+MATCH、INDIRECT+MATCH 进行复杂的多条件查询。

通过互联网检索和 ChatGPT 问答，请你自行设计一份 Excel 数据表格并完成使用函数组合（如 OFFSET+MATCH）进行多条件查询任务。

多级联动下拉菜单制作

拓展训练 2：Excel 级联菜单的实现

在 Excel 中，可以使用级联菜单功能来实现一个下拉菜单选项的选择动态地改变另一个下拉菜单选项的内容。

例如，我们可以给学生信息表创建一个级联菜单，在输入数据时，学院名称可以从“学院”所在单元格的“学院”下拉菜单中选择，如图 5-34 所示。在选择了具体学院（如“信息学院”）后，“班级”所在单元格的下拉菜单中将自动显示该学院（如“信息学院”）的所有班级，从中选择即可，如图 5-35 所示。在选择了具体班级（如“计算机 2301”）后，“姓名”所在单元格的下拉菜单中将自动显示该班级（如“计算机 2301”）的所有姓名，从中选择即可，如图 5-36 所示。

	A	B	C	D	E
1	学生信息表				
2	序号	学院	班级	姓名	性别
3	0001	师范学院	体管2301	尤婷	女
4	0002				
5	0003				
6	0004				
7	0005				
8	0006				
9	0007				
10	0008				
11	0009				

师范学院
信息学院
机电学院
建工学院
商学院
师范学院
农学院
医学院

图 5-34 “学院”菜单

	A	B	C	D	E
1	学生信息表				
2	序号	学院	班级	姓名	性别
3	0001	师范学院	体管2301	尤婷	女
4	0002	信息学院			
5	0003				
6	0004				
7	0005				
8	0006				
9	0007				
10	0008				
11	0009				

计算机2301
计算机2302
计算机2303
人工智能2301
软件2301
软件2302
网络2301
网络2302

图 5-35 “班级”菜单

	A	B	C	D	E
1	学生信息表				
2	序号	学院	班级	姓名	性别
3	0001	师范学院	体管2301	尤婷	女
4	0002	信息学院	计算机2301	王佩俊	男
5	0003				
6	0004				
7	0005				
8	0006				
9	0007				
10	0008				
11	0009				

王佩俊
马海地
张磊
吴坊校
周好
夏奕
谷紫薇
吴鹏

图 5-36 “姓名”菜单

通过互联网检索和 ChatGPT 问答，请你自行设计一份 Excel 数据表格并完成级联菜单的实现。

【延伸阅读——数字之光，点亮数字中国美好未来】

中国互联网络信息中心第 52 次《中国互联网络发展状况统计报告》（后面简称为“《报告》”）显示，截至 2023 年 6 月，我国网民规模达 10.79 亿人，互联网普及率达 76.4%；数字基础设施建设进一步加快，万物互联基础不断夯实；各类互联网应用持续发展，多类应用用户规模获得增长……数字赋能，你我共享美好的数字生活。

数字惠民，畅享智慧生活。从人人互联到万物互联，数字化场景生态不断丰富。5G 应用已融入 60 个国民经济大类，加速向工业、医疗、教育、交通等重点领域拓展深化；信息无障碍能力持续增强，互联网应用适老化改造深入推进；截至 2023 年 6 月，我国网络视频用户规模为 10.44 亿人，用户使用率达 96.8%……《报告》显示，数字“春风”吹进千家万户，用“云”上“智”，共享数字“红利”，数字“神兵利器”方便人们衣食住行，满足人民日益增长的美好生活需要，让精彩生活“锦上添花”，增亮百姓幸福底色。

数字素养与技能是现代人的一种基本能力。《报告》显示，2023 年上半年，各类数字化产品及服务加速渗透，网民掌握数字技能水平稳步提升。截至 2023 年 6 月，至少掌握一种初级数字技能（能够使用数字化工具获取、存储、传输数字化资源）的网民占比 86.6%；至少掌握一种中级数字技能（能够使用数字化工具制作、加工、处理数字化资源）的网民占比 60.4%，较 2022 年 12 月增长 2.1 个百分点。顺应数字时代要求，提升全民数字素养与技能，不仅能够提升国民素质、促进人的全面发展，还能够弥合数字鸿沟、促进共同富裕，更好共享数字时代美好未来。

含“数”量越高，发展越好。《报告》显示，截至 2023 年 6 月，网约车、在线旅行预订、网络文学的用户规模较 2022 年 12 月分别增长 3492 万人、3091 万人、3592 万人，增长率分别为 8%、7.3%和 7.3%，成为用户规模增长最快的 3 类应用。2023 年的上半年，全国网上零售额 7.16 万亿元，同比增长 13.1%，信息传输、软件和信息技术服务业增加值增长 12.9%。跑出发展加“数”度，为经济发展注入强劲“新动能”。可以看出，推动大数据和实体经济深度融合，按下数字产业化、产业数字化“快进键”，为千行百业插上数字“翅膀”，数字经济“展翅高飞”不仅助力稳定市场信心、促进经济回升向好，也为提升经济效率和促进高质量发展“加力蓄势”。

未来已来，与“数”同行。腾“云”驾“数”，数字浪潮奔涌而来，抢占“新赛道”、打造“新引擎”、激活“新要素”、构建“新图景”，数字之光，正点亮数字中国美好未来。

项目五理论小测

项目六

图表展示：数据可视化分析

知识目标：

1. 掌握数据的排序、筛选操作。
2. 掌握数据的分类汇总操作。
3. 掌握合并计算的使用方法。
4. 掌握制作迷你图的方法。
5. 掌握图表的创建与编辑。
6. 掌握数据透视表、数据透视图的创建与编辑。

能力目标：

1. 能够运用数据可视化技术解决一些工作、学习中的实际问题。
2. 能够在复杂的数据表格中按条件筛选出所需信息。
3. 能够对复杂的数据表格进行分类统计与分析。
4. 能够对多个数据表格进行合并计算。
5. 能够根据数据表格创建出实用、简单明了的图表。

素养目标：

1. 培养信息获取与处理能力、批判性思维能力、问题解决能力、创新能力。
2. 培养综合素养，能够适应复杂多变的社会环境，具备持续学习和自我发展的能力。
3. 培养积极思考、敢于动手和不断探究新知识的欲望。
4. 培养正确的道德观、爱岗敬业的精神、严谨细致的工作作风、团队协作的职业素养。

【项目导读】

在 Excel 中，对数据进行可视化之前，通常需要先对数据进行预处理，如数据的排序、筛选、分类汇总、合并计算等。

数据可视化一般指通过可视化图表来显示或反映数据构成情况，提高数据可读性，能够更加直观地查看数据的变化和联系。Excel 中的可视化图表主要有迷你图、数据图表、数据透视表、数据透视图等。

【任务工单】

<table>
<tr><td>项目描述</td><td colspan="2">本项目通过对多个实例的具体实践操作，掌握数据可视化分析、统计与处理的应用方法与技巧</td></tr>
<tr><td>任务名称</td><td colspan="2">任务一 数据预处理
任务二 图表的创建、编辑与修饰
任务三 数据透视表和数据透视图的创建
任务四 创新性自我挑战</td></tr>
<tr><td>任务列表</td><td>任务要点</td><td>任务要求</td></tr>
<tr><td>1. 数据排序和筛选</td><td>● 数据排序
● 数据自动筛选
● 数据高级筛选
● 实例操作</td><td rowspan="8">● 对考试成绩数据进行排序、筛选操作
● 对 IT 企业员工信息表数据进行数据分类汇总
● 对员工考核数据进行合并计算
● 根据基本工资数据制作迷你图
● 根据员工奖金表数据制作图表
● 对某品牌的乙二醇浓度与沸点对照表中的数据进行图表拟合
● 根据公务员考试成绩表创建数据透视表及数据透视图</td></tr>
<tr><td>2. 数据分类汇总</td><td>● 数据分类汇总
● 实例操作</td></tr>
<tr><td>3. 数据合并计算</td><td>● 数据合并计算
● 实例操作</td></tr>
<tr><td>4. 制作迷你图</td><td>● 迷你图
● 实例操作</td></tr>
<tr><td>5. 图表创建与编辑</td><td>● 图表创建与编辑
● 实例操作</td></tr>
<tr><td>6. 数据的拟合</td><td>● 数据拟合
● 实例操作</td></tr>
<tr><td>7. 创建数据透视表</td><td>● 数据透视表
● 实例操作</td></tr>
<tr><td>8. 创建数据透视图</td><td>● 数据透视图
● 实例操作</td></tr>
<tr><td>9. 创新性自我挑战</td><td>● 任务分组
● 医院病人护理情况的统计与分析
● 公司员工人事信息的统计与分析</td><td>● 小组成员分工合理，在规定时间内完成 2 个子任务
● 探讨交流，互帮互助
● 内容充实有新意，格式规范</td></tr>
</table>

【任务分析】

数据可视化分析与处理包括数据预处理和可视化图表的生成与编辑。通过数据预处理，确保数据的规范性及确定生成图表的数据源。通过可视化图表的生成与编辑，获得合适的图表类型及所需的图表效果。

数据可视化应该遵循一些原则，如可读性、实用性、清晰性、完整性等。遵循这些原则可以更合理地对数据进行可视化分析与处理。

Excel 中有众多图表类型，我们需要充分熟悉各种图表类型的特点和用途，在对数据进行可视化分析与处理应根据需要选用最适合的图表类型。

Excel 数据的可视化分析与处理主要包括以下内容。

- 数据格式化：在进行数据可视化分析前，确保数据的格式正确。
- 排序和筛选：排序和筛选用于快速定位和比较数据，排序功能可以让数据表格按单个或多个字段进行有序排列，筛选功能可以筛选出数据表格中符合条件的数据。
- 数据图表：Excel 提供了丰富的数据图表类型，如柱状图、折线图、饼图、散点图、圆环图、迷你图等，可以选择合适的图表来展示数据。
- 数据透视表/数据透视图：数据透视表是一种用于汇总和分析数据的工具，可以根据需要选择数据字段、行字段、列字段和值字段，利用 Excel 生成一个可交互的报表。数据透视图是根据数据透视表内容自动生成的与之相对应的图表。

【任务实施】

任务一　数据预处理

记录排序

自动筛选和高级筛选

子任务 1：数据的排序和筛选

数据的排序和筛选是 Excel 中数据处理的基本功能之一。可以实现按照特定的列或行对数据表格中的数据进行重新排序，还可以根据需要进行多次排序。可以在数据表格中按照给定的条件筛选出所需数据，筛选又分自动筛选和高级筛选两种方式。

先打开素材文件夹中的素材文件“图表.xlsx”，工作表 Sheet1 中的数据表格（局部）如图 6-1 所示。

	A	B	C	D	E	F	G	H	I
1	学号	姓名	性别	劳动技术	形势与政策	音乐技能	总分	排名	优等生
2	20230101	何佳津	男	95	85	80	260	5	是
3	20230102	楼澄宇	男	78	75	64	217	29	否
4	20230103	王振阳	男	66	69	75	210	30	否
5	20230104	马豪俊	男	94	90	91	275	1	是
6	20230105	戴文博	男	84	87	88	259	6	是
7	20230106	何翊珂	女	72	68	85	225	24	否
8	20230107	汪雨柯	女	85	71	76	232	18	否
9	20230108	王泽安	男	88	80	75	243	13	否
10	20230109	谢静宇	女	78	80	76	234	17	否
11	20230110	尚秀芩	女	94	87	82	263	4	是
12	20230111	何苗苗	女	60	67	71	198	34	否

图 6-1　工作表 Sheet1 中的数据表格（局部）

操作过程：

（1）对工作表 Sheet1 中的考试成绩数据按照性别升序、总分降序进行排序。

在工作表 Sheet2 中，选中数据表格中的任一数据单元格，单击“数据”选项卡中“排序和筛选”选项组的“排序”按钮。在打开的“排序”对话框中，设置“主要关键字”为“性别”，“次序”为“升序”。单击“添加条件”按钮，设置“次要关键字”为“总分”，“次序”为“降序”，如图 6-2 所示，单击“确定”按钮。工作表 Sheet1 中的数据表格的排序结果（局部）如图 6-3 所示。

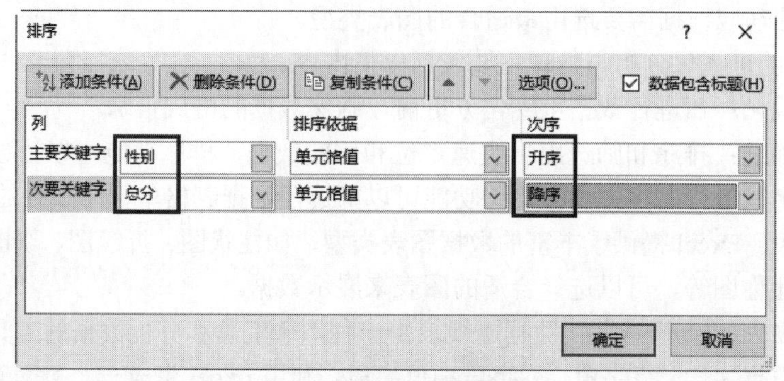

图 6-2 “排序”对话框

	A	B	C	D	E	F	G	H	I
1	学号	姓名	性别	劳动技术	形势与政策	音乐技能	总分	排名	优等生
2	20230104	马豪俊	男	94	90	91	275	1	是
3	20230130	盛天宇	男	94	90	88	272	3	是
4	20230101	何佳津	男	95	85	80	260	5	是
5	20230105	戴文博	男	84	87	88	259	6	是
6	20230118	薛立昆	男	82	87	88	257	8	是
7	20230131	杨奇俊	男	84	87	83	254	9	是
8	20230124	袁成志	男	81	83	89	253	10	是
9	20230123	邓小龙	男	80	87	82	249	12	是
10	20230108	王泽安	男	88	80	75	243	13	否
11	20230121	杨邱	男	87	80	75	242	14	否

图 6-3 工作表 Sheet1 中的数据表格的排序结果（局部）

（2）在工作表 Sheet2 的考试成绩数据中，使用筛选（自动筛选）功能筛选出排名在前 15 名的女生数据。

在工作表 Sheet2 中，选中数据表格中的任一数据单元格，单击“数据”选项卡中“排序和筛选”选项组的“筛选”按钮。单击“性别”单元格的下拉按钮，在弹出的下拉菜单中取消勾选“男”复选框，如图 6-4 所示，最后单击“确定”按钮。

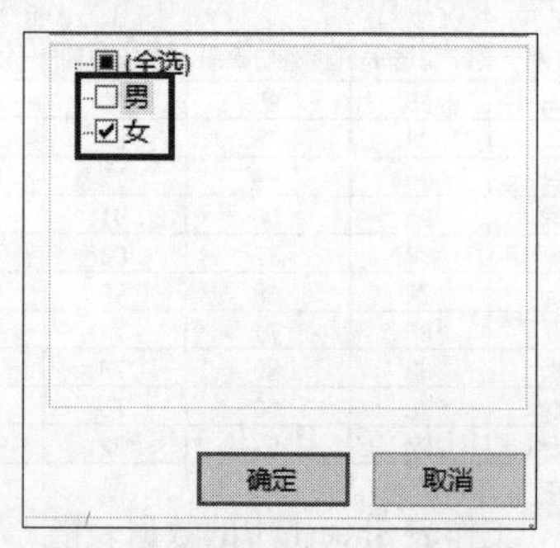

图 6-4 取消勾选“男”复选框

单击“排名”单元格的下拉按钮，在弹出的下拉菜单中选择“数字筛选”→“前 10 项”命令，如图 6-5 所示。在打开的“自动筛选前 10 个”对话框中，设置“显示”为“最小 15 项”，如图 6-6 所示，最后单击“确定”按钮。

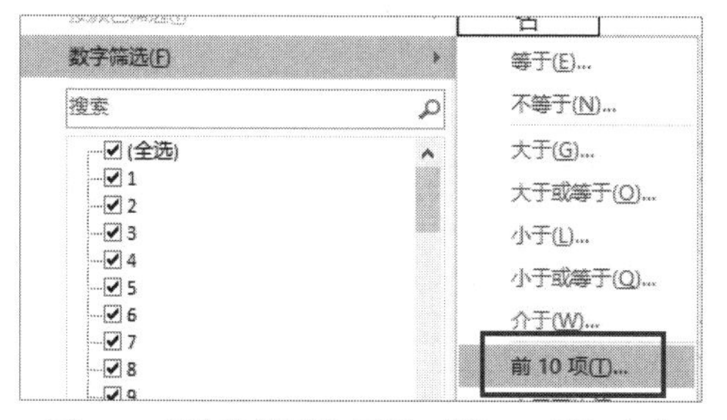

图 6-5　“数字筛选”下的“前 10 项”命令

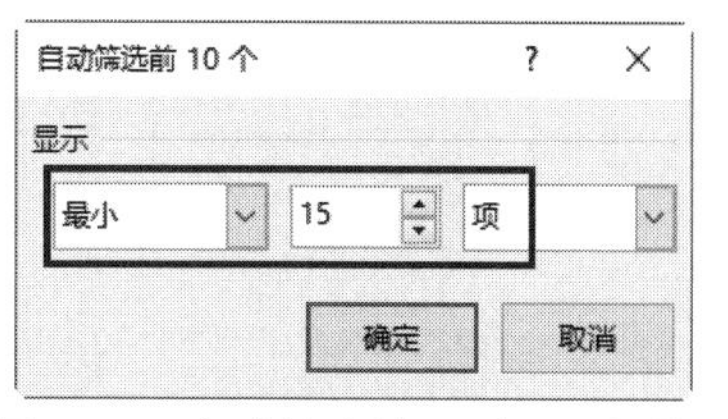

图 6-6　“自动筛选前 10 个”对话框

工作表 Sheet2 中的数据表格的筛选结果如图 6-7 所示。

1	学号	姓名	性别	劳动技	形势与政	音乐技能	总分	排名	优等生
11	20230110	尚秀芩	女	94	87	82	263	4	是
13	20230112	宋苏婷	女	81	83	87	251	11	是
18	20230117	汤优	女	94	89	91	274	2	是
28	20230127	周梦瑶	女	75	85	81	241	15	否
37	20230136	杨雨娉	女	94	82	82	258	7	否
38									

图 6-7　工作表 Sheet2 中的数据表格的筛选结果

（3）在工作表 Sheet3 的考试成绩数据中，使用高级筛选功能筛选出优等生或总分大于 210 的男生数据。

在工作表 Sheet3 中，在数据表格的下方任一空白区域根据筛选条件创建条件区域，如图 6-8 所示。

选中数据表格中的任一数据单元格，单击“数据”选项卡中“排序和筛选”选项组的“高级”按钮。在打开的“高级筛选”对话框中，设置列表区域、条件区域，如图 6-9 所示，最后单击“确定”按钮。

优等生	总分	性别
是		
	>210	男

图 6-8　条件区域

图 6-9　“高级筛选”对话框

小提示：

数据分析是指使用各种统计学和计算机科学的方法，对数据进行分析、处理、解释和展示，以获取有用的信息和知识。在工作中进行数据分析时应该灵活运用这一方法，从大量数据中提取有价值的信息和知识，为企业决策提供科学的依据和支持。

工作表 Sheet3 中的数据表格的筛选结果如图 6-10 所示。

	A	B	C	D	E	F	G	H	I
1	学号	姓名	性别	劳动技术	形势与政策	音乐技能	总分	排名	优等生
2	20230101	何佳津	男	95	85	80	260	5	是
3	20230102	楼澄宇	男	78	75	64	217	29	否
5	20230104	马豪俊	男	94	90	91	275	1	是
6	20230105	戴文博	男	84	87	88	259	6	是
9	20230108	王泽安	男	88	80	75	243	13	否
11	20230110	尚秀芩	女	94	87	82	263	4	是
13	20230112	宋苏婷	女	81	83	87	251	11	是
14	20230113	邓凯帝	男	71	84	67	222	25	否
18	20230117	汤优	女	94	89	91	274	2	是
19	20230118	薛立昆	男	82	87	88	257	8	是
21	20230120	慎宏烨	男	85	71	70	226	22	否
22	20230121	杨邱	男	87	80	75	242	14	否
23	20230122	甘涛怀	男	78	64	76	218	28	否
24	20230123	邓小龙	男	80	87	82	249	12	是
25	20230124	袁成志	男	81	83	89	253	10	是
26	20230125	·奥布力	男	75	84	67	226	22	否
31	20230130	盛天宇	男	94	90	88	272	3	是
32	20230131	杨奇俊	男	84	87	83	254	9	是
36	20230135	陈培熙	男	78	80	73	231	19	否
38									
39						优等生	总分	性别	
40						是			
41							>210	男	

图 6-10　工作表 Sheet3 中的数据表格的筛选结果

子任务 2：数据分类汇总

分类汇总和分级显示

Excel 中的分类汇总功能可以实现对数据的分类汇总、统计和分析。它可以将数据分门别类地进行统计处理，自动对各类别的数据进行求和、求平均值、统计个数、求最大值（最小值）等多种计算，并且分级显示汇总的结果，使我们能够快捷地获得需要的数据，并准确地做出判断。

在本任务中，打开工作表 Sheet4，其中的 IT 企业员工信息表如图 6-11 所示。

	A	B	C	D	E	F
1	IT企业员工信息表					
2	姓名	岗位级别	性别	出生日期	学历	学位
3	魏良潇	研究员	男	1980/03/01	硕士研究生	硕士
4	谷程超	工程师	女	1986/01/21	硕士研究生	硕士
5	陈柯均	工程师	男	1984/05/01	博士研究生	博士
6	黄华	分析师	男	1992/10/25	大学本科	学士
7	童静	研究员	男	1977/01/08	大学本科	学士
8	陈方雪慧	工程师	女	1974/03/14	硕士研究生	硕士
9	王昕轶	研究员	女	1984/05/29	博士研究生	博士
10	梁盈	研究员	女	1996/04/17	硕士研究生	硕士

图 6-11　IT 企业员工信息表

本任务具体要求：

在工作表 Sheet4 的 IT 企业员工信息表数据中，使用分类汇总命令统计出各学历的人数，结果显示在“学位”列，显示到第 2 级。

操作过程：

先按“学位”字段升序排序，再选中数据表格中的任一数据单元格，单击“数据”选项卡中“分级显示”选项组的“分类汇总”按钮。在打开的“分类汇总”对话框中，设置“分类字段”为“学历”，“汇总方式”为“计数”，“选定汇总项”为“学位”，如图 6-12 所示，最后单击“确定”按钮。

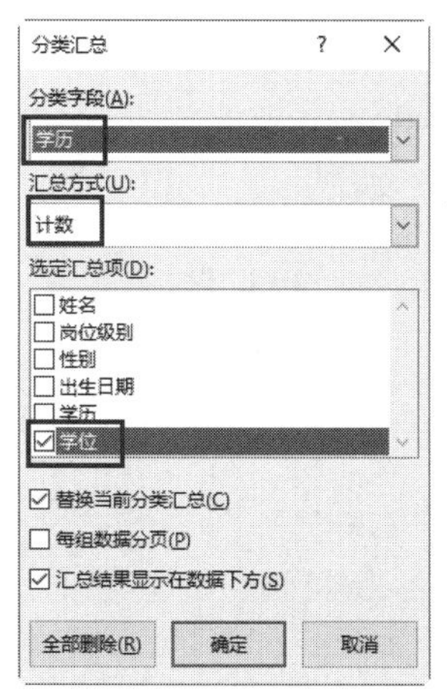

图 6-12　“分类汇总”对话框

单击窗口左上角的级别“2”按钮。工作表 Sheet4 中的数据表格的分类汇总结果如图 6-13 所示。

	A	B	C	D	E	F
1	IT企业员工信息表					
2	姓名	岗位级别	性别	出生日期	学历	学位
34					博士研究生 计数	31
70					硕士研究生 计数	35
97					大学本科 计数	26
98					总计数	92

图 6-13　工作表 Sheet4 中的数据表格的分类汇总结果

子任务 3：数据合并计算

合并计算应用案例

我们先向 ChatGPT 提问，让它告诉我们 Excel 中数据合并计算的操作步骤，如图 6-14 所示。

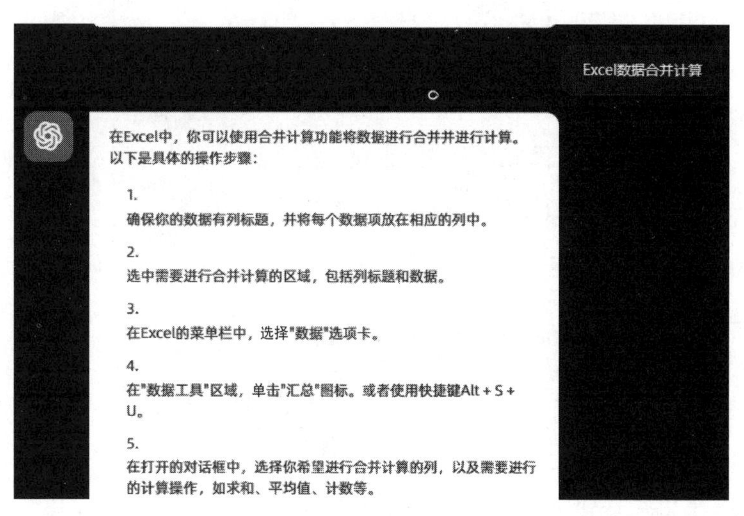

图 6-14　向 ChatGPT 提问“Excel 数据合并计算”

在 Excel 中，合并计算是指对含有相同表格结构的多个数据区域进行快速合并计算，合并计算方式包括求和、计数、平均值、最大值、最小值、乘积等。

在本任务中，打开工作表 Sheet5，其中的员工各季度考核表及年度考核表的原始表如图 6-15 所示。

第一季度考核表				
编号	姓名	出勤量	工作态度	工作能力
0001	魏栩杨	80	90	79
0002	魏良潇	92	92	94
0003	谷程超	99	96	86
0004	陈柯均	86	88	90
0005	黄华	96	99	98
0006	童静	98	98	94
0007	方雪慧	95	96	98
0008	王昕轶	96	100	99
0009	梁盈	89	90	98

第二季度考核表				
编号	姓名	出勤量	工作态度	工作能力
0001	魏栩杨	89	84	78
0002	魏良潇	98	88	90
0003	谷程超	95	94	92
0004	陈柯均	94	89	95
0005	黄华	98	94	100
0006	童静	100	92	95
0007	方雪慧	98	99	100
0008	王昕轶	97	98	100
0009	梁盈	99	94	99

年度考核表					
编号	姓名	出勤量	工作态度	工作能力	年度总成绩
0001	魏栩杨				
0002	魏良潇				
0003	谷程超				
0004	陈柯均				
0005	黄华				
0006	童静				
0007	方雪慧				
0008	王昕轶				
0009	梁盈				

第三季度考核表				
编号	姓名	出勤量	工作态度	工作能力
0001	魏栩杨	95	82	77
0002	魏良潇	94	94	98
0003	谷程超	96	94	89
0004	陈柯均	92	90	92
0005	黄华	99	98	99
0006	童静	98	97	94
0007	方雪慧	100	97	96
0008	王昕轶	100	96	95
0009	梁盈	93	95	94

第四季度考核表				
编号	姓名	出勤量	工作态度	工作能力
0001	魏栩杨	82	88	82
0002	魏良潇	92	92	90
0003	谷程超	97	92	93
0004	陈柯均	95	91	93
0005	黄华	100	100	98
0006	童静	99	93	96
0007	方雪慧	99	98	99
0008	王昕轶	98	97	99
0009	梁盈	100	96	95

图 6-15 考核表的原始表

本任务具体要求：

在工作表 Sheet5 中，根据四个季度的员工考核数据，使用合并计算功能计算出年度员工考核数据。使用公式计算出年度员工考核总成绩：年度总成绩=出勤量*0.2+工作态度*0.3+工作能力*0.5。

操作过程：

选中年度考核表中的 O3 单元格，单击“数据”选项卡中“数据工具”选项组的“合并计算”按钮。在打开的“合并计算”对话框中，设置“函数”为“平均值”，在“所有引用位置”文本框中添加四个季度的考核数据区域“C3:E11”“I3:K11”“C15:E23”“I15:K23”，如图 6-16 所示，最后单击“确定”按钮，即可得到 O3:E11 区域中的所有数据。

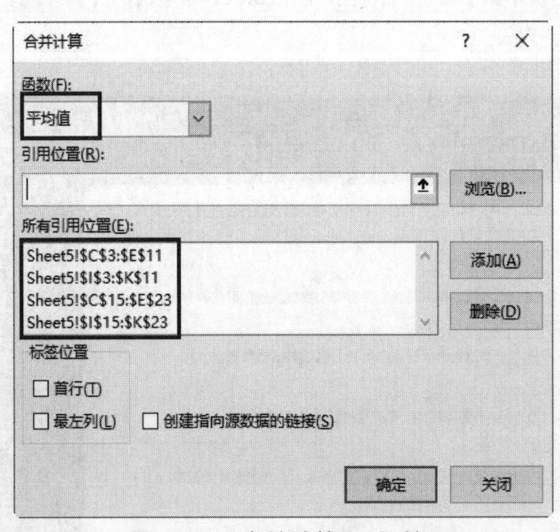

图 6-16 “合并计算”对话框

在单元格 R3 中输入公式“=O3*0.2+P3*0.3+Q3*0.5”，双击 R3 单元格右下角的填充柄自动向下填充公式。年度考核表的计算结果如图 6-17 所示。

年度考核表					
编号	姓名	出勤量	工作态度	工作能力	年度总成绩
0001	魏栩杨	86.5	86	79	82.6
0002	魏良潇	94	91.5	93	92.75
0003	谷程超	96.75	94	90	92.55
0004	陈柯均	91.75	89.5	92.5	91.45
0005	黄华	98.25	97.75	98.75	98.35
0006	童静	98.75	95	94.75	95.625
0007	方雪慧	98	97.5	98.25	97.975
0008	王昕轶	97.75	97.75	98.25	98
0009	梁盈	95.25	93.75	96.5	95.425

图 6-17　年度考核表的计算结果

任务二　图表的创建、编辑与修饰

创建和编辑迷你图

子任务 1：制作迷你图

我们先向 ChatGPT 提问，让它告诉我们 Excel 迷你图的作用及创建步骤，如图 6-18 所示。

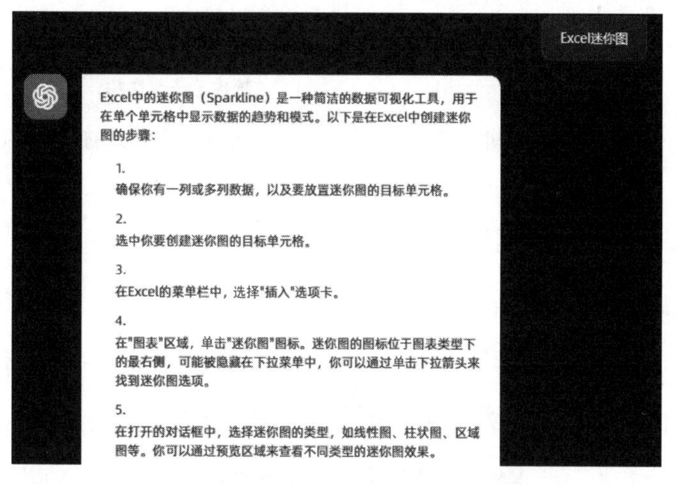

图 6-18　提问 ChatGPT“Excel 迷你图”

Excel 中的迷你图是一种简洁的数据可视化工具，用于在单个单元格中显示数据的组成情况或变化趋势。

在本任务中，打开工作表 Sheet6，其中的基本工资表如图 6-19 所示。

基本工资表				
编号	姓名	所属部门	职工类别	基本工资
0001	毛佳怡	办公室	管理人员	5200
0002	陈紫薇	财务部	管理人员	5100
0003	孔巧亚	车间	工人	4500
0004	靳云翔	车间	工人	3850
0005	潘必波	销售部	管理人员	6500
0006	罗韦韦	车间	工人	3900
0007	卢毅	车间	工人	4380
0008	祝涛涛	车间	工人	4600
0009	钟云	财务部	管理人员	5300
基本工资迷你图：				

图 6-19　工作表 Sheet6 中的基本工资表

本任务具体要求：

在工作表 Sheet6 中，根据基本工资表中的基本工资数据制作个性化的柱形迷你图，并存放在 D13 单元格中。

操作过程：

选中基本工资工作表的 E3:E11 区域，单击“插入”选项卡中“迷你图”选项组的“柱型”按钮。在打开的“创建迷你图”对话框中，设置“数据范围”为“E3:E11”，“选择放置迷你图”的“位置范围”为“$D$13”，如图 6-20 所示，最后单击“确定”按钮。

在“迷你图工具”选项卡的“设计”选项卡中，设置“显示”为“高点”，“迷你图颜色”为“紫色”，创建的迷你图效果如图 6-21 所示。

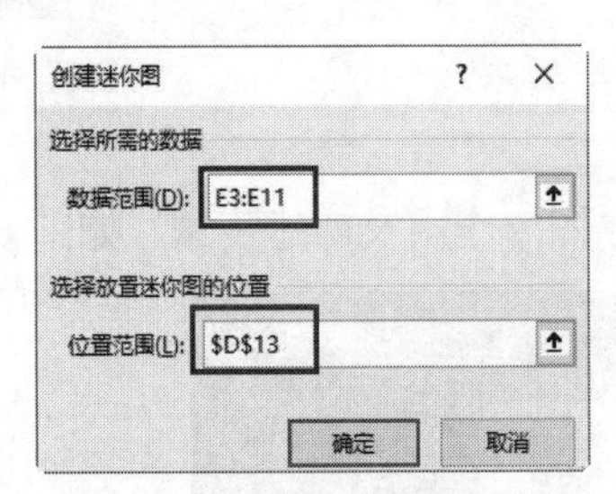

图 6-20 “创建迷你图”对话框

	A	B	C	D	E
1	基本工资表				
2	编号	姓名	所属部门	职工类别	基本工资
3	0001	毛佳怡	办公室	管理人员	5200
4	0002	陈紫薇	财务部	管理人员	5100
5	0003	孔巧亚	车间	工人	4500
6	0004	靳云翔	车间	工人	3850
7	0005	潘必波	销售部	管理人员	6500
8	0006	罗韦韦	车间	工人	3900
9	0007	卢毅	车间	工人	4380
10	0008	祝涛涛	车间	工人	4600
11	0009	钟云	财务部	管理人员	5300
12					
13		基本工资迷你图：			

图 6-21 创建的迷你图效果

子任务 2：图表创建与编辑

图表的创建与编辑

打开工作表 Sheet7，其中的数据表格如图 6-22 所示。

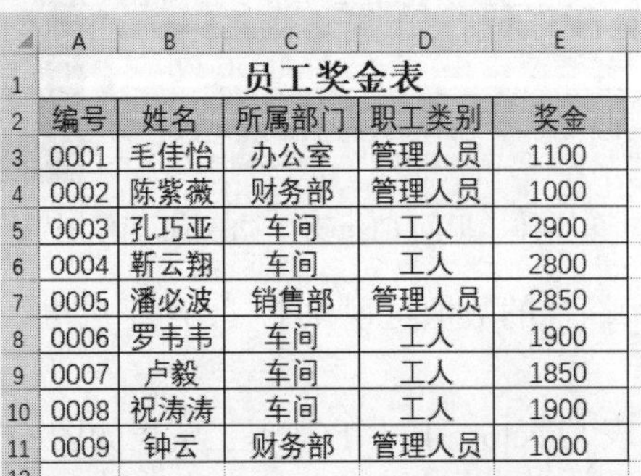

	A	B	C	D	E
1	员工奖金表				
2	编号	姓名	所属部门	职工类别	奖金
3	0001	毛佳怡	办公室	管理人员	1100
4	0002	陈紫薇	财务部	管理人员	1000
5	0003	孔巧亚	车间	工人	2900
6	0004	靳云翔	车间	工人	2800
7	0005	潘必波	销售部	管理人员	2850
8	0006	罗韦韦	车间	工人	1900
9	0007	卢毅	车间	工人	1850
10	0008	祝涛涛	车间	工人	1900
11	0009	钟云	财务部	管理人员	1000

图 6-22 工作表 Sheet7 中的数据表格

本任务具体要求：

在工作表 Sheet7 中，根据员工奖金表中的姓名、奖金数据制作个性化的三维饼图，并存放在工作表 Sheet7 中。

操作过程：

按“Ctrl”键同时选中“姓名”列及“奖金”列的数据区域，单击“插入”选项卡中“图表”选项组的“插入饼图或圆环图”按钮。在弹出的下拉菜单中，选择“三维饼图”命令，生成的三维饼图效果如图 6-23 所示。

选中生成的三维饼图，在“图表工具”的“设计”选项卡中，单击“图表布局”选项组中的“快速布局”按钮，在打开的下拉菜单中选择“布局4”命令。在“图表样式”选项组中，单击“样式8”按钮。在“图表布局”选项组中，单击“添加图表元素”按钮，在弹出的下拉菜单中选择“图表标题”→“图表上方”命令，如图6-24所示。

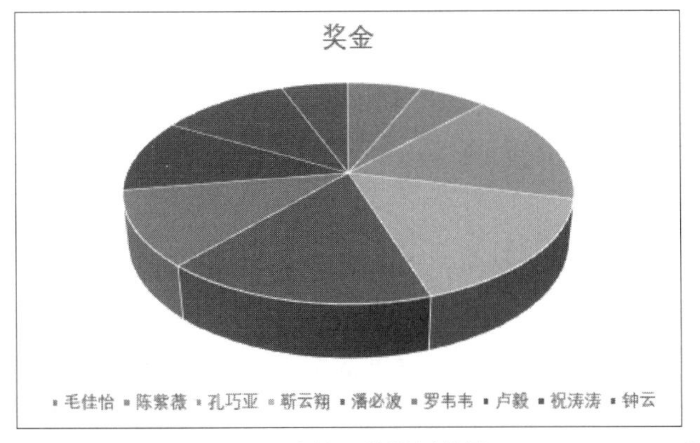

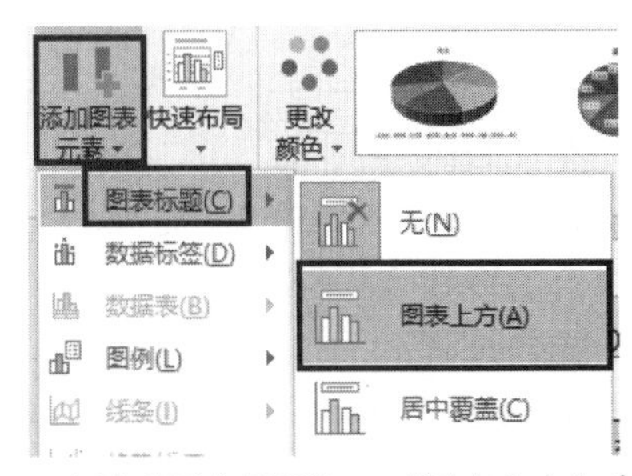

图6-23　生成的三维饼图效果

图6-24　选择“图表标题”→“图表上方”命令

将图表标题文字改为“员工奖金”，设置颜色为深红，字体大小为20，编辑后的三维饼图效果如图6-25所示。

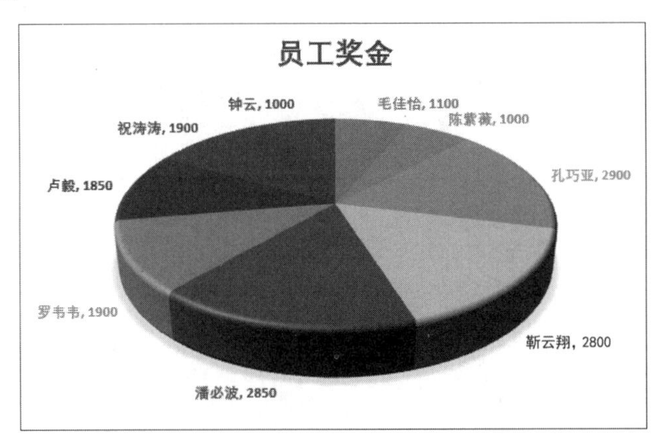

图6-25　编辑后的三维饼图效果

子任务3：数据的拟合

知识链接：

在数据分析中，经常要对成组的数据进行拟合，从而了解数据的分布规律，寻找数据之间的关系，提取有用的信息。

在Excel中，可以借助图表功能根据成组的数据生成散点图，并使用一条曲线来拟合这些数据点，从而自动计算出拟合的方程及R^2值。

在本任务中，打开工作表Sheet8，其中的数据表格如图6-26所示。

	A	B
1	某品牌乙二醇浓度与沸点对照表	
2	浓度（%）	沸点（℃）
3	10	174.5
4	20	190.2
5	30	204.6
6	40	218.4
7	50	230.5
8	60	244.1
9	70	255.6
10	80	268.8
11	90	278.8
12	95	285.2

图 6-26　工作表 Sheet8 中的数据表格

本任务具体要求：

在工作表 Sheet8 中，对某品牌乙二醇浓度与沸点对照表中的数据进行图表拟合，并计算出拟合的直线方程和 R^2 值。

操作过程：

按“Ctrl”键同时选中“浓度（%）”列及“沸点（℃）”列的数据区域，单击“插入”选项卡中“图表”选项组的“插入散点图或气泡图”按钮。在弹出的下拉菜单中，选择“散点图”命令。

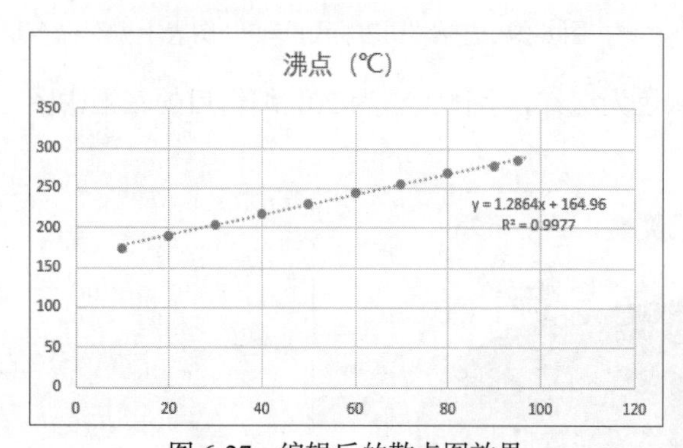

图 6-27　编辑后的散点图效果

选中生成的散点图，单击“图表布局”选项组中的“添加图表元素”按钮，在打开的下拉菜单中选择“趋势线”→“线性预测”命令。

双击添加的趋势线，在“设置趋势线格式”区域中勾选“显示公式”和“显示 R 平方值”复选框。编辑后的散点图效果如图 6-27 所示。

由图 6-27 可知，拟合的直线是 $y = 1.2864x + 164.96$ 且 R^2=0.9977。因为 R^2 >0.99，所以这是一组线性特征非常明显的数据模型。

任务三　数据透视表和数据透视图的创建

数据透视表及数据透视图的创建

子任务 1：创建数据透视表

知识链接：

数据透视表是对数据清单中的数据进行汇总、统计的数据分析工具，是一种交互式的分析表格。

在本任务中，打开工作表 Sheet9，其中的数据表格如图 6-28 所示。

	A	B	C	D	E	F	G	H	I
1	公务员考试成绩表								
2	准考证号	姓名	性别	学位	笔试成绩	笔试成绩比例分	面试成绩	面试成绩比例分	总成绩
3	20238502132	黄敏慧	女	博士	154.00	30.80	68.75	27.50	58.30
4	20238505460	穆成心	女	学士	136.00	27.20	90.00	36.00	63.20
5	20238501144	许啸笛	男	博士	134.00	26.80	89.75	35.90	62.70
6	20238503756	魏栩杨	男	学士	142.00	28.40	76.00	30.40	58.80
7	20238502813	魏良谦	男	硕士	148.50	29.70	75.75	30.30	60.00
8	20238503258	谷程超	男	学士	147.00	29.40	89.75	35.90	65.30
9	20238500383	陈柯均	女	硕士	134.50	26.90	76.75	30.70	57.60
10	20238502550	黄华	男	学士	144.00	28.80	89.50	35.80	64.60
11	20238504650	童静	女	硕士	143.00	28.60	78.00	31.20	59.80
12	20238501073	陈雪慧	女	学士	143.00	28.60	90.25	36.10	64.70

图 6-28　工作表 Sheet9 中的数据表格

本任务具体要求：

在工作表 Sheet9 中创建数据透视表，统计公务员考试成绩表中每种学位的男、女生人数，将数据透视表放置在当前工作表中以 K3 单元格为开始的位置。

操作过程：

选中数据表格中的任一数据单元格，单击“插入”选项卡中“表格”选项组的“数据透视表”按钮。在打开的“创建数据透视表”对话框中，设置“表/区域”参数，以及放置数据透视表的位置，如图 6-29 所示，最后单击“确定”按钮。

在“数据透视表字段”窗格中，勾选“学位”复选框并将其拖放至“行”框中，勾选“性别”复选框并将其拖放至“列”框中，勾选“姓名”复选框并将其拖放至“值”框中，如图 6-30 所示。

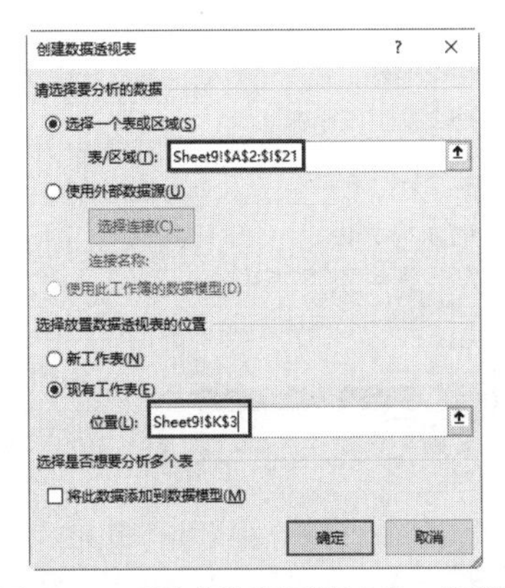

图 6-29　“创建数据透视表”对话框

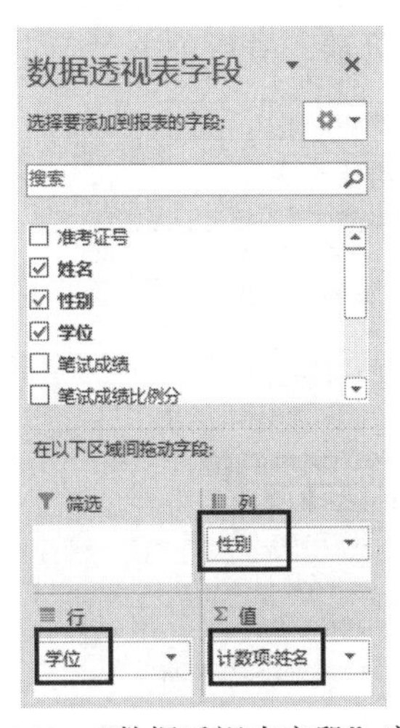

图 6-30　“数据透视表字段”窗格

生成的数据透视表效果如图 6-31 所示。

计数项:姓名	列标签		
行标签	男	女	总计
博士	1	2	3
硕士	3	5	8
学士	4	4	8
总计	**8**	**11**	**19**

图 6-31　生成的数据透视表效果

子任务 2：创建数据透视图

知识链接：

数据透视图是以图表的形式直观地显示出数据透视表中的数据。

创建数据透视图的方法与创建数据透视表的方法类似。

本任务具体要求：

在工作表 Sheet10 中创建数据透视表及数据透视图，计算公务员考试成绩表中每种学位、不同性别的学生的平均总成绩。将数据透视表及数据透视图放置在新工作表中，数据透视表中的“总计”值仅对列启用，并为数据透视表及数据透视图分别创建“学位”及“性别”切片器。

操作过程：

选中工作表 Sheet10 数据表格中的任一数据单元格，单击“插入”选项卡中“图表”选项组的“数据透视图”按钮。在打开的“创建数据透视图”对话框中，设置“表/区域”参数，以及放置数据透视图的位置，如图 6-32 所示，最后单击“确定”按钮。

在“数据透视表字段”窗格中，勾选“学位”复选框并将其拖放至“轴（类别）”框中，勾选“性别”复选框并将其拖放至“图例（系列）”框中，勾选“总成绩”复选框并将其拖放至“值”框中。单击“值”框中“求和项:总成绩”右侧的下拉按钮，在弹出的下拉菜单中选择“值字段设置”命令。在打开的“值字段设置”对话框中，设置“计算类型”为“平均值”，如图 6-33 所示，最后单击“确定”按钮。

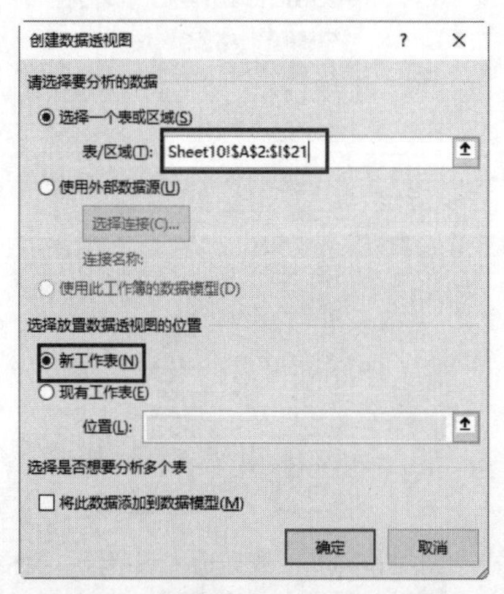

图 6-32　创建数据透视图”对话框

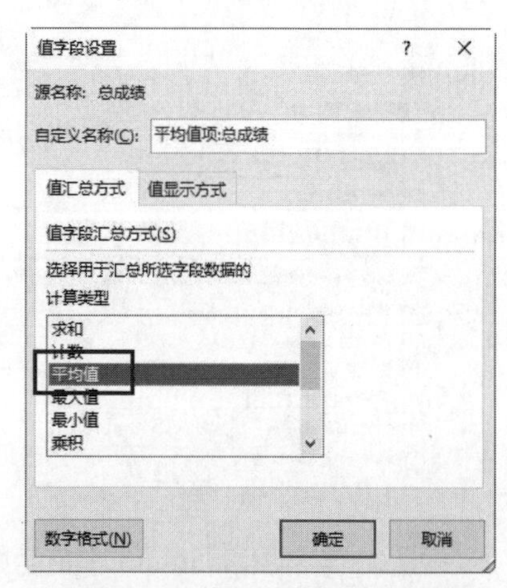

图 6-33　“值字段设置”对话框

生成的数据透视表及数据透视图效果如图 6-34 所示。

小提示：

创建数据透视图功能可以同时创建出数据透视表及数据透视图。

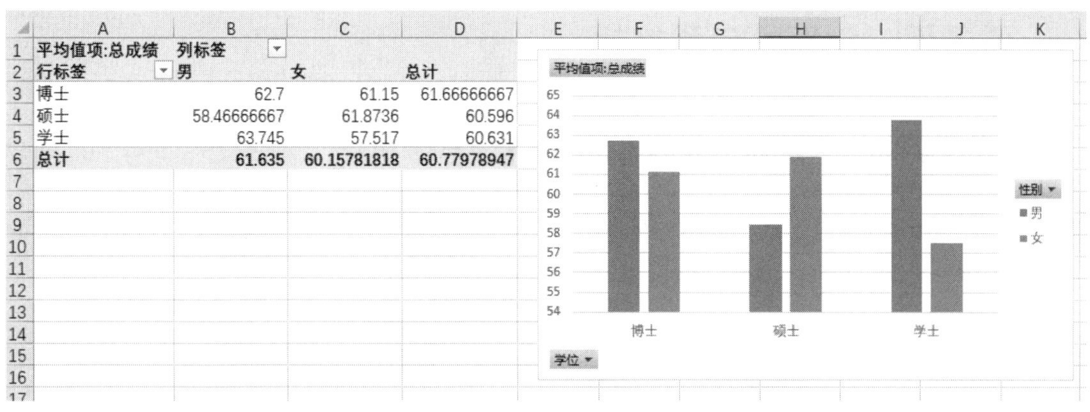

图 6-34　生成的数据透视表及数据透视图效果

设置数据透视表中的所有数据对齐方式为“居中”，设置数据透视表中的所有数值的小数位数为“2 位”。

在“数据透视表工具”的“设计”选项卡中，单击“布局”选项组中的“总计”按钮，在弹出的下拉菜单中选择“仅对列启用”命令。

在“数据透视表工具”的“分析”选项卡中，单击“筛选”选项组中的“插入切片器”按钮。在打开的“插入切片器”对话框中，勾选“性别”和“学位”复选框，如图 6-35 所示，最后单击“确定”按钮。

分别为生成的 2 个切片器设置合适的切片器样式。通过切片器可以选择显示不同学位、不同性别的数据透视表及数据透视图，效果如图 6-36 所示。

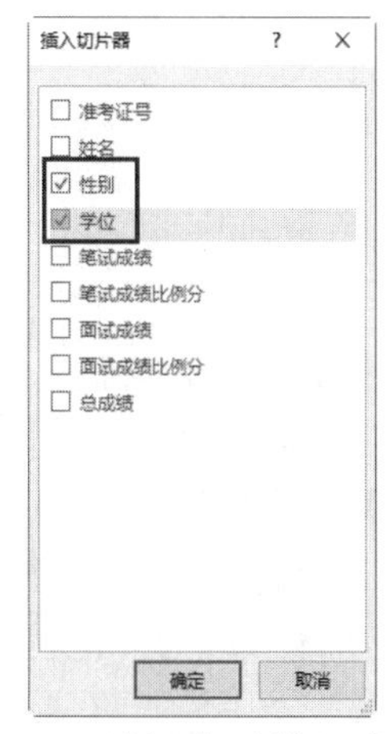

图 6-35　“插入切片器”对话框

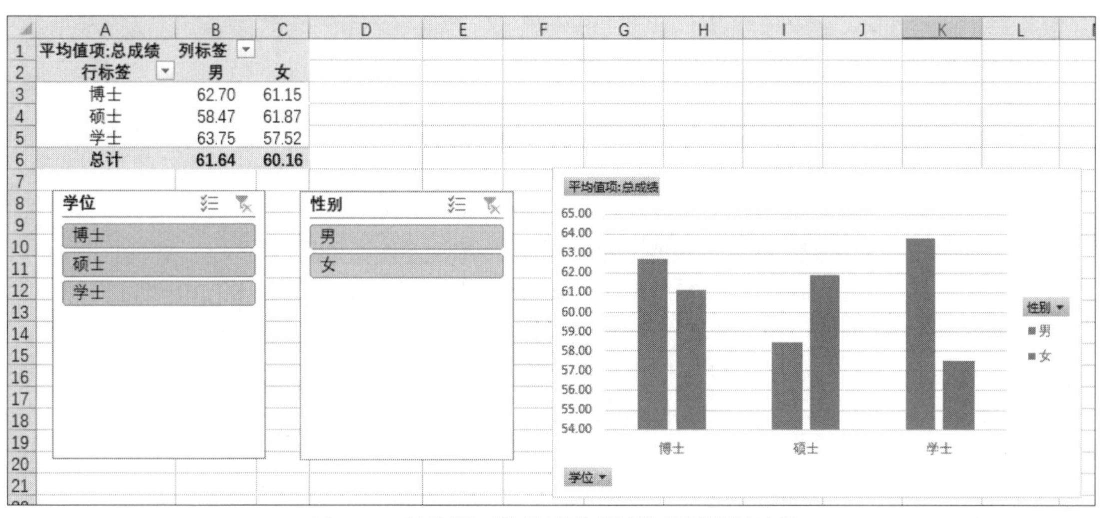

图 6-36　切片器、数据透视表及数据透视图效果

任务四　创新性自我挑战

子任务 1：医院病人护理情况的统计与分析

打开工作表 Sheet11，其中的数据表格如图 6-37 所示。

	A	B	C	D	E	F
1	医院病人护理情况					
2	姓名	性别	护理级别	护理价格	护理天数	护理费用
3	董伟	男	一般护理	80	10	¥800
4	杜佳静	女	高级护理	240	9	¥2,160
5	傅珊珊	男	高级护理	240	14	¥3,360
6	谷金力	女	一般护理	80	35	¥2,800
7	郭华芳	女	一般护理	80	16	¥1,280
8	何再前	女	一般护理	80	9	¥720
9	何宗文	男	一般护理	80	6	¥480
10	胡孙权	男	中级护理	120	7	¥840
11	胡伊甸	女	高级护理	240	30	¥7,200
12	黄威	男	高级护理	240	35	¥8,400
13	黄芯	男	高级护理	240	25	¥6,000
14	贾丽娜	男	中级护理	120	35	¥4,200

图 6-37　工作表 Sheet11 中的数据表格

本任务具体要求：

（1）根据医院病人护理情况的数据创建数据透视表及数据透视图，将数据透视表及数据透视图存放在新工作表中，要求显示不同护理级别的不同性别的护理费用汇总情况。

（2）设置生成的数据透视图的“图表布局”为“布局 5”，“图表样式”为“样式 7”，将“图表标题”改为“护理费用汇总统计图表”，“坐标轴标题”改为“护理费用合计”。

（3）为生成的数据透视表与数据透视图添加切片器，以便选择显示不同护理级别、不同性别的护理费用汇总图表。

子任务 2：公司员工人事信息的统计与分析

打开工作表 Sheet12，其中的数据表格如图 6-38 所示。

	A	B	C	D	E	F	G
1	公司员工信息表						
2	员工编号	姓名	部门	性别	学历	入职时间	电话号码
3	0001	朱晨曦	财务处	女	本科	2012年10月	13504567891
4	0002	钱思梦	销售部	女	本科	2015年6月	13104567892
5	0003	章宏伟	技术部	男	研究生	2014年3月	13104567893
6	0004	杨嘉怡	客服部	女	大专	2015年11月	13604567894
7	0005	周鹏飞	技术部	男	研究生	2015年6月	13104567895
8	0006	梁婧钰	财务处	女	研究生	2014年3月	13904567896
9	0007	李冰新	销售部	女	本科	2010年10月	13104567897

图 6-38　工作表 Sheet12 中的数据表格

本任务具体要求：

（1）使用分类汇总功能统计每个部门的人数，将人数显示在“电话号码”列中。

（2）设置统计结果显示方式为“3”级，每组数据分页显示。

（3）在原有区域中显示筛选结果。

打开工作表 Sheet13，其中的数据表格与工作表 Sheet12 中的数据表格一样。

操作要求：

（1）筛选出销售部中 2023 年 1 月 1 日后入职的员工信息，或者销售部中学历为“本科”且姓“李”的员工信息。

（2）在原有区域中显示筛选结果。

【任务考评】

<table>
<tr><td>项目名称</td><td colspan="5"></td></tr>
<tr><td>项目成员</td><td colspan="5"></td></tr>
<tr><td>评价项目</td><td>评价内容</td><td>分值</td><td>自评
20%</td><td>互评
30%</td><td>师评
50%</td></tr>
<tr><td rowspan="5">职业素养
（40%）</td><td>具有良好的计算机使用习惯，爱护公共设施，环境整洁</td><td>5</td><td></td><td></td><td></td></tr>
<tr><td>纪律性强，不迟到早退，按时完成承担的任务</td><td>10</td><td></td><td></td><td></td></tr>
<tr><td>态度端正、工作认真、积极承担困难任务</td><td>5</td><td></td><td></td><td></td></tr>
<tr><td>发现问题后能主动寻求解决办法，及时和教师、同学探讨</td><td>10</td><td></td><td></td><td></td></tr>
<tr><td>团结合作意识强，主动帮助他人</td><td>10</td><td></td><td></td><td></td></tr>
<tr><td rowspan="7">专业能力
（60%）</td><td>能对数据进行排序、筛选</td><td>10</td><td></td><td></td><td></td></tr>
<tr><td>能对数据进行分类汇总</td><td>10</td><td></td><td></td><td></td></tr>
<tr><td>能对数据进行合并计算</td><td>10</td><td></td><td></td><td></td></tr>
<tr><td>能制作和编辑图表</td><td>10</td><td></td><td></td><td></td></tr>
<tr><td>能制作迷你图</td><td>5</td><td></td><td></td><td></td></tr>
<tr><td>能对数据进行简单的拟合</td><td>5</td><td></td><td></td><td></td></tr>
<tr><td>能制作数据透视表及数据透视表图</td><td>10</td><td></td><td></td><td></td></tr>
<tr><td>合计</td><td>综合得分：________</td><td>100</td><td></td><td></td><td></td></tr>
<tr><td>总结反思</td><td colspan="5">1．学到的新知识：

2．掌握的新技能：

3．项目反思：你遇到的困难有哪些，你是如何解决的？

学生签字：</td></tr>
<tr><td>综合评语</td><td colspan="5">
教师签字：</td></tr>
</table>

【能力拓展】

拓展训练 1：数据的模拟分析、运算与预测

数据的模拟分析、运算与预测是数据科学和统计学领域中常见的工作内容，旨在基于已有的数据，运用数学建模和统计分析的方法，研究数据的特征、规律和趋势，并通过模拟和预测来推断未来的情况。

在生产领域中，正确的生产决策有助于带来最佳的经济效益。生产决策一般是指在生产领域中，对生产什么、生产多少及如何生产等几方面的问题做出的决策。要做出正确的决策，就要运用科学的方法，使用 Excel 的规划求解功能可以解决经济效益最优的生产决策问题。

问题：某工厂生产甲、乙两种产品，生产 1 吨甲产品需要的 A、B、C 三种原料量分别为 8 吨、5 吨、4 吨，可获利润为 9 万元。生产 1 吨乙产品需要的 A、B、C 三种原料量分别为 6 吨、5 吨、9 吨，可获利润为 12 万元。现在工厂共有 A、B、C 三种原料量分别为 360 吨、250 吨、350 吨，求生产甲、乙两种产品各多少吨才能使利润最大？最大利润是多少万元？

请你借助互联网检索和 ChatGPT 问答，使用 Excel 的规划求解功能解决此问题。

拓展训练 2：创建交互式图表

交互式图表是指为图表添加交互功能，通过鼠标指针悬停、单击等操作使图表显示出相应的内容或效果。通过为图表增加交互效果，可以与图表交互，从而获取所需的图表信息。

在 Excel 中，可以通过为图表添加控件、VBA 编程等方式来创建交互式图表。

例如，通过选择不同的考试科目，即可动态显示相应科目的学生成绩统计情况图表，动态显示图表如图 6-39 所示。

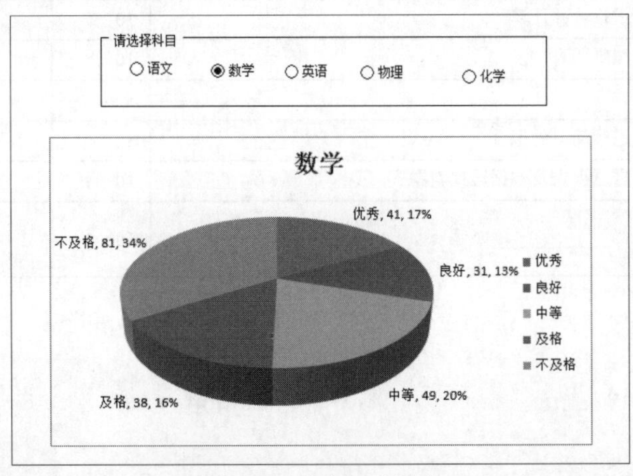

图 6-39　动态显示图表

请你借助互联网检索和 ChatGPT 问答，自行设计一份 Excel 数据表格，使用 Excel 中的控件，完成如图 6-39 所示的交互式图表的创建。

【延伸阅读——从数据处理到智能决策】

随着人们对人工智能关注度和需求的提高，在自媒体、科技、商业等领域，ChatGPT 被广泛应用。而 ChatGPT 本身是自然语言处理的技术，因此对数据分析行业的影响也是比较大的。

首先，ChatGPT 对文本的处理和理解有其独到之处。

ChatGPT 提供了一种全新的方式来分析和理解用户生成的文本数据，包括社交媒体、在线评论、客户反馈等。通过使用 ChatGPT，数据分析师可以更加准确地识别和分类用户意见、情感及行为，从而理解用户需求和行为模式，为业务决策提供基础。同时，ChatGPT 可以根据上下文和语境推断出隐含信息，这使得它的分析结果具有很强的适应性。

其次，ChatGPT 可以帮助汇总数据、筛选资料，并生成客观的分析报告。

ChatGPT 非常擅长汇总目前市场的数据和信息。同时可以用于自然语言生成，从而帮助数据分析师更加高效地生成报告、摘要和其他文本内容。在数据分析工作中，ChatGPT 可以帮助人们节省大量时间和精力。

此外，ChatGPT 还可以使用自然语言处理相关的自动化任务，如问答系统、虚拟助手等。例如，摘要生成器可以从一篇文章中提取重要信息，并生成一个简洁的摘要，从而节省读者时间。内容生成器可以根据输入的主题和关键词，生成具有相关内容的文章和其他类型的文本。这些技术都可以帮助数据分析师更好地与数据交互，从而使数据分析师能够更好地理解和挖掘数据中的价值。

项目六理论小测

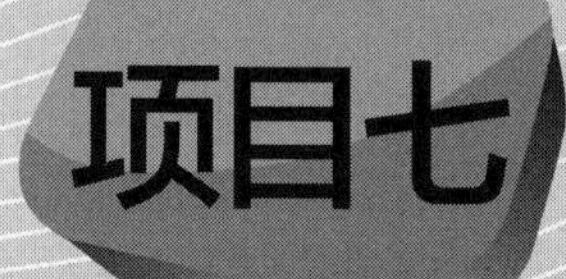

博学宏才：控件和 VBA 编程

知识目标：

1. 理解 Excel 控件的概念、种类和用途，包括表单控件、ActiveX 控件等。
2. 掌握 Excel 宏的基本概念和创建宏的方法。
3. 理解 VBA 编程的基本原理和语法规则。

能力目标：

1. 能够使用 Excel 控件进行数据输入、交互和分析，提高工作效率。
2. 能够创建和编辑 Excel 宏，实现自动化的任务和操作。
3. 能够编写和修改 VBA 代码，实现自定义的功能和逻辑。

素养目标：

1. 培养学习和探索的兴趣，能够主动学习和应用新的 Excel 功能和技巧。

2. 发展创新思维和设计能力，能够分析和解决在使用 Excel 控件、宏和 VBA 过程中遇到的问题。

3. 培养团队合作和沟通能力，能够与他人分享和交流关于 Excel 控件、宏和 VBA 编程的知识和经验。

【项目导读】

在当今信息化时代，Excel 作为电子表格处理软件，被广泛应用于数据分析、报表制作、项目管理等领域。此外，它还提供了一套完整的编程工具，允许用户创建复杂的自定义函数和自动化任务，其中包括 Excel 控件、宏和 VBA。Excel 控件是一种用户界面元素，如按钮、复选框、下拉列表等，可以绑定特定的操作或宏，从而优化用户的交互体验。VBA 是微软公司为其 Office 套件提供的一种编程语言，用户可以使用 VBA 来编写复杂的脚本，并定制和扩展 Excel 的功能，能够更高效地处理复杂的数据和任务，在工作中展现出更专业的技能和素养。

【任务工单】

项目描述	本项目使用 Excel 控件和 VBA 进行更灵活的数据处理及用户交互，同时利用宏和 VBA 实现自动化的任务及定制化的功能	
任务名称	任务一　控件的使用 任务二　VBA 与宏的使用 任务三　创新性自我挑战	
任务列表	任务要点	任务要求
1. 借助 ChatGPT 了解 Excel 控件	● Excel 控件的基本概念 ● Excel 控件的使用方法	● 项目功能实现：独立设计并实现一个具有实际功能的应用程序，包括将控件放置在合适的位置，并用 VBA 编程实现所需的交互和功能。以上的应用程序可以是一个表单、一个工作表或一个宏，能够完成某个具体的任务或解决某个实际问题 ● 代码质量和结构：代码应具有良好的可读性和可维护性。评估重点包括规范的命名规则、适当的注释、模块化的代码结构和合理的代码布局 ● 功能扩展和创新性：可以额外展示对于 VBA 编程的理解和技巧，通过添加额外的功能或创新设计来提升项目的价值和实用性
2. 表单控件的使用	● 插入表单控件 ● 配置表单控件属性 ● 数据输入和选择 ● 数据验证和处理	
3. ActiveX 控件的使用	● 插入 ActiveX 控件（如组合框） ● 绑定数据源及链接单元格 ● 美化控件 ● 实现扩展功能（如查询成绩）	
4. 借助 ChatGPT 了解 VBA 与宏	● 宏的使用方法 ● VBA 与宏的关系	
5. 创建一个简单的宏	● 开启宏录制按钮 ● 给宏命名 ● 完成相关的任务。例如，先在 A1:A5 区域中输入相应的数值，再在 A6 单元格中完成以上数值的求和 ● 结束录制宏 ● 宏的执行 ● 观察宏代码	
6. 使用 VBA 实现宏功能	● 用 VBA 实现数据输入与求和功能 ● 利用 ChatGPT 优化宏代码	
7. 创新性自我挑战	● 任务分组 ● 使用滚动条寻求最优市场定价 ● 使用控件和 VBA 设计登录窗口	● 小组成员分工合理，在规定时间内完成 3 个子任务 ● 探讨交流，互帮互助 ● 内容充实有新意，格式规范

【任务分析】

使用 Excel 控件、宏和 VBA 需要掌握一定的技术知识和编程概念，对初学者来说可能有些复杂和晦涩，需要掌握编程语法、对象模型、事件处理等概念和技术。除了需要理解理论知识和语法规则，还需要在实际项目中应用这些技术。我们可以借助 ChatGPT 尽可能多地了解和学习相关的知识，努力解决实际问题，同时可以分享经验、解决问题，并共同探索更高级的应用和技巧。

【任务实施】

控件简介

任务一 控件的使用

子任务 1：借助 ChatGPT 了解 Excel 控件

表单控件的基本设置

Excel 控件是指在 Excel 中可用于增强功能和交互性的可视化元素。控件允许用户以图形的方式与数据进行交互，并提供各种功能，如数据输入、数据展示、数据筛选等。我们可以先向 ChatGPT 提问，让它告诉我们 Excel 控件的使用方法，如图 7-1 所示。

请你详细介绍一下在Excel中，控件的使用方法

ChatGPT Poe

在Excel中使用控件可以通过以下步骤进行：

1. 启用"开发工具"选项卡：
   - 打开Excel并选择顶部菜单栏中的"文件"选项。
   - 在弹出的菜单中选择"选项"。
   - 在"Excel选项"对话框中，选择"自定义功能区"。
   - 在右侧的列表中找到"开发工具"并勾选，然后单击"确定"按钮。

2. 插入控件：
   - 打开要插入控件的工作表。
   - 在顶部菜单栏中选择"开发工具"选项卡。
   - 在"控件"组中，单击"插入"按钮。
   - 在弹出的控件列表中，可以选择两种类型的控件：表单控件和ActiveX控件。

3. 插入表单控件：
   - 在"控件"组中，单击"插入"按钮下的"表单控件"。
   - 在弹出的列表中，选择要插入的控件类型，如按钮、复选框、下拉列表框等。
   - 在工作表上单击并拖动鼠标，绘制出控件的区域。

4. 插入ActiveX控件：

图 7-1 向 ChatGPT 提问“请你详细介绍一下 Excel 中控件的使用方法”

Excel 控件有两种，分别是表单控件和 ActiveX 控件，如图 7-2 所示。

图 7-2　Excel 的表单控件与 ActiveX 控件

知识链接：

常见的 ActiveX 控件主要有以下几种。

（1）“复选框”控件用于多个选项选择。

（2）“组合框”控件是一个下拉框，一次只能选择一个条目，还允许用户输入没有出现在下拉框中的值。

（3）“命令按钮”控件用于确定或取消程序的执行。

（4）“图像”控件用于显示图形图像。

（5）“标签”控件用于显示文本信息。

（6）“列表框”控件用于显示项目列表，用户可从中选择一个或多个条目。

（7）“选项按钮”控件可使用户仅能从选项中选择一个。

（8）“滚动条”控件可以使用户调节数值，用户可以通过拖放滚动条来调整相应的数值。

（9）“数值调节钮”控件允许用户单击其中一个箭头按钮来设置某个值。

（10）“文本框”控件允许用户输入文字。

（11）“切换按钮”允许在开或关两种状态之间切换。

在“控件工具箱”中还包含许多由 Excel 及其他程序安装的 ActiveX 控件，如 Windows Media Player 等。但并非所有 ActiveX 控件都可以直接在工作表中使用，其中一些只能在 VBA 用户窗体中使用。对于这类控件，如果试图将其添加到工作表中，则 Excel 会显示“不能插入对象”提示。

在 Excel 中使用控件的步骤如下：在单击“开发工具”选项卡后，选择插入表单控件或 ActiveX 控件，设置其相关属性（如名称、大小、位置、字体、颜色等），在必要时可编写控件事件代码（如 ActiveX 控件，可以通过 VBA 编程为控件添加事件代码，从而响应用户的操作或其他事件），最后按“F5”键运行宏，或者直接单击控件进行测试。

小提示：

Excel 的表单控件和 ActiveX 控件的区别如下。

表单控件只能在工作表中添加和使用，并且只能通过设置控件格式或指定宏来使用。而 ActiveX 控件不仅可以在工作表中使用，还可以在用户窗体中使用，并且 ActiveX 控件具备众多的属性和事件，可以为用户提供更多的使用方式。

子任务 2：表单控件的使用

标签控件的使用

分组框的使用

下面通过两个例子来介绍表单控件的使用方法。第一个例子使用表单控件中的“选项按钮”来完成动态图表。如图 7-3 所示的 A1:F13 区域为部分商品每个月的销量统计数据，右侧为该统计数据的销售折线图，在其中单击不同商品对应的选项按钮，可以绘制相应的折线图，并且同时可以在折线图上显示最大值。

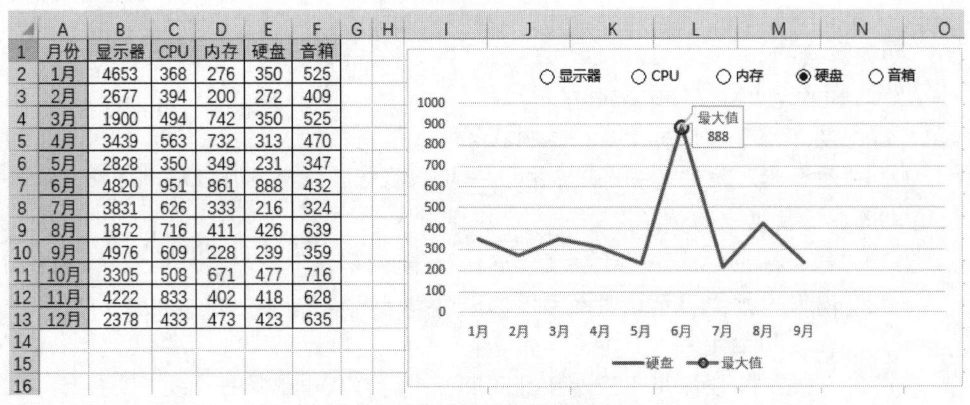

月份	显示器	CPU	内存	硬盘	音箱
1月	4653	368	276	350	525
2月	2677	394	200	272	409
3月	1900	494	742	350	525
4月	3439	563	732	313	470
5月	2828	350	349	231	347
6月	4820	951	861	888	432
7月	3831	626	333	216	324
8月	1872	716	411	426	639
9月	4976	609	228	239	359
10月	3305	508	671	477	716
11月	4222	833	402	418	628
12月	2378	433	473	423	635

图 7-3　使用选项按钮控制图表

操作过程：

（1）首先在工作表中插入 5 个选项按钮，分别命名为“显示器”“CPU”“内存”“硬盘”“音箱”，对选项按钮进行顶端对齐，横向分布。然后选中某个选项按钮，在“设置控件格式”对话框的“控制”选项卡中，设置“单元格链接”为 I4，最后单击“确定”按钮，如图 7-4 所示。

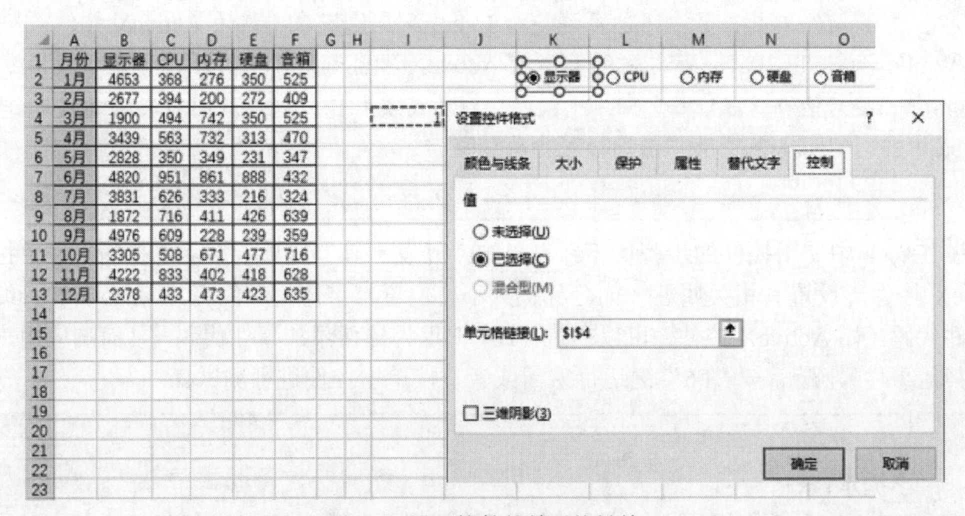

图 7-4　设置控件的单元格链接

（2）将 A1:A13 区域的内容复制到 J6:J18 区域，并在 K6 单元格中输入公式“=INDEX(B1:F1,$I$4)”。再将公式向下复制到 K18 单元格，如图 7-5 所示。

K6　=INDEX(B1:F1,$I$4)

月份	显示器	CPU	内存	硬盘	音箱
1月	4653	368	276	350	525
2月	2677	394	200	272	409
3月	1900	494	742	350	525
4月	3439	563	732	313	470
5月	2828	350	349	231	347
6月	4820	951	861	888	432
7月	3831	626	333	216	324
8月	1872	716	411	426	639
9月	4976	609	228	239	359
10月	3305	508	671	477	716
11月	4222	833	402	418	628
12月	2378	433	473	423	635

◉ 显示器　○ CPU　○ 内存　○ 硬盘　○ 音箱

I4：1

月份	显示器
1月	4653
2月	2677
3月	1900
4月	3439
5月	2828
6月	4820
7月	3831
8月	1872
9月	4976
10月	3305
11月	4222
12月	2378

图 7-5　创建图表数据源区域

完成上述公式后，单击不同的选项按钮，就可以动态引用相对应名称的数据，如图 7-6 所示。

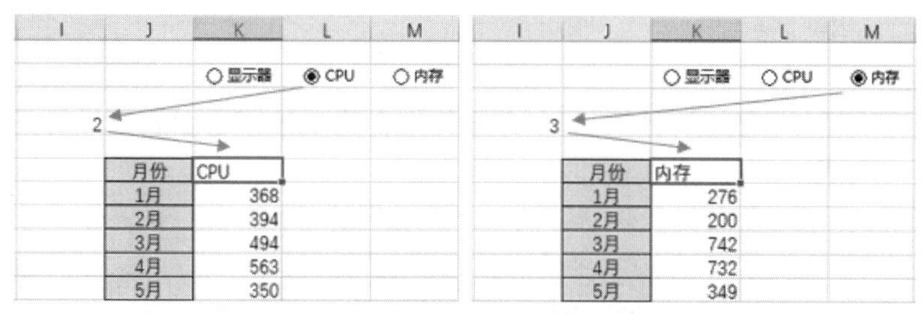

图 7-6　使用选项按钮动态引用数据

（3）在 L 列单元格中添加辅助列，在 L7 单元格中输入以下公式，并向下复制公式。

=IF(K7=MAX($K$7:$K$18),K7,NA())

该公式的目的是返回“内存”列单元格数据中的最大值，以便在图表中标识该最大值，在数据源中添加辅助列如图 7-7 所示。

L7　=IF(K7=MAX($K$7:$K$18),K7,NA())

○ 显示器　○ CPU　◉ 内存　○ 硬盘　○ 音箱

I4：3

月份	内存	最大值
1月	276	#N/A
2月	200	#N/A
3月	742	#N/A
4月	732	#N/A
5月	349	#N/A
6月	861	861
7月	333	#N/A
8月	411	#N/A
9月	228	#N/A
10月	671	#N/A
11月	402	#N/A
12月	473	#N/A

图 7-7　在数据源中添加辅助列

（4）选中 J6:L18 区域，创建折线图，在“图表工具”的“格式”选项卡最左侧的图表元素选取框中选择“系列‘最大值’”选项，再单击“设置所选内容”命令，在“设置数据系列格式”对话框的“填充与线条”选项卡中，单击“标记”标签，设置“标记选项”为“内置”，“类型”为“圆点”，“大小”为“8”，“标记填充”为“无填充”，“边框”为“实线”，“颜色”为“红色”，“宽度”为“1.75 磅”。然后在图表右上角的快捷按钮中添加数据标签，选中“数据”标签，在

“设置数据标签格式”对话框的“标签选项”选项卡中勾选“系列名称”复选框，设置“分隔符”为“新文本行”，结果如图 7-8 所示。

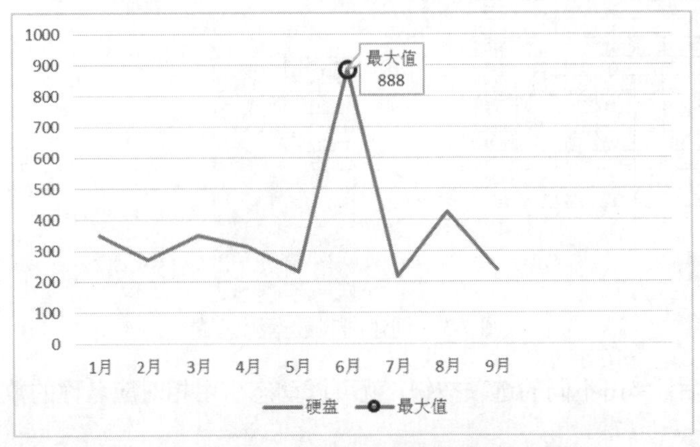

图 7-8 设置最大数据点格式

（5）将选项按钮排列在图表区域的上方，并组合选项按钮与图表，最终完成动态折线图的创建，如图 7-9 所示。

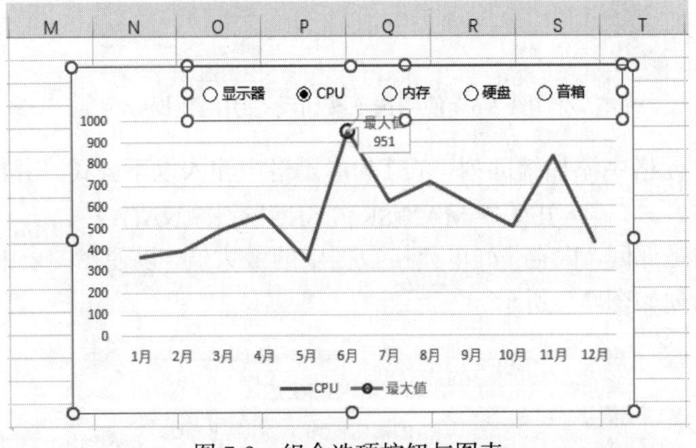

图 7-9 组合选项按钮与图表

第二个例子使用表单控件中复选框来显示部分商品“销量统计”的动态图表。

如图 7-10 所示的 A1:F13 区域为部分商品每月的销量统计数据，右侧为商品每月销量统计的折线图，在其中勾选某商品（如“显示器”）对应的复选框后，将显示该商品的销售折线图，取消勾选则隐藏该商品的销量统计折线。

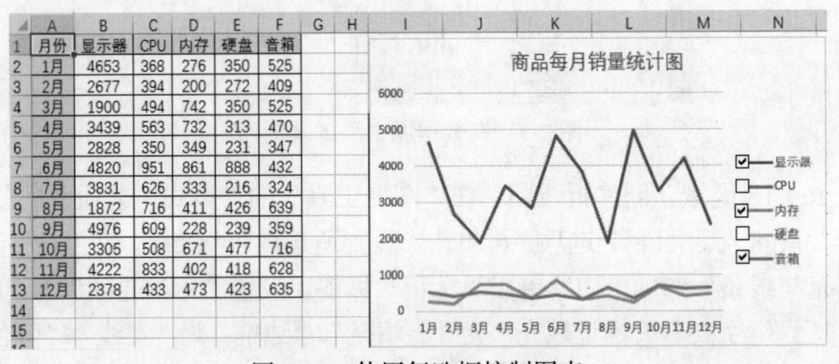

月份	显示器	CPU	内存	硬盘	音箱
1月	4653	368	276	350	525
2月	2677	394	200	272	409
3月	1900	494	742	350	525
4月	3439	563	732	313	470
5月	2828	350	349	231	347
6月	4820	951	861	888	432
7月	3831	626	333	216	324
8月	1872	716	411	426	639
9月	4976	609	228	239	359
10月	3305	508	671	477	716
11月	4222	833	402	418	628
12月	2378	433	473	423	635

图 7-10 使用复选框控制图表

操作过程：

（1）在工作表中插入 5 个复选框，分别命名为“显示器”“CPU”“内存”“硬盘”“音箱”，设置复选框为顶端对齐、横向分布。

勾选“显示器”复选框，在打开的“设置控件格式”对话框的“控制”选项卡中，设置“单元格链接”为 J2 单元格。以同样的方法分别将其他的复选框的链接地址设置为 K2、L2、M2、N2 单元格，如图 7-11 所示。

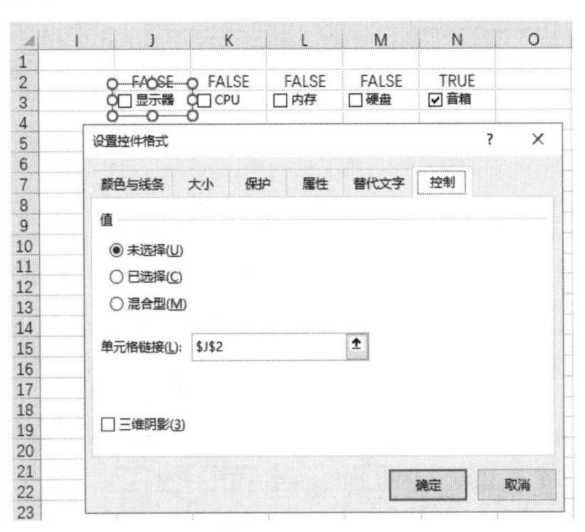

图 7-11　将复选框与单元格链接

（2）将 A1:A13 区域的内容复制到 I5:I17 区域，将 B1:F1 区域的内容复制到 J5:N5 区域。然后在 J6 单元格中输入以下公式“=IF($J$2,B2,NA())”，并将公式向下复制到 J17 单元格，如图 7-12 所示。

J6　=IF($J$2,B2,NA())

月份	显示器	CPU	内存	硬盘	音箱
1月	4653	368	276	350	525
2月	2677	394	200	272	409
3月	1900	494	742	350	525
4月	3439	563	732	313	470
5月	2828	350	349	231	347
6月	4820	951	861	888	432
7月	3831	626	333	216	324
8月	1872	716	411	426	639
9月	4976	609	228	239	359
10月	3305	508	671	477	716
11月	4222	833	402	418	628
12月	2378	433	473	423	635

	TRUE	FALSE	FALSE	FALSE	TRUE
	☑显示器	☐CPU	☐内存	☐硬盘	☑音箱
月份	显示器	CPU	内存	硬盘	音箱
1月	4653				
2月	2677				
3月	1900				
4月	3439				
5月	2828				
6月	4820				
7月	3831				
8月	1872				
9月	4976				
10月	3305				
11月	4222				
12月	2378				

图 7-12　使用函数引用数据

（3）使用上述方法，分别在 K6、L6、M6、N6 单元格中输入以下公式，并向下复制。

=IF($K$2,C2,NA())

=IF($L$2,D2,NA())

=IF($M$2,E2,NA())

=IF($N$2,F2,NA())

当用户勾选复选框时，在辅助表中就会引用数据源中的数据，如果没有勾选复选框，则在辅助表中该字段将显示为“#N/A”，如图 7-13 所示。

	H	I	J	K	L	M	N
1							
2			TRUE	FALSE	TRUE	FALSE	TRUE
3			☑显示器	☐CPU	☑内存	☐硬盘	☑音箱
4							
5		月份	显示器	CPU	内存	硬盘	音箱
6		1月	4653	#N/A	276	#N/A	525
7		2月	2677	#N/A	200	#N/A	409
8		3月	1900	#N/A	742	#N/A	525
9		4月	3439	#N/A	732	#N/A	470
10		5月	2828	#N/A	349	#N/A	347
11		6月	4820	#N/A	861	#N/A	432
12		7月	3831	#N/A	333	#N/A	324
13		8月	1872	#N/A	411	#N/A	639
14		9月	4976	#N/A	228	#N/A	359
15		10月	3305	#N/A	671	#N/A	716
16		11月	4222	#N/A	402	#N/A	628
17		12月	2378	#N/A	473	#N/A	635

图 7-13　对所有复选框设置函数

（4）选中 I5:N17 区域，创建折线图，此时勾选商品对应的复选框就会在图表中显示相应的折线，取消勾选复选框则会隐藏相应的折线，如图 7-14 所示。

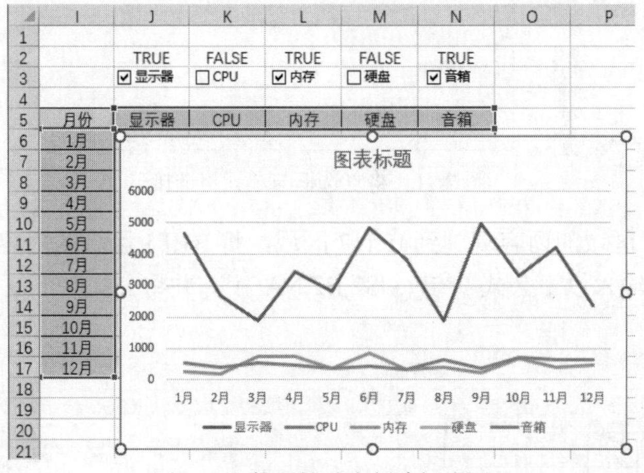

图 7-14　使用辅助表创建折线图

（5）更改图表的标题为“商品每月销量统计图”，调整图例位置使其位于图表右侧，将上方的复选框放置在对应的图例前面，并删除复选框原来的名字。对复选框和图表进行组合，最终效果如图 7-15 所示。

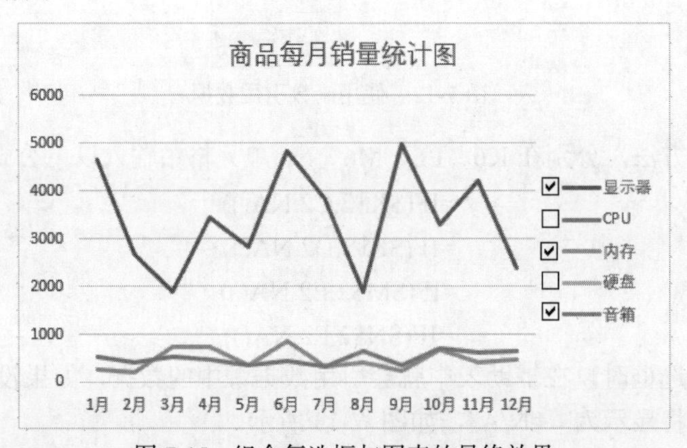

图 7-15　组合复选框与图表的最终效果

子任务 3：ActiveX 控件的使用

ActiveX 控件允许自定义外观、行为、字体和其他特性，具有很大的灵活性。ActiveX 可以用于工作表表单和 VBA 用户表单。用户可以控制与 ActiveX 控件交互时发生的不同事件，也可以编写宏代码来响应与 ActiveX 控件关联的事件。

下面通过一个案例来学习 ActiveX 控件的使用。

使用 ActicveX 控件在 F2 单元格中制作“姓名”下拉菜单，选择不同的姓名即可出现对应的分数，效果如图 7-16 所示。

	A	B	C	D
1	姓名	语文	数学	英语
2	李四	81	92	94
3	丁聪明	76	65	72
4	王二美	70	98	86
5	张三	84	73	64
6	陈小娟	88	94	82
7	赵六	76	58	62
8	王钢	90	93	95
9	宋大勇	83	89	86
10	方小乖	75	52	68
11				

	F	G	H	I
1	姓名	语文	数学	英语
2	张三	84	73	64

丁聪明
王二美
张三
陈小娟
赵六
王钢
宋大勇
方小乖

图 7-16　使用 ActiveX 控件实现按姓名查询分数的效果

（1）单击“开发工具”选项卡中“控件”选项组的“插入”按钮，在弹出的下拉菜单中单击“ActiveX 控件”区域的“组合框”按钮，如图 7-17 所示。

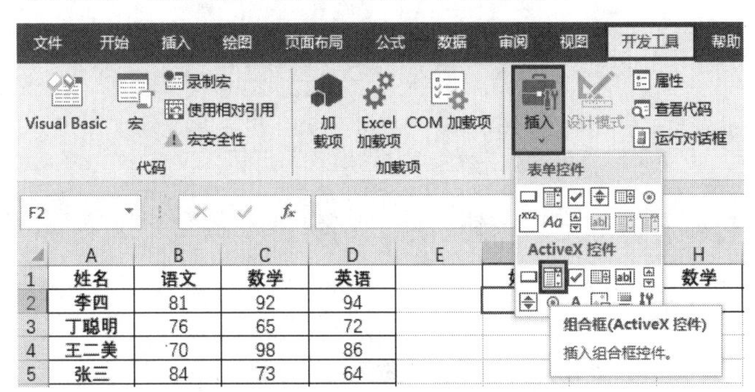

图 7-17　插入组合框控件

（2）按住鼠标左键，在 F2 单元格中拖曳出大小合适的组合框。

（3）选中 ActiveX 组合框并右击，在弹出的快捷菜单中选择“属性”命令，如图 7-18 所示。

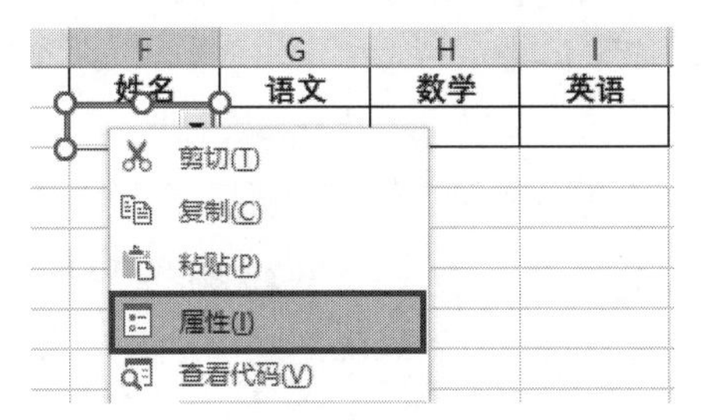

图 7-18　组合框属性选项

（4）在打开的“属性”对话框中，设置“LinkedCell”为“F2”，“ListFillRange”为“A2:A10”，如图 7-19 所示。

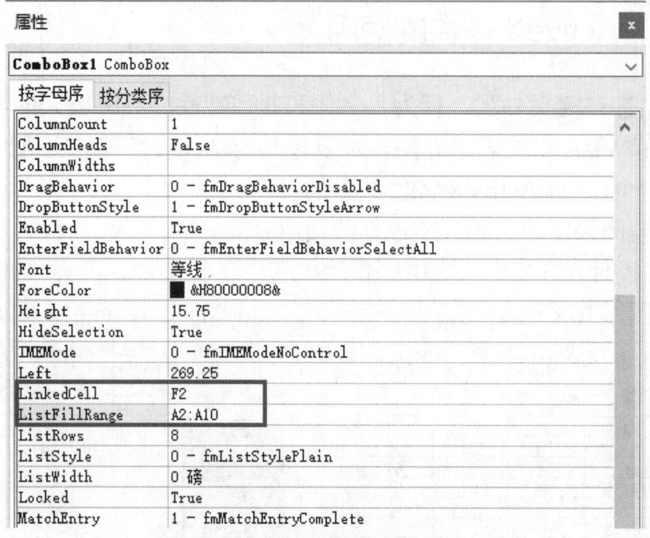

图 7-19　组合框相关属性的设置

（5）单击“开发工具”选项卡中“控件”选项组的“设计模式”按钮，退出设计模式，如图 7-20 所示。

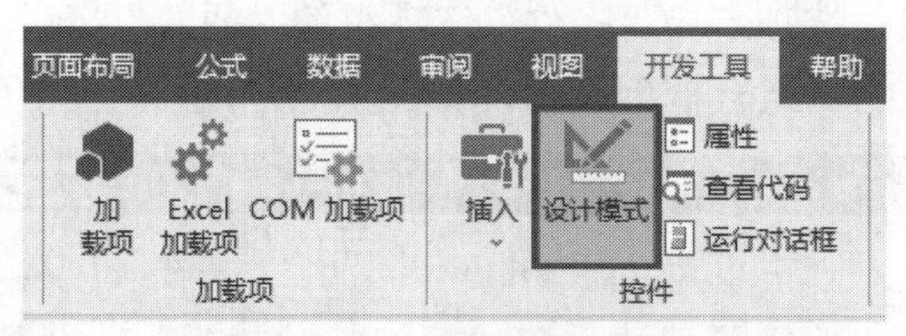

图 7-20　“设计模式”按钮

现在，单击下拉框右侧的下拉按钮，就会出现“姓名”下拉菜单，组合框初始效果如图 7-21 所示。

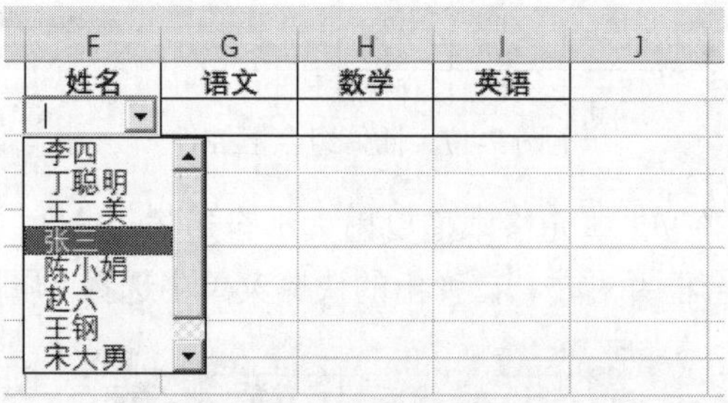

F	G	H	I	J
姓名	语文	数学	英语	
李四 丁聪明 王二美 张三 陈小娟 赵六 王钢 宋大勇				

图 7-21　组合框初始效果

小提示：

ActiveX 控件有别于表单控件的一点就是可以直接返回文本内容，而表单控件只能返回数字。

如图 7-22 所示，选中 F2 单元格，即控件所链接的单元格，其返回内容就是下拉菜单中的文本，这正是 ActiveX 控件的优势之一。

F2　陈小娟

	A	B	C	D	E	F	G
1	姓名	语文	数学	英语		姓名	语文
2	李四	81	92	94		陈小娟	
3	丁聪明	76	65	72			
4	王二美	70	98	86			
5	张三	84	73	64			
6	陈小娟	88	94	82			
7	赵六	76	58	62			

图 7-22　ActiveX 控件返回的文本内容

（6）接下来的分数查询变得很简单，只需要使用前面项目学习过的 VLOOKUP 函数即可。在 G2 单元格中输入公式“=VLOOKUP($F$2,$A:$D,COLUMN(B1),0)”。

请注意单元格的绝对引用和相对引用，向右拖动以复制公式，实现成绩查询功能如图 7-23 所示。

G2　=VLOOKUP($F$2,$A:$D,COLUMN(B1),0)

	A	B	C	D	E	F	G	H	I
1	姓名	语文	数学	英语		姓名	语文	数学	英语
2	李四	81	92	94		陈小娟	88	94	82
3	丁聪明	76	65	72					
4	王二美	70	98	86					
5	张三	84	73	64					
6	陈小娟	88	94	82					
7	赵六	76	58	62					

图 7-23　实现成绩查询功能

至此，ActiveX 控件下拉菜单初步制作完成。

前面介绍过，ActiveX 控件的灵活之处在于可以自定义外观，所以接下来我们还可以进行一些美化。

（7）单击“开发工具”选项卡中“控件”选项组的“设计模式”按钮，启用设计模式。

（8）选中 F2 单元格的“组合框”控件并右击，在弹出的快捷菜单中选择“属性”命令，在打开的“属性”对话框中，单击“BackColor”文本框右侧的下拉按钮，通过“调色板”或“系统”选项卡，设置所需的背景色，如图 7-24 所示。

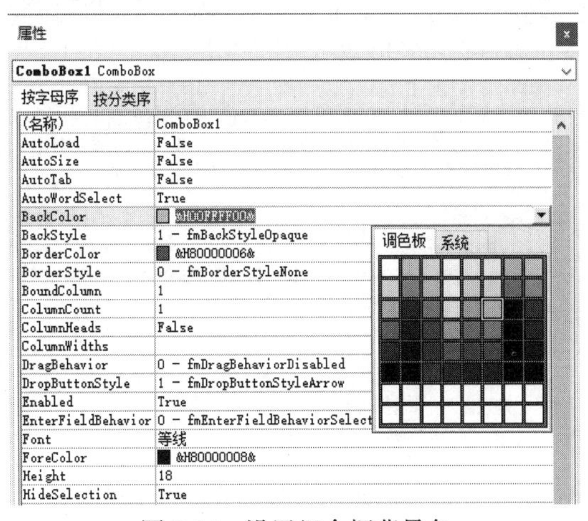

图 7-24　设置组合框背景色

（9）单击“Font”右侧的按钮，在打开的“字体”对话框中设置所需的字体、字形和字号等，设置完成后关闭“属性”对话框。

（10）单击“开发工具”选项卡中的“设计模式”按钮，退出设计模式。至此，一个极具个性化的下拉菜单就制作完成了，组合框实现分数查询的最终效果如图 7-25 所示。

	A	B	C	D	E	F	G	H	I
1	姓名	语文	数学	英语		姓名	语文	数学	英语
2	李四	81	92	94		陈小娟	88	94	82
3	丁聪明	76	65	72					
4	王二美	70	98	86					
5	张三	84	73	64					
6	陈小娟	88	94	82					
7	赵六	76	58	62					
8	王钢	90	93	95					
9	宋大勇	83	89	86					
10	方小乖	75	52	68					
11									

丁聪明
王二美
张三
陈小娟
赵六
王钢
宋大勇
方小乖

图 7-25　组合框实现分数查询的最终效果

任务二　VBA 与宏的使用

VBA 基本语法简介

子任务 1：借助 ChatGPT 了解 VBA 与宏

VBA 是一种用来扩展 Microsoft Office 功能的编程语言，常见的是用来扩展 Excel 功能、为 Excel 添加自动化脚本，从而提高 Excel 的办公效率。宏是用于录制一系列操作过程，或者用于自动生成 VBA 代码的工具，通过宏可以避免编写大量的 VBA 代码，从而更简单地实现 Excel 自动化，但是宏具有局限性，当要实现逻辑更复杂的功能时，还需要编写 VBA 代码。

如果我们不清楚如何使用 Excel 的 VBA 与宏，可以先向 ChatGPT 提问，了解宏与 VBA 的概念和使用方法。如图 7-26 所示。

请你详细介绍一下在Excel中，宏与VBA的相关知识，比如：概念与使用方法等。

ChatGPT Poe

在Excel中，宏（Macro）是一种记录和自动执行一系列操作的功能。VBA（Visual Basic for Applications）是一种编程语言，可以用于编写和自定义宏。下面是关于宏和VBA的相关知识的详细介绍：

1. 宏的概念：
   - 宏是一组按特定顺序记录的操作步骤，可以在需要时自动重复执行这些步骤。宏可以用于自动化重复性任务、创建自定义功能以及增强Excel的功能和灵活性。
2. VBA的概念：
   - VBA是一种结合了Visual Basic编程语言和Excel应用程序的宏语言。它允许您以编程的方式控制Excel的各种功能，包括操作工作表、处理数据、创建用户界面等。
3. 启用开发工具选项卡：
   - 在Excel中使用VBA和宏之前，需要启用"开发工具"选项卡。可以通过以下步骤进行启用：
     - 点击顶部菜单栏中的"文件"选项。
     - 在弹出的菜单中选择"选项"。

图 7-26　借助 ChatGPT 了解宏与 VBA

小提示：

宏的录制过程如下。

（1）在“开发工具”选项卡中，单击“宏”按钮。

（2）在打开的“宏”对话框中，输入宏的名称。

（3）单击“创建”按钮，Excel 会开始记录所有在工作表上执行的操作。

（4）在执行完成后，单击“停止录制”按钮。

知识链接：

编写和编辑 VBA 代码的相关知识如下。

（1）在“开发工具”选项卡中，单击“Visual Basic”按钮，打开 VBA 编辑器。

（2）在 VBA 编辑器中，可以编写和编辑 VBA 代码。

（3）使用 VBA 代码可以实现更复杂的功能，如条件判断、循环、函数等。

子任务 2：创建一个简单的宏

创建一个简单的宏

下面实现一个简单宏的操作示例，我们可以通过向 ChatGPT 提问，使用 ChatGPT 创建一个简单的宏，如图 7-27 所示。

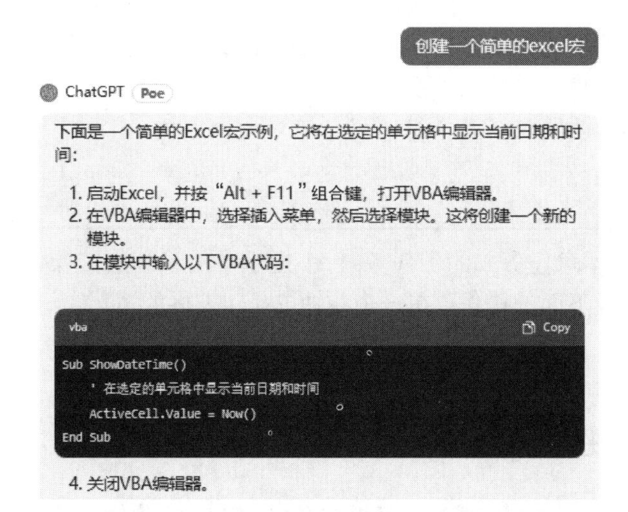

图 7-27　使用 ChatGPT 创建一个简单的宏

我们可以按照 ChatGPT 给出的步骤，创建这个名为“ShowDateTime”的宏。

接下来，如果要在 Excel 中运行宏，则可以按照以下操作过程。

（1）在 Excel 中选中一个单元格作为宏的目标单元格，如 A1 单元格。

（2）按“Alt + F8”组合键，或者单击“开发工具”选项卡中的“宏”按钮。

（3）在打开的“宏”对话框中，选择“ShowDateTime”宏，并单击“执行”按钮。

（4）被选中的单元格将显示当前日期和时间，结果如图 7-28 所示。

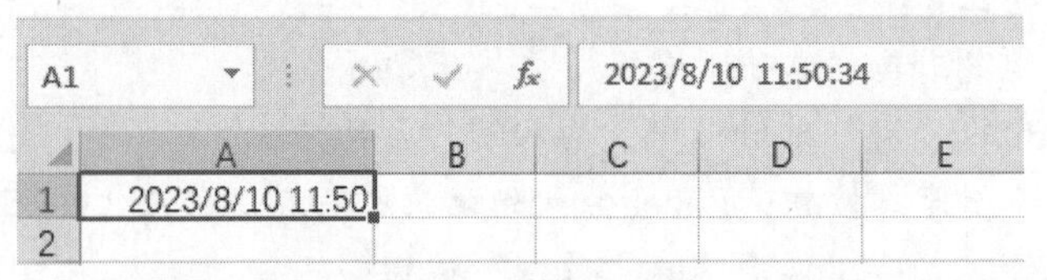

图 7-28　执行“ShowDateTime”宏的结果

小提示：

Excel 2019 启用宏的操作过程如下。

单击 Excel 表格上方的“文件”菜单按钮，在打开的菜单中选择“选项”命令。在打开的“选项”对话框中，选中左侧的“信任中心”选项，然后在右侧显示内容中单击“信任中心设置”按钮。在打开的“信任中心”对话框中，单击左侧的“宏设置”按钮，设置启用所有宏，并勾选“信任 VBA 对象模型访问”复选框，单击“确定”按钮即可。

小提示：

在 Excel 文档启用了宏后，应该将其保存为扩展名为“.xlsm”形式的文件，当打开一个带有宏代码的 Excel 表格时，在表格顶部一般会出现提示“宏已被禁用”。如果对文件内容了解，则可以单击旁边的“启用内容”按钮来快速启用表格中的宏代码。在启用后，在上面的黄色警告提示会消失。

【课堂实践】按照本章任务二的子任务 1 小提示中的录制宏的操作过程，创建一个名为“sumHong”的宏，完成下面的操作：在一个空白 Excel 表格的 A1 单元格至 A5 单元格中依次输入 5 个数字：“1”“2”“3”“4”“5”，并在 A6 单元格中求和。

子任务 3：使用 VBA 实现宏功能

VB 编辑器简介

在上面的宏 sumHong 录制完成后，可以按“Alt+F11”组合键（或在“开发工具”选项卡中，单击“宏”按钮，再单击“编辑”按钮）来查看代码，其 VBA 代码如图 7-29 所示。

Microsoft Visual Basic for Applications - 工作簿1
文件(F) 编辑(E) 视图(V) 插入(I) 格式(O) 调试(D) 运行(R) 工具(T) 外接程序(A) 窗口(W) 帮助(H)
工程 - VBAProject
VBAProject（工作簿1）
Microsoft Excel 对象
Sheet1 (Sheet1)
ThisWorkbook
模块
模块1
工作簿1 - 模块1 (代码)
(通用)
sumHong
Sub sumHong()
' sumHong 宏
ActiveCell.FormulaR1C1 = "1"
Range("A2").Select
ActiveCell.FormulaR1C1 = "2"
Range("A3").Select
ActiveCell.FormulaR1C1 = "3"
Range("A4").Select
ActiveCell.FormulaR1C1 = "4"
Range("A5").Select
ActiveCell.FormulaR1C1 = "5"
Range("A6").Select
ActiveCell.FormulaR1C1 = "=SUM(R[-5]C:R[-1]C)"
End Sub

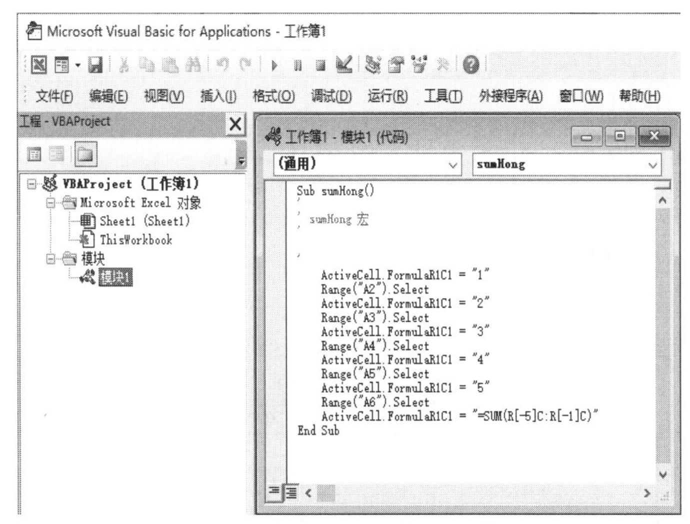

图 7-29　宏 sumHong 的 VAB 代码

由图 7-29 中的代码可见，Excel 表格的操作动作和 VBA 代码之间的对应关系。在通常情况下，程序员编写的 VBA 代码和宏自动记录的代码不一样。程序员越专业，编写的代码越简练。我们可以借助 ChatGPT 模拟程序员，根据上面的任务编写一段 VBA 代码，如图 7-30 所示。

由图 7-30 可见，生成的代码显得不够简练。我们可以修改一下对 ChatGPT 的提问，让其重新生成一段代码，如图 7-31 所示。

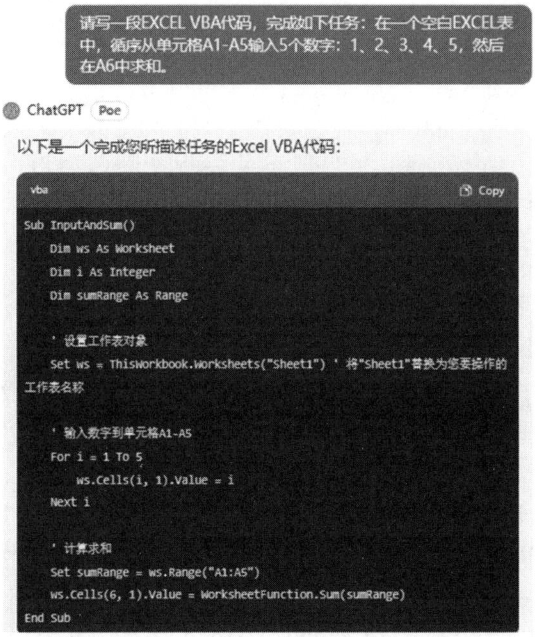

请写一段EXCEL VBA代码，完成如下任务：在一个空白EXCEL表中，循序从单元格A1-A5输入5个数字：1、2、3、4、5，然后在A6中求和。
ChatGPT Poe
以下是一个完成您所描述任务的Excel VBA代码：
vba
Copy
Sub InputAndSum()
Dim ws As Worksheet
Dim i As Integer
Dim sumRange As Range
' 设置工作表对象
Set ws = ThisWorkbook.Worksheets("Sheet1") ' 将"Sheet1"替换为您要操作的工作表名称
' 输入数字到单元格A1-A5
For i = 1 To 5
ws.Cells(i, 1).Value = i
Next i
' 计算求和
Set sumRange = ws.Range("A1:A5")
ws.Cells(6, 1).Value = WorksheetFunction.Sum(sumRange)
End Sub

请写一段EXCEL VBA代码，完成如下任务：在一个空白EXCEL表中，循序从单元格A1-A5输入5个数字：1、2、3、4、5，然后在A6中求和。sub过程名称为sumHONG2,不需要设置工作表对象，也不用注释语句，尽量简练。
ChatGPT Poe
以下是简练的Excel VBA代码，完成您所描述的任务：
vba
Copy
Sub sumHONG2()
For i = 1 To 5
Cells(i, 1).Value = i
Next i
Cells(6, 1).Formula = "=SUM(A1:A5)"
End Sub

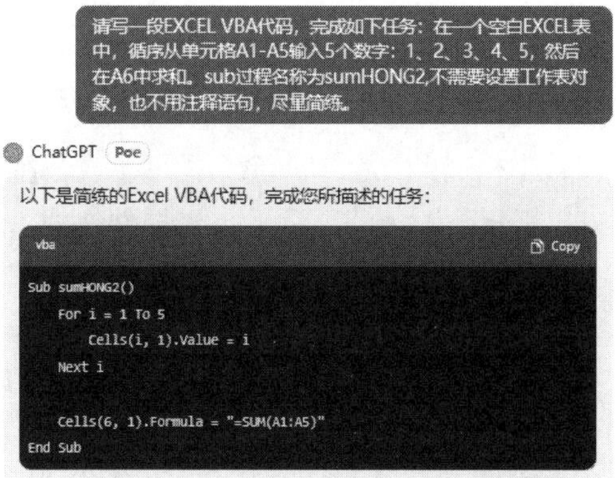

图 7-30　借助 ChatGPT 模拟程序员生成 VBA 代码　　　图 7-31　修改提问之后生成的代码

使用图 7-31 中的代码来替换宏编辑框中的宏代码，这样就可以完成同样的任务，请同学们自行创建空白工作表并查看该宏的运行效果。

任务三　创新性自我挑战

子任务 1：使用滚动条寻求最优市场定价

Excel 在数据统计与处理、最优化求解和物理模拟等领域都具有独特的优势。使用 Excel 中的“滚动条”窗体控件可以非常方便地改变它链接的单元格中的数值，从而可以直观地观察到由此产生的一系列变化，对问题的理解、分析和决策具有很大帮助。

公司通过市场调查获得了某运动袜的价格和市场需求占比统计表，如表 7-1 所示。

表 7-1　某运动袜的价格和市场需求占比统计表

价格（元）	市场需求占比
8	35%
9	22%
10	19%
11	10%
12	6%
13	3%

本任务具体要求：

（1）先在 Excel 的 A3:B9 区域中输入上面表格的数据，创建散点图，并进行二次多项式趋势线拟合，显示公式与 R 的平方值，效果如图 7-32 所示。

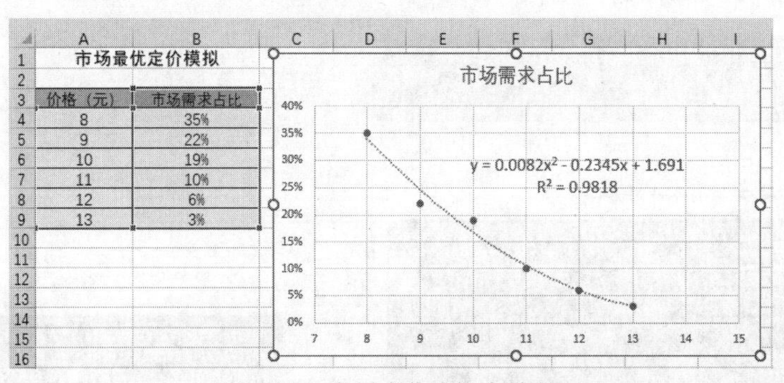

图 7-32　多项式曲线拟合效果

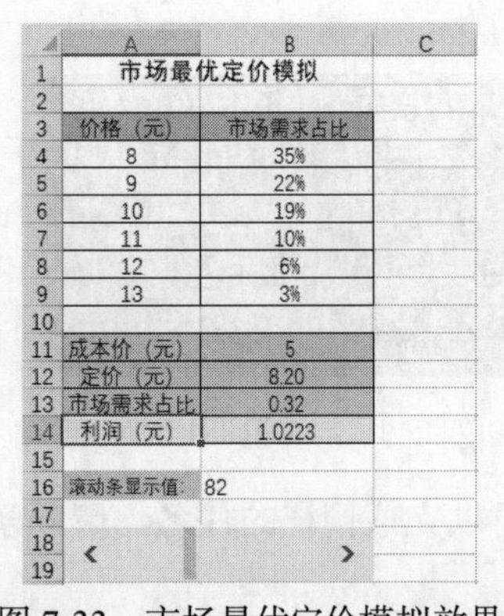

图 7-33　市场最优定价模拟效果

（2）在 A18:B19 区域中插入“滚动条”窗体控件，并设置控件格式，设置“最小值”为“50”，“最大值”为“144”，“步长”为“1”，“页步长”为“10”，“单元格链接”为“$B$16”。

（3）输入计算利润所需的各项数据和公式。

在 B11 单元格中输入成本价“5”，在 B12 单元格中输入定价“=B16/10”，在 B13 单元格中输入市场需求占比计算公式“=0.0082*B12*B12−0.2345*B12+1.691”，在 B14 单元格中输入利润计算公式“=(B12−B11)*B13”，最终效果如图 7-33 所示。

（4）拖动“滚动条”窗体控件，改变 B16 单元格中的值。由于价格的变化引起需求占比的变化最终引起利润的变化。我们通过观察，可以获得使利润最大化的价格为“8.20”，从而为商品确定最优定价。

（5）与规划求解进行比较。

我们也可以使用规划求解求得最优定价。选中 B14 单元格，单击“数据”选项卡中的“规划求解”按钮。在打开的“规划求解参数”对话框中，设置“目标单元格”为“$B$14”，“可变单元格”为“$B$12”，“遵守约束”为“$B$12>=5,$B$12<=14.4”（此处选择“14.4”，这个数据是根据拟合抛物线最低点的价格近似值得到的），求解方法为“非线性 GRG”。单击“求解”按钮，求得当定价为“8.20”时，利润获得最大值为“1.0223”。由此可见，使用“滚动条”窗体控件的定价和规划求解得到的定价是相同的。

小提示：

如果在“数据”选项卡中没有“规划求解”按钮，则可以使用如下方法加载。

单击“文件”菜单按钮，在打开的菜单中选择“选项”命令。在打开的“Excel 选项”对话框中，选择“加载项”选项，并单击“转到”按钮。在打开的“加载宏”对话框中，勾选“规划求解加载项”复选框，最后击“确定”按钮，即可加载成功。

子任务 2：使用控件和 VBA 设计登录窗口

登录功能实现演示

在平时工作中，Excel 经常会用来统计保存的大量数据，并且很多数据可能涉及机密，如员工工资、员工考核评价等，不能让外人随意打开，或者随便修改，这时就要为其设置密码来进行数据保护。

Excel 文件本身带有密码保护机制，可以通过加密文档来设置密码保护，但由于 Excel 自身带有的密码保护容易被破解。出于安全性的考虑，受到众多应用 App 软件需要登录界面的启发，本次任务应结合 Excel 的用户窗体控件，在 Excel 文件打开前也设计一个登录界面，只有输入的用户名和密码都正确的用户才能打开该 Excel 文档进行浏览或编辑。

本任务具体要求：

（1）窗体控件的界面设计。

由于“登录界面”对话框要实现简单的登录功能，因此需要有文本框来填写用户名和密码，还需要有“登录”按钮等。所以首先应该新建窗体控件，并对窗体控件进行界面设计，然后通过设置控件的属性，修改控件的名称和显示内容。设计好的登录界面如图 7-34 所示。

（2）登录保护验证。

登录保护验证就是验证用户输入的用户名/密码是否与预先设置的用户名/密码一致，如果一致则登录成功，可以打开 Excel 文件；如果登录失败，则直接关闭 Excel 文件。

请自行编写工作簿的打开代码，以及“登录”按钮的单击、“重置”按钮的单击等相关事件的代码并进行调试。

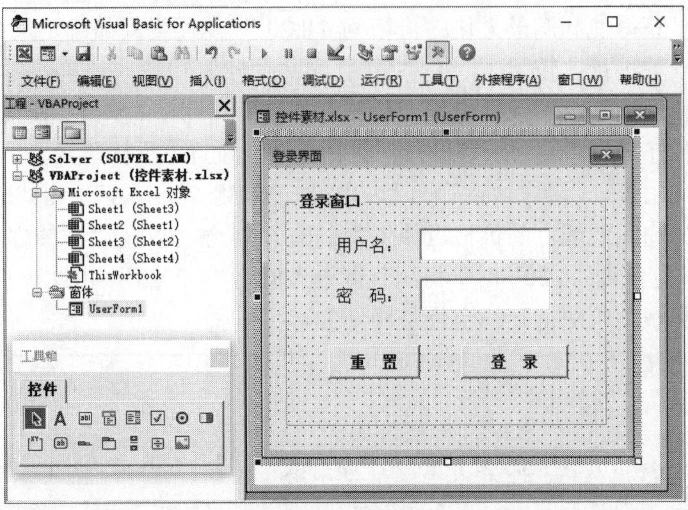

图 7-34　登录界面

【任务考评】

项目名称					
项目成员					
评价项目	评价内容	分值	自评 20%	互评 30%	师评 50%
职业素养 （40%）	具有良好的计算机使用习惯，爱护公共设施，环境整洁	5			
	纪律性强，不迟到早退，按时完成承担的任务	10			
	态度端正、工作认真、积极承担困难任务	5			
	发现问题后能主动寻求解决办法，及时和教师、同学探讨	10			
	团结合作意识强，主动帮助他人	10			
专业能力 （60%）	能简单使用表单控件	5			
	能根据实际需求灵活使用 ActiveX 控件	15			
	能更好地提问 ChatGPT，协助作品设计	5			
	能独立创建若干简单的宏	5			
	能使用 VBA 实现宏功能	10			
	完成的作品具有新颖性	20			
合计	综合得分：______	100			
总结反思	1．学到的新知识： 2．掌握的新技能：				

续表

总结反思	3．项目反思：你遇到的困难有哪些，你是如何解决的？ 学生签字：
综合评语	 教师签字：

【能力拓展】

拓展训练 1：锦上添花——制作抽奖游戏

抽奖游戏

XYZ 公司中有 50 位员工，即将举办一场令人期待的年会，年会中设计有抽奖游戏环节。在这个环节中，公平和公正是最重要的原则。每位员工的姓名只能出现一次，确保每位员工都有同等的机会成为幸运者。

请你在 Excel 中设置一个具有个性化的抽奖游戏环节，可以一次性地抽取 10 个幸运者，如图 7-35 所示。

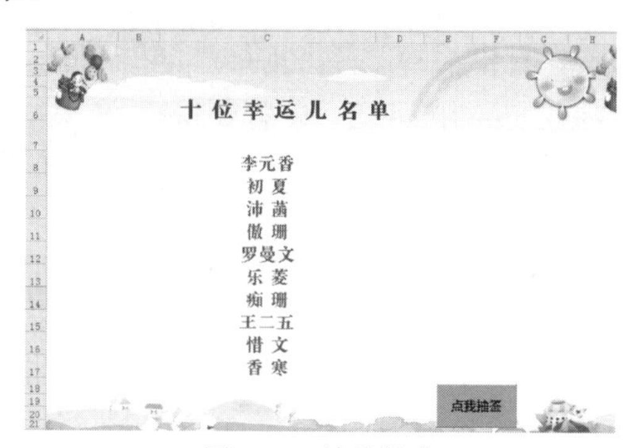

图 7-35　抽奖游戏

拓展训练 2：魅力无限——Excel 的浪漫表白

Excel 浪漫表白

这是一个美丽的故事，相传在笛卡儿与公主的最后一封信中，留下了一个方程式“$r = a(1 - \sin\theta)$”，聪明的公主把方程解了出来，并画成图形，便有了这个著名的“心形线”，如图 7-36 所示。

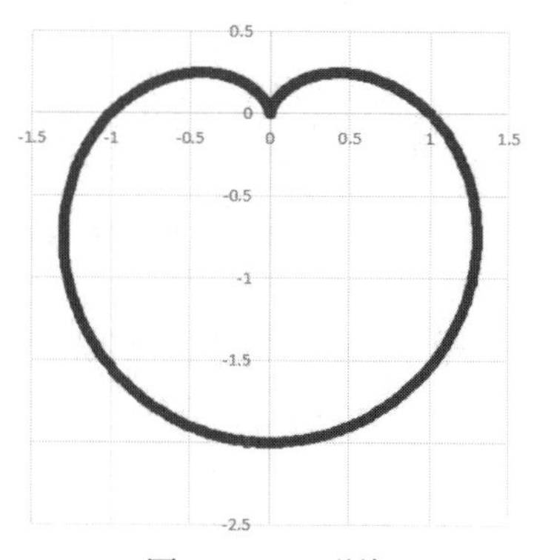

图 7-36　心形线

对方程式“$r = a(1-\sin\theta)$”的心形线，请充分发挥你的聪明才智，使用 Excel 图表，并结合学过的宏与 VBA 的知识，制作一份更高级的动态表白心形图，如图 7-37 所示。

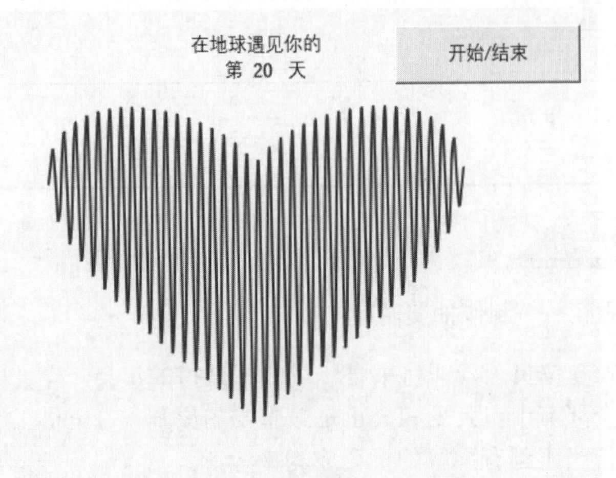

图 7-37　动态表白心形图

【延伸阅读——防不胜防的宏病毒】

1996 年首次出现针对微软公司 Office 的“宏病毒”。

宏病毒是病毒制造者利用 Microsoft Office 的开放性，即 Office 中提供的 Basic 编程接口，专门开发的一个或多个具有病毒特点的宏集合。这种病毒宏的集合会影响计算机使用，并能通过文档或电子表格进行自我复制及传播。一旦打开感染了宏病毒的文档，宏就会被自动执行，宏病毒被激活，从而进一步转移到计算机上，并保存在 Normal 模板上。从此以后，所有自动保存的文档都会被“感染”这种宏病毒，而且如果其他用户打开了感染病毒的文档，宏病毒又会转移到其计算机上。

宏病毒的发展大致经过了三个阶段。第一个阶段为宏病毒的起源与集中爆发阶段，时间为 1996 年至 1999 年。1996 年，第一例宏病毒“TaiwanNo.1”在我国台湾省被发现，该病毒仅用 1 年的时间就成为了“PC 年度杀手”。1997 年 3 月超过“米开朗基罗”病毒，登上“毒王宝座”，因此，1996 年也被称为“宏病毒年”。第二个阶段为宏病毒的变种传播及泛滥阶段，时间为 2000 年至 2005 年。随着微软公司对 Office 97 以上版本的修正，使大部分基于以前 Word 版本的宏病毒无法复制，宏病毒的泛滥得以遏制，但是宏病毒变种却开始感染用户的计算机，同时，宏病毒的感染范围由个人用户逐渐向企业用户过渡。第三个阶段为企业级用户侵扰阶段时间为从 2006 年以后持续若干年。宏病毒对企业的危害开始凸显，宏病毒防护的核心由个人用户向企业用户倾斜。特别是由于企业内网中办公文件流转的特殊属性及统一更换 Office 办公软件的复杂性，宏病毒在企业内网中不断传播，防护宏病毒成为了企业防病毒解决方案中尤为重要的课题。

宏病毒的传播方式主要是通过电子邮件、网络下载或共享文件等。当用户打开一个感染了宏病毒的文档或电子表格时，它就会自动执行其中的宏代码，从而感染计算机。宏病毒可以通过修改或删除文件、窃取用户信息、传播恶意软件等方式给受害者造成严重的损害。

宏病毒的攻击方式多种多样，常见的攻击方式包括以下几点。

（1）伪装成合法文档：宏病毒会伪装成合法的文档或电子表格，以便用户打开并执行其中的宏代码。

（2）社交工程：宏病毒会利用社交工程技巧，欺骗用户单击恶意链接或下载附件，从而感染计算机。

（3）集成到其他恶意软件中：宏病毒可以与其他恶意软件结合使用，从而增强攻击效果。

为了防止宏病毒的攻击，用户可以采取以下措施。

（1）及时更新操作系统和安全软件：更新操作系统和安全软件可以及时修复漏洞，从而避免宏病毒的攻击。

（2）不打开来自陌生人的邮件或附件：不打开来自陌生人的邮件或附件可以避免宏病毒的传播。

（3）禁用宏：禁用宏可以避免宏病毒的自动执行。

（4）使用安全的文档查看器：使用安全的文档查看器可以避免宏病毒的攻击。

项目七理论小测

数据整理：Power Query 的便捷魅力

知识目标：

1. 了解 Power Query 的基本概念和特点，以及其在数据处理中的应用场景。
2. 理解 Power Query 在数据清洗、数据转换和数据整合方面的作用。
3. 掌握 Power Query 中常用的数据操作、转换技巧和高级功能。

能力目标：

1. 能够使用 Power Query 导入和加载多种数据源，并进行必要的数据清洗和处理。
2. 能够使用 Power Query 进行数据整合和合并，将多个数据源合并成一个统一的数据集。
3. 能够基于 Power Query 提供的功能有效地处理和管理复杂的数据，具备数据分析和决策的能力。

素养目标：

1. 具备良好的数据思维，能够理解和分析数据，将数据转化为有用的信息。
2. 具备自主学习和探索的能力，能够不断学习和应用新的 Power Query 功能和技巧。
3. 具备团队协作和沟通能力，能够与他人合作，共同应用 Power Query 解决实际的数据问题。

【项目导读】

Power Query 是微软公司提供的一款功能强大的自助数据获取、转换和整理工具，旨在帮助用户从各种数据源中获取数据，并进行数据清洗、转换和合并。作为 Excel 和 Power BI 中的一个内置功能，Power Query 提供了直观、友好的界面，让用户可以通过可视化的方式进行数据处理，而无须编写复杂的代码。借助 Power Query，用户可以轻松地从不同的数据源导入数据，进行数据清理、格式化和转换操作，包括数据透视、行列转换、合并查询等，从而快速、准确地准备数据，使其适用于分析和可视化工作。Power Query 还支持查询步骤的记录和编辑，方便用户进行数据处理的自动化和重复使用，提高工作效率。总而言之，Power Query 通过其灵活性、可扩展性和用户友好的界面，为用户提供了强大的数据处理能力，使其能够更好地应对数据分析和数据准备的挑战。

【任务工单】

<table>
<tr><td>项目描述</td><td colspan="2">本项目通过 Excel 中的插件 Power Query 对数据进行获取和清洗、查询与合并，以方便后续的数据分析与可视化操作</td></tr>
<tr><td>任务名称</td><td colspan="2">任务一　Power Query 数据的获取
任务二　Power Query 数据的清洗
任务三　Power Query 数据查询与合并
任务四　创新性自我挑战</td></tr>
<tr><td>任务列表</td><td>任务要点</td><td>任务要求</td></tr>
<tr><td>1. 从 Excel 工作簿获取数据</td><td>● 选择工作簿中要导入的工作表
● 通过“转换数据”以进入到 Power Query</td><td rowspan="7">● 从不同数据源加载数据到 Power Query，并根据要求选择合适的方法进行数据合并
● 将 Power Query 中的数据上传到 Excel，在数据源发生变动时，通过 Power Query 处理后的链接表数据可以实现更新
● 对 Power Query 中的数据进行清理和处理，如处理异常值、缺失值和错误数据，修改数据类型等，以便处理后的数据能更好地进行数据分析和可视化操作
● 在将两个或多个查询合并为一个数据表时，根据共同的字段，要正确选择合并方式，如内连接、左连接、右连接或全外连接等
● 遇到问题或困难时，可以借助 ChatGPT 来寻求解决方法</td></tr>
<tr><td>2. 从表格/区域获取数据</td><td>● 选择表中数据的来源区域
● 设置链接表上载的显示方式和位置
● 修改数据源，更新链接表</td></tr>
<tr><td>3. 更改数据类型、删除空值</td><td>● 检查数据格式并进行修正
● 检查数据内容是否为空并进行修改</td></tr>
<tr><td>4. 二维表转一维表</td><td>● 观察数据表内容，选择好要转换的字段，通过“逆透视列”完成转换任务
● 修改转换后的数据表字段</td></tr>
<tr><td>5. 追加查询（合并多张工作表）</td><td>● 将要合并的工作表导入 Power Query
● 通过“追加查询”添加合并表
● 选择合并到原表或新建表</td></tr>
<tr><td>6. 从文件夹合并多个 Excel（单张工作表）</td><td>● 确保要合并的工作表在不同 Excel 工作簿中具有相同的工作表名称
● 确认工作表字段是否一致
● 通过文件夹导入，选择其中一张工作表作为模板</td></tr>
<tr><td>7. 合并查询</td><td>● 观察要合并的 2 张工作表具有的共同字段
● 通过“合并查询”进行匹配，选择合适的合并查询里的联接种类
● 删除合并后不需要的字段，进行数据清洗等后续操作</td></tr>
</table>

续表

8.创新性自我挑战	● 任务分组 ● 多条件查询合并 ● 一列数据转换为二维表	● 小组成员分工合理，在规定时间内完成 2 个子任务 ● 探讨交流，互帮互助 ● 内容充实有新意，格式规范

【任务分析】

Power Query 目前已经内置在 Excel 2016 及以后的版本中，而之前的版本需要单独安装此插件。要学习 Power Query，先要了解如何打开它。从 Excel 进入 Power Query 界面的方式可以分为两类：直接启动、导入数据。

（1）直接启动：单击“数据”选项卡中的“获取数据”按钮，在弹出的下拉菜单中选择“启动 Power Query 编辑器”命令，如图 8-1 所示。

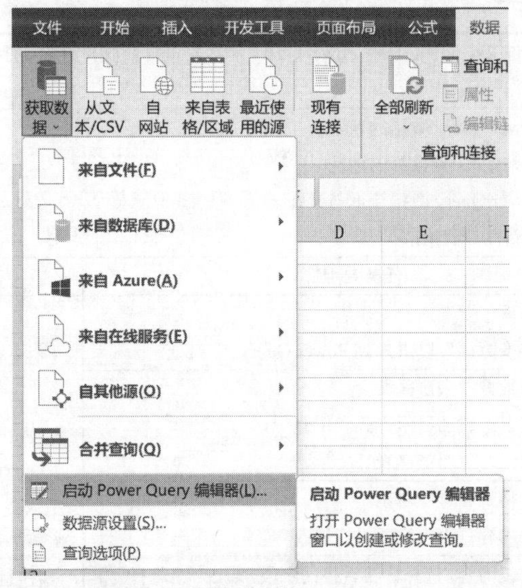

图 8-1 直接启动 Power Query

Power Query 简介

Power Query 常用操作

（2）导入数据：通过数据源导入数据到 Power Query 编辑器，从而进入 Power Query 界面。

> **知识链接：**
> 常用的数据导入方式有以下三种。
> （1）本地文件导入：格式有 TXT、CSV、XLSX 等。
> （2）网站数据导入：通过链接网站地址，获取对应的数据内容。
> （3）数据库导入：通过链接各种数据库，直接获取对应的数据内容。

Power Query 处理数据主要有三个阶段：数据获取→数据清洗（处理）→数据上载。

（1）数据获取阶段：通过 Power Query 连接和导入各种数据源，如数据库、文本文件、Excel 表格等。Power Query 提供了丰富的连接选项和数据源类型。

（2）数据清洗（处理）阶段：该阶段主要是对获取的数据进行清洗、转换和整理等操作，如删除不需要的列或行、修改数据类型、填充缺失值、处理异常数据、合并多个表、透视或逆透视等。Power Query 提供了强大的数据转换功能来满足不同的需求。

（3）数据上载阶段：将处理后的数据加载到目标位置，如 Excel 表格、Power BI 等工具中，以便后续的数据分析和可视化。Power Query 支持将数据导出到各种目标，并提供了灵活的选项来指定上载的方式和格式。

【任务实施】

任务一　Power Query 数据的获取

从 Web 获取数据

子任务 1：从 Excel 工作簿获取数据

Power Query 支持连接多种数据源，包括 Excel 文件、文本文件、Web 数据、数据库等。例如，从 Excel 工作簿中导入数据并直接进入 Power Query 界面。

操作过程：

（1）单击“数据”选项卡中的“获取数据”按钮，在弹出的下拉菜单中选择“来自文件”→“从 Excel 工作簿”命令，如图 8-2 所示。在打开的对话框中，浏览计算机文件夹，选择要插入的数据源文件，最后单击“导入”按钮。

图 8-2　从 Excel 工作簿获数据

（2）在打开的对话框中选择要导入的数据源工作表，如图 8-3 所示，在“多表合并-字段不同.xlsx”工作簿中共有 3 张工作表，选中“科技医 005”表，单击“转换数据”按钮即可直接进入 Power Query 界面。

图 8-3　选择要导入的数据源工作表

数据显示方式、位置设置

子任务 2：从表格/区域获取数据

对于正在编辑中的 Excel 文件，想要将数据导入 Power Query，不需要先关闭该文件再从 Excel 工作簿获取数据，而可以从表格/区域获取，通过直观的界面来选择数据源。例如，通过 Power Query 在“学生成绩.xlsx”工作簿中创建一张原始数据工作表的链接表，当需要在原始数据表中修改数据时，只需要在“链接表”中右击，在弹出的快捷菜单中选择“刷新”命令，即可更新数据。

操作过程：

（1）打开“学生成绩.xlsx”工作簿，选中任意数据区域的单元格，单击“数据”选项卡中的“来自表格/区域”按钮，打开如图 8-4 所示的“创建表”对话框，设置完成后，单击“确定”按钮，即可进入 Power Query 界面。

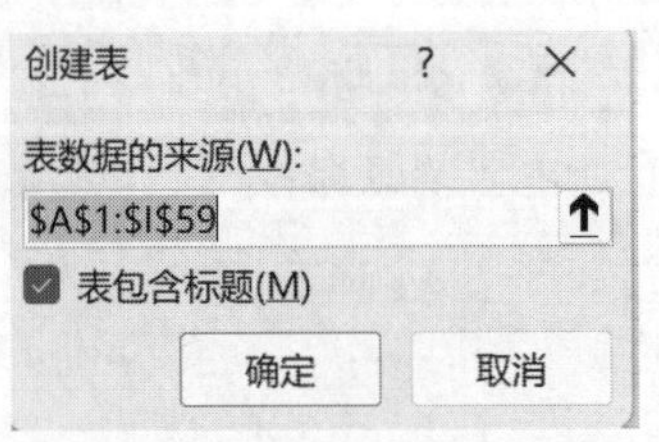

图 8-4　“创建表”对话框

小提示：

在默认情况下，表数据的来源是整个数据区域，如果只想创建部分数据的链接表，则可以修改默认值，选择需要的数据区域。如果鼠标光标一开始没有定位在数据区域单元格，或者没有选择好数据区域，则在单击“来自表格/区域”按钮后，需要在打开的对话框中，重新设置“表数据的来源”。

（2）在 Power Query 界面中，找到右侧查询设置列表，如图 8-5 所示，设置“属性”的名称为“表 1”，更改为“链接表”。

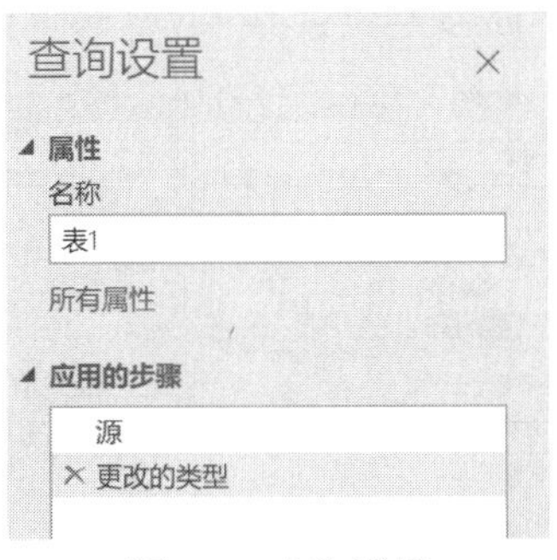

图 8-5　查询设置

（3）单击“主页”选项卡中的“关闭并上载”按钮，在弹出的下拉菜单中选择“关闭并上载至”命令，如图 8-6 所示。打开的“导入数据”对话框可用于设置“链接表”中数据显示方式、位置等，如图 8-7 所示。单击“确定”按钮，即可在 Excel 中显示“链接表”。

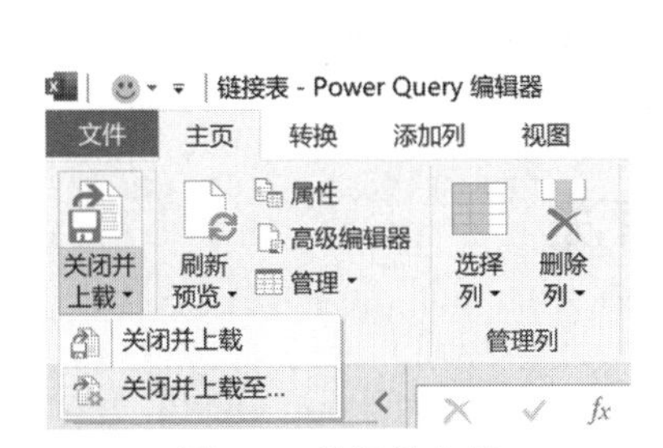

图 8-6　关闭并上载

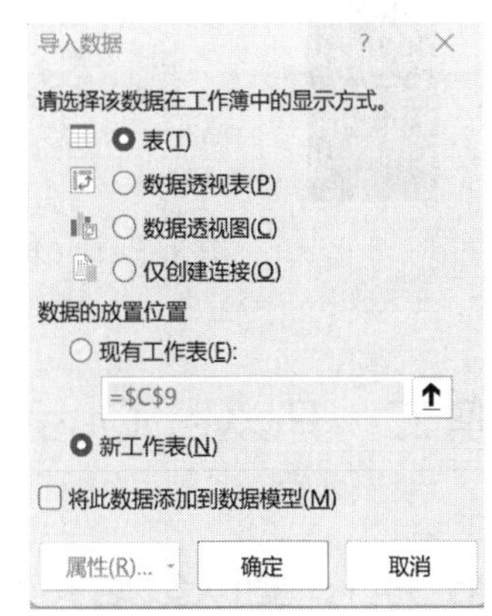

图 8-7　数据显示方式、位置等设置

小提示：

当单击“关闭并上载”按钮时，如果单击的是该按钮的图标，则数据以默认的方式直接上载到 Excel，不会打开如图 8-7 所示的“导入数据”对话框。如果要设置数据的显示方式、放置位置等，必须单击“关闭并上载”按钮，在弹出的下拉菜单中选择“关闭并上载至”命令。

（4）如果在原始数据表里修改学生成绩，只需在“链接表”中刷新，即可更新数据，如图 8-8 所示。如果要重新进入 Power Query 编辑器，只需双击 Excel 界面右侧“查询&连接”窗格中的“链接表”按钮即可。

（5）如果“查询&连接”窗格未自动显示在 Excel 界面右侧，或者不小心被关闭了，这时可以提问 ChatGPT 寻求恢复方法，如图 8-9 所示。

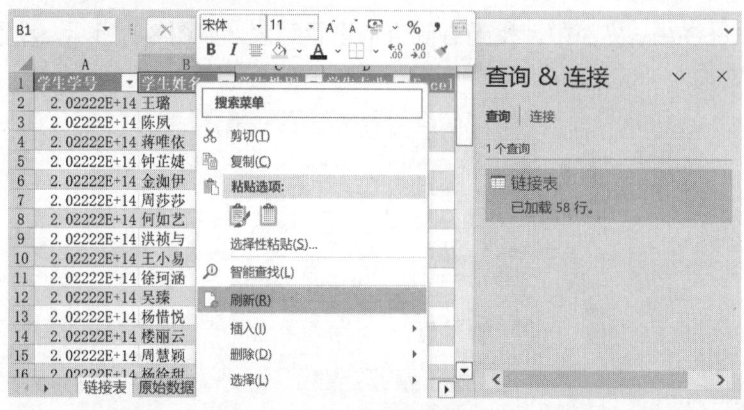

图 8-8　更新数据

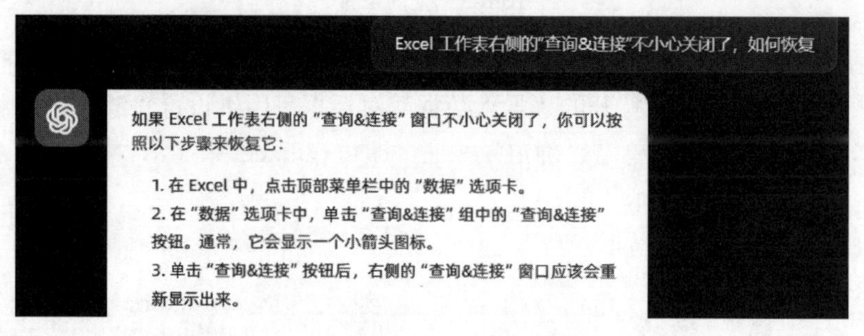

图 8-9　向 ChatGPT 提问恢复“查询&连接”窗格

任务二　Power Query 数据的清洗

子任务 1：更改数据类型、删除空值

Power Query 提供了大量的数据清洗和修复功能，能够帮助用户处理脏数据、重复数据、缺失数据等问题。在进行数据分析和可视化前，要对导入的数据进行清洗，检查是否存在重复数据、空值等，以任务一的子任务 2 导入到 Power Query 的数据为例，明显存在问题的是“学生学号”列。

操作过程：

（1）在 Power Query 编辑器中，选中“学生学号”列并右击，在弹出的快捷菜单中选择“更改类型”→“文本”命令，如图 8-10 所示。再右击“学生学号”列，在弹出的快捷菜单中选择“删除重复项”命令，确保“学生学号”列中的数据唯一。

> **小提示：**
>
> Power Query 编辑器界面右侧“查询设置”（如图 8-10 所示的右侧）窗格中的“应用的步骤”区域中可以记录数据清洗的每个步骤，如果操作错误，或者想恢复原来的设置，只需在对应的步骤名称左侧单击“×”按钮，即可删除操作步骤。

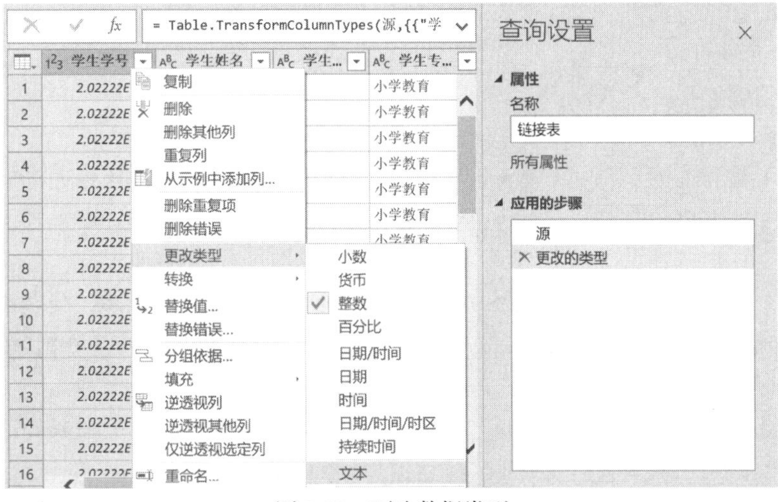

图 8-10　更改数据类型

（2）单击“学生学号”列右侧下拉按钮，查看是否存在空值，如果在下拉菜单中出现“null”，则表明存在空值，请根据实际情况进行修正，如图 8-11 所示。同样的方法可以检查其他列，进行数据修正。

图 8-11　查看是否存在空值

小提示：

请谨慎使用图 8-11 中下拉菜单中的“删除空”命令。例如，如果在“学生学号”列的下拉菜单中直接选择“删除空”命令，则会删除所有学号为“null”的整行数据，但该行的其他字段可能是有效数据，只是“学生学号”列数据不小心漏输了，如果直接选择“删除空”命令，则会导致数据缺失。

知识链接：

Power Query 中常用的数据清洗和修复功能如下。

（1）数据过滤和筛选：Power Query 允许用户根据条件对数据进行过滤和筛选，删除不需要的数据或只保留符合特定规则的数据行。例如，用户可以筛选出满足特定日期范围、数值范围或文本模式的数据行。

（2）数据排序：Power Query 可以根据列的值对数据进行排序，使数据更易于理解和分析。用户可以按升序或降序对列进行排序，并可以同时对多个列进行排序。

（3）数据重命名和列合并：Power Query 允许用户对列进行重命名，使列名更具描述性或符合特定的命名约定。用户还可以将多个列合并为一个新的列，以创建复合数据或生成新的计算字段。

（4）数据类型转换：Power Query 可以识别列中的数据类型，并允许用户进行数据类型的转换。例如，将文本列转换为数值列、日期列转换为文本列等。这有助于确保数据在后续分析中得到正确的处理和计算。

（5）数据去重：Power Query 可以识别并删除数据中的重复值，确保每个值只出现一次。用户可以选择根据一个或多个列进行去重操作，并可以选择保留第一个、最后一个或所有重复值之外的值。

（6）缺失数据处理：Power Query 可以提供处理缺失数据的功能。用户可以选择填充缺失数据、删除包含缺失数据的行，或者按照某种规则进行插值（例如，使用邻近值或平均值）。

（7）错误数据处理：Power Query 可以帮助用户处理数据中的错误值和异常情况。例如，用户可以筛选出包含错误类型的数据，将其替换为特定的值或进行修正。

除了上述常用的功能，Power Query 还提供了许多其他的数据清洗和修复功能，如拆分列、提取文本信息、填充空白单元格等。用户可以根据实际需求选择适当的功能，以处理特定的数据质量问题，确保数据的准确性和可信度。

子任务 2：二维表转一维表

一维表和二维表的转换

将二维表转换为一维表，可以提高数据的可分析性、可集成性和可用性，方便后续将数据加载到 Excel 或 Power BI，从而进行可视化操作。例如，图 8-12 所示为销售数据的二维表，包含服装、配件、化妆品、辅助用品在各月的销量（单位：件）。为了后续数据分析和可视化图表的制作，需要将其转换为一维数据。

	A	B	C	D	E	F	G	H	I	J	K	L	M
1	项目	1月	2月	3月	4月	5月	6月	7月	8月	9月	10月	11月	12月
2	服装	13456	20184	17646	13629	26022	25221	11714	26509	10991	19602	16724	29387
3	配件	11134	22768	34567	19817	24267	24762	12381	12935	16209	26632	24701	12931
4	化妆品	14864	19418	10573	14618	26301	15581	27350	13836	10573	25772	28056	34566
5	辅助用品	13298	16781	19650	24182	25913	26907	25774	11768	13710	11482	14825	13240

图 8-12　销售数据的二维表

操作过程：

（1）将 Excel 数据导入 Power Query，参考任务一中的方法。

（2）选中“项目”列，单击“转换”选项卡中的“逆透视列”按钮右侧的下拉按钮，在弹出的下拉菜单中选择“逆透视其他列”命令，如图 8-13 所示。

图 8-13　逆透视其他列

> **小提示：**
> 选中“1 月”列至“12 月”列的所有数据，单击“转换”选项卡中的“逆透视列”按钮，也可以实现逆透视列。

（3）在逆透视列后的数据表中，可以双击需要修改的标题，修改名称以符合该列数据描述，设置“属性”为“月份”，“项目”为“产品类别”等，如图 8-14 所示。

	项目	属性	值
1	服装	1月	13456
2	服装	2月	20184
3	服装	3月	17646
4	服装	4月	13629
5	服装	5月	26022
6	服装	6月	25221
7	服装	7月	11714

图 8-14　标题设置

> **小提示：**
> Power Query 数据清洗和修复技术有很多，本任务仅介绍了其中几种，在实际工作中，当遇到问题或困难时，可以尝试借助 ChatGPT 寻求解决方法。

任务三　Power Query 数据查询与合并

子任务 1：追加查询（合并多张工作表）

为了更好地理解和完成该子任务，我们先通过询问 ChatGPT 了解追加查询，如图 8-15 所示。

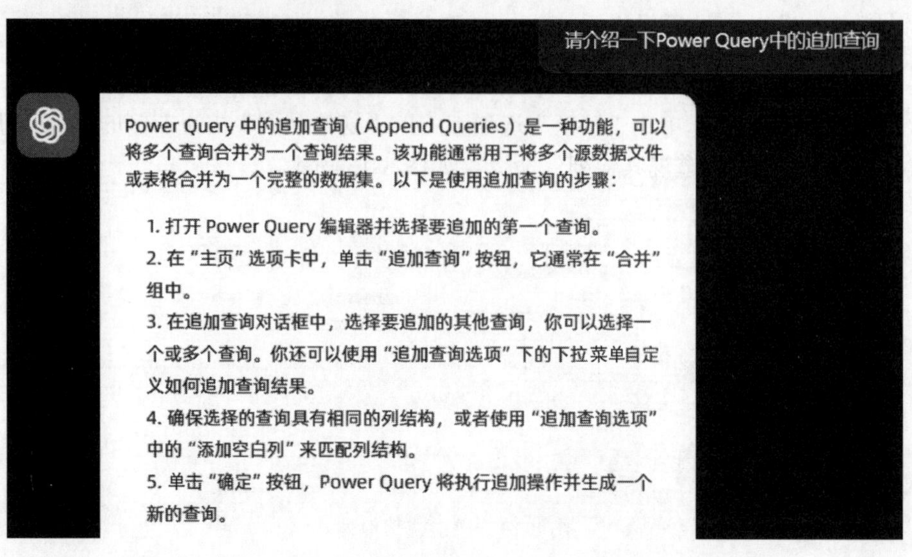

图 8-15　提问 ChatGPT“请介绍一下 Power Query 中的追加查询”

通过一个实践案例掌握追加查询的使用方法。例如，合并 Excel“多表合并 -字段不同.xlsx”工作簿文件中的 3 张工作表数据，每张工作表数据字段不同，如表 8-1 所示。

表 8-1　工作表数据字段

工作表名称	字段名称
科技阿语	【学号】【姓名】【性别】【学院】
科技医 005	【学号】【姓名】【性别】【年级】
科技医 006	【学号】【姓名】【性别】【学院】【年级】

操作过程：

（1）将“多表合并 -字段不同.xlsx”工作簿文件中的 3 张工作表数据分别导入 Power Query 中，参照任务一的方法。

（2）想要将合并后的数据放到指定表中，可以选择 Power Query 编辑器左侧的“查询”窗格中对应的表作为数据合并后存放的表，选择“科技阿语”选项，如图 8-16 所示。

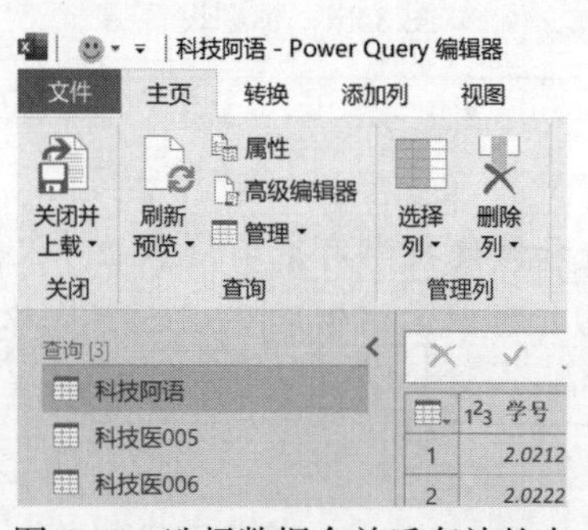

图 8-16　选择数据合并后存放的表

（3）单击“主页”选项卡中的“追加查询”按钮，在弹出的“追加”对话框中按照如图 8-17 所示设置，单击“确定”按钮，追加后的数据结果（局部）如图 8-18 所示，对于原数据表中不存在的字段数据，会自动填充“null”。

图 8-17　追加设置

= Table.Combine({更改的类型, 科技医005, 科技医006})

	学号	姓名	性别	学院	年级
1	2.0212E+14	汪硕	男	商学院	null
2	2.0222E+14	蒋勤勤	女	商学院	null
3	2.0222E+14	李青青	女	商学院	null
4	2.0222E+14	郑子怡	女	商学院	null
5	2.0222E+14	华怡慧	女	商学院	null
6	2.0222E+14	冯存瑜	女	商学院	null
7	2.0222E+14	程卉	女	商学院	null
8	2.0222E+14	黄婷	女	商学院	null
9	2.0222E+14	沈子滢	女	商学院	null
10	2.0222E+14	王思情	女	商学院	null
11	2.0222E+14	施杭璐	女	商学院	null
12	2.0222E+14	陈丽姗	女	商学院	null

图 8-18　追加后的数据结果（局部）

小提示：

在多表合并时，通常我们先进行数据表的合并，再对合并后的总表进行一次性的数据清洗，以供后续分析和生成报告；而不是先清洗每张表，再合并。

知识链接：

当合并多张表，但不想修改或破坏任何原始数据表时，可以单击“追加查询”按钮右的下拉按钮，在弹出的下拉菜单中选择“将查询追加为新查询”命令，生成的合并数据将呈现在新表中。通过这个方法，可以保留原始数据表的完整性，并在一个独立的新表中获取合并后的数据。这样可以避免对原始数据进行任何修改或破坏，并且可以灵活地进行数据连续合并，从而满足特定的分析和报告需求。

子任务 2：从文件夹合并多个 Excel 工作簿（单张工作表）

如果要合并的数据表放在不同的 Excel 文件中，可以将所有 Excel 文件放在同一文件夹下，通过文件夹来合并。例如，某商贸公司根据管理需要，根据销售产品的类别将销售团队分成了若干组，其中编号为 1～3 的 3 个销售小组负责纸品类、清洗类和洗发护发类产品的批发和定点配送等销售业务。目前，公司管理层需要这 3 个销售小组的 2022 年下半年的销售分析报告，信息技术人员已按照“数据需求单”的内容，从管理数据库中导出了这 3 个销售小组 2022 年下半年的相关销售数据，按月份保存在对应的 Excel 工作簿中（7 月.xlsx、8 月.xlsx、……、12 月.xlsx），数据源结构如图 8-19 所示。

	A	B	C	D
1	销售日期	员工编号	商品编码	销售数量（包/箱）
2	7月3日	20040205	10201	68
3	7月3日	20180201	10102	73
4	7月4日	20190103	20202	100
5	7月4日	20150102	30103	42
6	7月4日	20190302	20403	35
7	7月5日	20170102	30103	62
8	7月5日	20170101	20304	108
9	7月6日	20170101	30102	63
10	7月6日	20150101	20203	30
11	7月6日	20150201	20103	115

图 8-19　数据源结构

为了更好地完成销售数据分析，数据整合必不可少。为此建立了工作簿“数据整合与分析.xlsx”，要求将 7~12 月的销售数据整合到工作簿“数据整合与分析.xlsx”的“销售数据”工作表中，并对数据进行必要的加工和处理，以便后续的销售分析可基于此工作表完成。

操作过程：

（1）打开工作簿“数据整合与分析.xlsx”，选中“销售数据”工作表，单击“数据”选项卡中的“获取数据”按钮，在弹出的下拉菜单中选择“来自文件”→“从文件夹”命令，在打开的对话框中，浏览计算机文件夹，选择存放 7～12 月的销售数据文件夹，单击“打开”按钮。

（2）在打开的对话框中，如图 8-20 所示，单击“组合”按钮的下拉菜单，在弹出的下拉菜单中，选择“合并并转换数据”命令。

C:\Users\zly\Desktop\单张工作表\下半年数据

Content	Name	Extension	Date accessed	Date modified	Date created	Attributes	Folder Path
Binary	10月.xlsx	.xlsx	2023/8/29 9:17:02	2021/5/27 21:45:47	2023/8/29 9:17:02	Record	C:\Users\zly\Desktop\单张工作表\下半年数据\
Binary	11月.xlsx	.xlsx	2023/8/29 9:17:02	2021/5/27 21:46:02	2023/8/29 9:17:02	Record	C:\Users\zly\Desktop\单张工作表\下半年数据\
Binary	12月.xlsx	.xlsx	2023/8/29 9:17:02	2021/5/27 21:46:15	2023/8/29 9:17:02	Record	C:\Users\zly\Desktop\单张工作表\下半年数据\
Binary	7月.xlsx	.xlsx	2023/8/29 9:17:02	2021/5/27 21:44:52	2023/8/29 9:17:02	Record	C:\Users\zly\Desktop\单张工作表\下半年数据\
Binary	8月.xlsx	.xlsx	2023/8/29 9:17:02	2021/5/27 21:45:12	2023/8/29 9:17:02	Record	C:\Users\zly\Desktop\单张工作表\下半年数据\
Binary	9月.xlsx	.xlsx	2023/8/29 9:17:02	2021/5/27 21:45:30	2023/8/29 9:17:02	Record	C:\Users\zly\Desktop\单张工作表\下半年数据\

图 8-20　从文件夹导入

（3）打开的“合并文件”对话框如图 8-21 所示，在“参数 1”列表中选中“Sheet1”工作表，如果列表里显示有多张工作表，选择要合并的那张工作表，单击“确定”按钮。

图 8-21　工作表选择

小提示：

在合并文件时，要选择一个“示例文件”，可以选择第一个文件，也可以单击右侧下拉按钮，在下拉菜单中选择其他文件作为模板。

（4）进入 Power Query 编辑器，我们发现合并后的数据表最左侧会自动增加字段“Source.Name”，表示数据来源文件，合并后的数据结果（局部）如图 8-22 所示。如果不需要该字段则可以删除，或者进行其他处理以便数据的后续分析。例如，修改字段名称为“月份”，通过“提取”保留“7 月、8 月、……、12 月”月份的数据，删除“.xlsx”。

（5）将清洗后的数据上载到 Excel“销售数据”工作表中即可。

	Source.Name	销售日...	员工编...	商品编...	销售数量（...
1	10月.xlsx	2020/10/3	20100201	30102	41
2	10月.xlsx	2020/10/3	20150101	20101	48
3	10月.xlsx	2020/10/4	20180202	20201	113
4	10月.xlsx	2020/10/4	20190101	10101	65
5	10月.xlsx	2020/10/4	20190301	30103	17
6	10月.xlsx	2020/10/4	20100302	20401	65
7	10月.xlsx	2020/10/4	20140209	20303	70

图 8-22　合并后的数据结果（局部）

想一想

在本案例中，需要合并的数据源分别存储在不同的工作簿中，但这些工作簿中的工作表名称均为“Sheet1”。如果每个工作簿中的工作表名称不同，该如何实现文件合并？

子任务 3：合并查询

合并查询里的联接种类

在项目五中介绍了 Excel 查询匹配的 VLOOKUP 函数、INDEX 函数和 MATCH 函数，如果没有足够的 Excel 函数基础，可能不容易理解。在 Power Query 中，我们可以通过合并查询来实现同样的功能。

那么，什么是合并查询呢？让我们向 ChatGPT 提问，让它告诉我们合并查询的作用和使用方法，如图 8-23 所示。

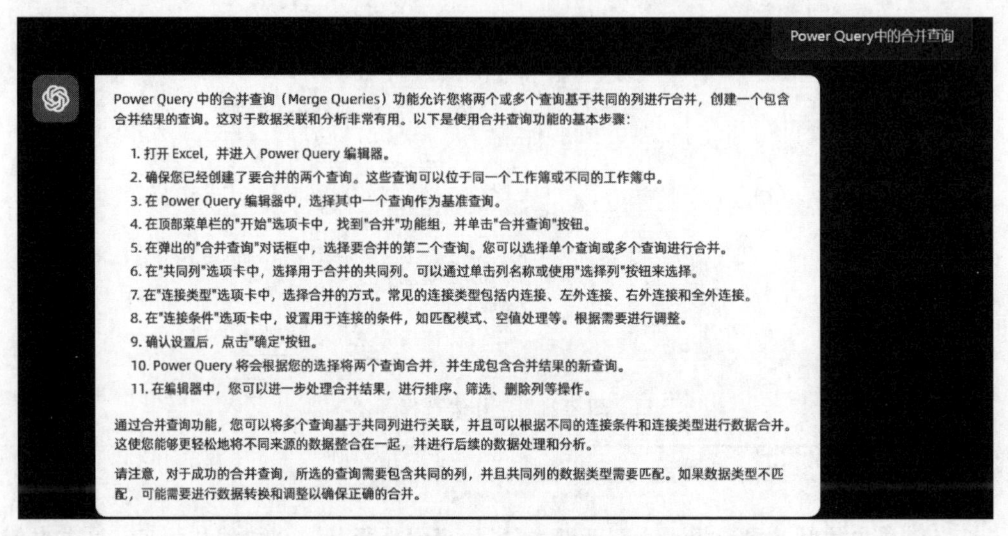

图 8-23　向 ChatGPT 提问“Power Query 中的合并查询”

在前面的子任务 2 中，工作簿“数据整合与分析.xlsx”中除了“销售数据”工作表，还有“员工”和“商品”工作表，分别保存了人员信息和商品信息。基于“销售数据”工作表，现在需要将员工信息和商品信息匹配到“销售数据”表中，以便后续销售数据的分析。

操作过程：

（1）将“员工”工作表数据导入 Power Query，导入的数据需要进行清洗。单击“主页”选项卡中的“将第一行用作标题行”按钮来提升标题行，如图 8-24 所示。将“属性”名称“表 2”更改为“员工”。

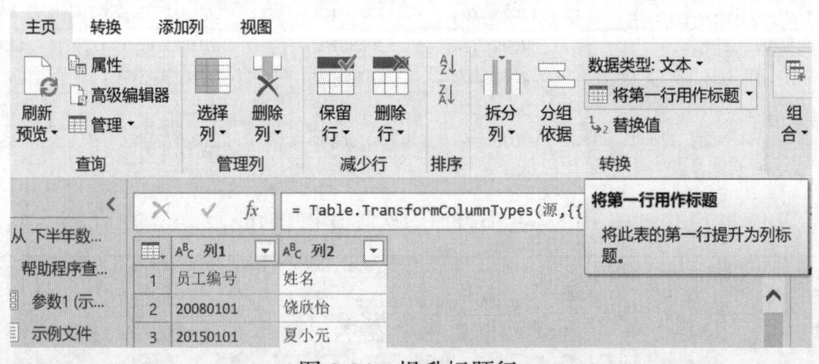

图 8-24　提升标题行

（2）“销售数据”工作表和“员工”工作表中的共同字段为“员工编号”。在“查询”列表中，选中“销售数据”工作表，单击“主页”选项卡中的“合并查询”按钮，在打开的“合并”对话框中按如图 8-25 所示设置，在“销售数据”表中选中“员工编号”列，在“员工”表中选中“员工编号”列，单击“确定”按钮。

图 8-25　合并查询设置

（3）合并后在“销售数据表”的最右侧一列增加了“员工”表，单击“员工”右侧的下拉按钮，打开如图 8-26 所示的对话框，单击“确定”按钮即可展开数据。

图 8-26　展开或合并数据

（4）匹配后的数据表（局部）如图 8-27 所示，需要进行数据清洗，如删除“员工.员工编号列”，重命名“员工.姓名”等，最后将数据上载到 Excel 即可。

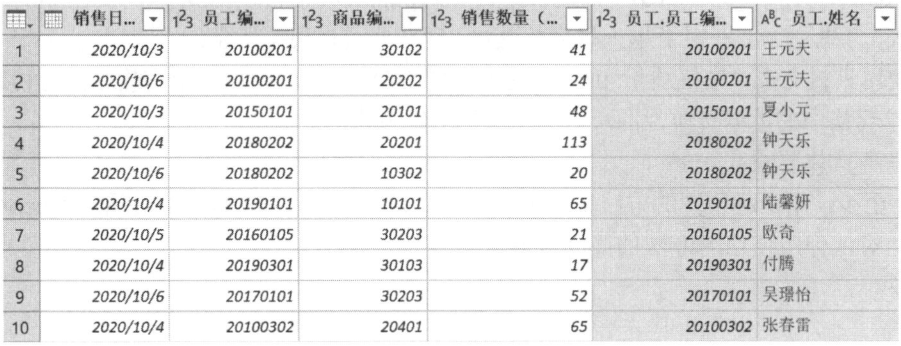

	销售日...	员工编...	商品编...	销售数量（...	员工.员工编...	员工.姓名
1	2020/10/3	20100201	30102	41	20100201	王元夫
2	2020/10/6	20100201	20202	24	20100201	王元夫
3	2020/10/3	20150101	20101	48	20150101	夏小元
4	2020/10/4	20180202	20201	113	20180202	钟天乐
5	2020/10/6	20180202	10302	20	20180202	钟天乐
6	2020/10/4	20190101	10101	65	20190101	陆馨妍
7	2020/10/5	20160105	30203	21	20160105	欧奇
8	2020/10/4	20190301	30103	17	20190301	付腾
9	2020/10/6	20170101	30203	52	20170101	吴璟怡
10	2020/10/4	20100302	20401	65	20100302	张春雷

图 8-27　匹配后的数据表（局部）

（5）使用同样的方法匹配“商品”工作表，删除匹配后不需要的字段，清洗数据以便进行后续的分析和可视化。

任务四　创新性自我挑战

子任务 1：多条件查询合并

在使用 Excel 进行数据处理和分析时，经常会遇到多条件查询匹配的问题。如图 8-28 所示，左侧灰色区域的数据为订单信息，右侧白色区域的数据为折扣信息。现在要求在订单信息的“金额”列后增加一列，用于显示每笔订单的折扣情况。

本任务具体要求：

（1）至少使用两种不同的方法来完成该任务，其中一种必须使用 Power Query 的“合并查询”来完成。

（2）对比你所使用的方法的简易性和高效性。

A1　fx　订单编号

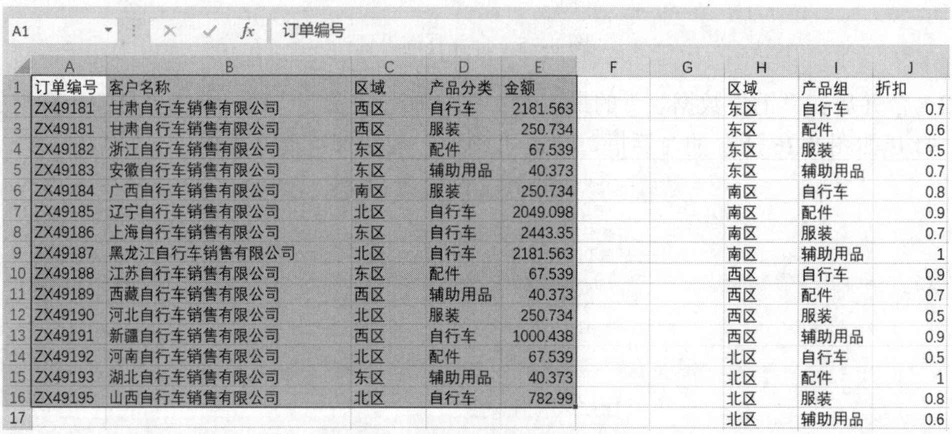

	A	B	C	D	E	F	G	H	I	J
1	订单编号	客户名称	区域	产品分类	金额			区域	产品组	折扣
2	ZX49181	甘肃自行车销售有限公司	西区	自行车	2181.563			东区	自行车	0.7
3	ZX49181	甘肃自行车销售有限公司	西区	服装	250.734			东区	配件	0.6
4	ZX49182	浙江自行车销售有限公司	东区	配件	67.539			东区	服装	0.5
5	ZX49183	安徽自行车销售有限公司	东区	辅助用品	40.373			东区	辅助用品	0.7
6	ZX49184	广西自行车销售有限公司	南区	服装	250.734			南区	自行车	0.8
7	ZX49185	辽宁自行车销售有限公司	北区	自行车	2049.098			南区	配件	0.9
8	ZX49186	上海自行车销售有限公司	东区	自行车	2443.35			南区	服装	0.7
9	ZX49187	黑龙江自行车销售有限公司	北区	自行车	2181.563			南区	辅助用品	1
10	ZX49188	江苏自行车销售有限公司	东区	配件	67.539			西区	自行车	0.9
11	ZX49189	西藏自行车销售有限公司	西区	辅助用品	40.373			西区	配件	0.7
12	ZX49190	河北自行车销售有限公司	北区	服装	250.734			西区	服装	0.5
13	ZX49191	新疆自行车销售有限公司	西区	自行车	1000.438			西区	辅助用品	0.9
14	ZX49192	河南自行车销售有限公司	北区	配件	67.539			北区	自行车	0.5
15	ZX49193	湖北自行车销售有限公司	东区	辅助用品	40.373			北区	配件	1
16	ZX49195	山西自行车销售有限公司	北区	自行车	782.99			北区	服装	0.8
17								北区	辅助用品	0.6

图 8-28　多条件查询合并数据源

子任务 2：一列数据转换为二维表

一列数据转换为二维表

自 2022 年以来，以 ChatGPT、文心一言等为代表的大语言模型及相关的人工智能技术，获得了越来越多的关注。现在要求你根据所学的知识，使用素材文档“空气质量.xlsx”，内容如图 8-29 所示，使用大语言模型进行协助，将左侧 A 列单元格中的数据转换为图片右侧所示的二维表格。

本任务具体要求：

（1）至少使用两种不同的方法来完成该任务，其中一种方法必须借助 Power Query 来完成。

（2）对比你所使用的方法的简易性和高效性。

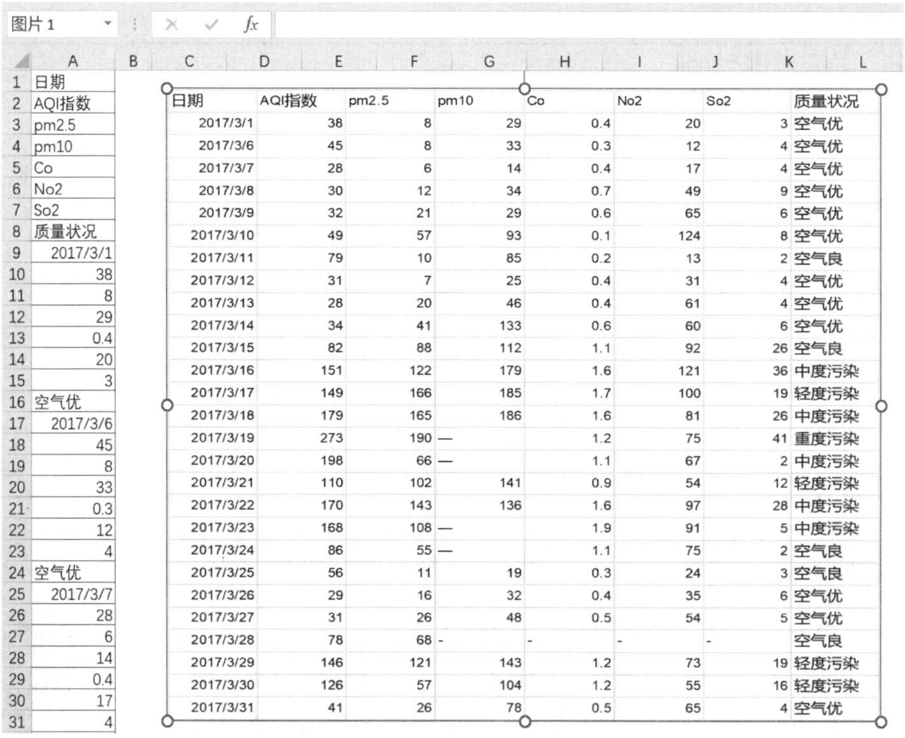

图片 1

	A
1	日期
2	AQI指数
3	pm2.5
4	pm10
5	Co
6	No2
7	So2
8	质量状况
9	2017/3/1
10	38
11	8
12	29
13	0.4
14	20
15	3
16	空气优
17	2017/3/6
18	45
19	8
20	33
21	0.3
22	12
23	4
24	空气优
25	2017/3/7
26	28
27	6
28	14
29	0.4
30	17
31	4

日期	AQI指数	pm2.5	pm10	Co	No2	So2	质量状况
2017/3/1	38	8	29	0.4	20	3	空气优
2017/3/6	45	8	33	0.3	12	4	空气优
2017/3/7	28	6	14	0.4	17	4	空气优
2017/3/8	30	12	34	0.7	49	9	空气优
2017/3/9	32	21	29	0.6	65	6	空气优
2017/3/10	49	57	93	0.1	124	8	空气优
2017/3/11	79	10	85	0.2	13	2	空气良
2017/3/12	31	7	25	0.4	31	4	空气优
2017/3/13	28	20	46	0.4	61	4	空气优
2017/3/14	34	41	133	0.6	60	6	空气优
2017/3/15	82	88	112	1.1	92	26	空气良
2017/3/16	151	122	179	1.6	121	36	中度污染
2017/3/17	149	166	185	1.7	100	19	轻度污染
2017/3/18	179	165	186	1.6	81	26	中度污染
2017/3/19	273	190	—	1.2	75	41	重度污染
2017/3/20	198	66	—	1.1	67	2	中度污染
2017/3/21	110	102	141	0.9	54	12	轻度污染
2017/3/22	170	143	136	1.6	97	28	中度污染
2017/3/23	168	108	—	1.9	91	5	中度污染
2017/3/24	86	55	—	1.1	75	2	空气良
2017/3/25	56	11	19	0.3	24	3	空气良
2017/3/26	29	16	32	0.4	35	6	空气优
2017/3/27	31	26	48	0.5	54	5	空气优
2017/3/28	78	68	-	-	-	-	空气良
2017/3/29	146	121	143	1.2	73	19	轻度污染
2017/3/30	126	57	104	1.2	55	16	轻度污染
2017/3/31	41	26	78	0.5	65	4	空气优

图 8-29　“空气质量.xlsx”文档内容

【任务考评】

项目名称					
项目成员					
评价项目	评价内容	分值	自评 20%	互评 30%	师评 50%
职业素养 （40%）	具有良好的计算机使用习惯，爱护公共设施，环境整洁	5			
	纪律性强，不迟到早退，按时完成承担的任务	10			
	态度端正、工作认真、积极承担困难任务	5			
	发现问题后能主动寻求解决办法，及时和教师、同学探讨	10			
	团结合作意识强，主动帮助他人	10			
专业能力 （60%）	能使用 Power Query 导入多种数据源	5			
	能使用 Power Query 合并多个文件	15			
	会对数据进行清洗和修复	10			
	会使用追加查询和合并查询	10			
	能借助 ChatGPT 解决 Power Query 数据处理中遇到的问题困难	5			
	能采用多种方法完成创新性自我挑战任务	15			
合计	综合得分：__________	100			

续表

总结反思	1．学到的新知识： 2．掌握的新技能： 3．项目反思：你遇到的困难有哪些，你是如何解决的？ 学生签字：
综合评语	教师签字：

【能力拓展】

拓展训练 1：从文件夹合并多个 Excel 工作簿（多张工作表）

从文件夹合并多个 Excel（多张工作表）

你是某企业销售部门的工作人员，现需要你对某 4 年的销售数据进行汇总，以便进行数据分析和报表制作。2015—2018 年的销售数据保存在同一个文件夹下的 4 个独立的工作簿中，在每个工作簿中，每个月份的数据源保存在单独的工作表中，结构如图 8-30 所示。

	A	B	C	D	E	F	G	H	I	J
1	行 ID	订单 ID	订单日期	客户 ID	产品 ID	销售额	数量	折扣	利润	发货日期
2	1437	SE-2015-3647632	2015/1/1	EM-14140	OFF-PA-10001492	44.865	3	0.5	-26.055	2015/1/5
3	6091	GB-2015-4869686	2015/1/3	DD-13570	FUR-BO-10000728	854.49	7	0	290.43	2015/1/7
4	5292	FR-2015-4939443	2015/1/4	AP-10915	OFF-AR-10001546	139.77	3	0	20.88	2015/1/8
5	8161	GB-2015-2942451	2015/1/4	GT-14635	OFF-AR-10002485	26.64	2	0.5	-21.9	2015/1/9
6	8162	GB-2015-2942451	2015/1/4	GT-14635	OFF-ST-10001426	17.01	2	0.5	-1.05	2015/1/9
7	7394	FR-2015-3848439	2015/1/5	MG-17890	OFF-AR-10000833	89.55	3	0	20.52	2015/1/7
8	7395	FR-2015-3848439	2015/1/5	MG-17890	OFF-AR-10001291	207.12	4	0	76.56	2015/1/7
9	4646	FR-2015-5496179	2015/1/6	SH-20395	FUR-FU-10000468	324.45	3	0	35.64	2015/1/9
10	4677	NL-2015-5134922	2015/1/7	JS-16030	OFF-AR-10000316	5.025	1	0.5	-0.105	2015/1/10
11	6569	FR-2015-5433855	2015/1/7	DP-13105	OFF-FA-10002071	33.39	3	0	2.25	2015/1/8
12	6570	FR-2015-5433855	2015/1/7	DP-13105	OFF-ST-10004855	716.04	4	0.1	143.16	2015/1/8
13	6571	FR-2015-5433855	2015/1/7	DP-13105	FUR-BO-10000265	155.358	1	0.1	36.228	2015/1/8
14	5616	FR-2015-4546695	2015/1/8	DP-13000	FUR-BO-10003103	986.904	6	0.6	-1011.636	2015/1/14
15	5617	FR-2015-4546695	2015/1/8	DP-13000	OFF-AR-10000110	115.8	5	0.5	-55.65	2015/1/14
16	8858	GB-2015-3659171	2015/1/10	GG-14650	OFF-ST-10004695	205.965	3	0.5	-41.265	2015/1/14
17	5755	ES-2015-4359424	2015/1/11	DD-13570	OFF-LA-10002733	40.35	5	0	5.55	2015/1/15
18	5756	ES-2015-4359424	2015/1/11	DD-13570	FUR-TA-10001693	267.984	2	0.6	-341.736	2015/1/15
19	6978	AT-2015-1466305	2015/1/11	MB-18085	OFF-AR-10004519	54.9	1	0	9.87	2015/1/15
20	6979	AT-2015-1466305	2015/1/11	MB-18085	OFF-ST-10003446	97.02	2	0	31.02	2015/1/15

1月 2月 3月 4月 5月 6月 7月 8月 9月 10月 11月 12月 ...

图 8-30　数据源结构

> 想一想
>
> 你可以使用几种方法实现上面的任务呢？哪种方法更简单、高效？

拓展训练 2：多行属性合并（使用 TEXT.COMBINE 函数）

多行属性合并

你是某公司的销售负责人，现要求你汇报公司各地区的销售情况，直观地展示各地区销售代表和金额。如图 8-31 所示，A～C 列为数据源，通过 Power Query 的 TEXT.COMBINE 函数转换为右侧表格格式，当在数据源添加或修改原始数据时，只需刷新即可更新右边表格中的内容。

区域	销售代表	汇总金额
北区	孙七	922140.7
北区	王五	729224
北区	赵六	951277.7
北区	周八	1095339
东区	陈二	800874
东区	李四	643085.4
东区	刘一	780375.7
东区	张三	624187.5
南区	乔十二	876410.3
南区	吴九	650422.6
南区	萧十一	467832.1
南区	郑十	369241.3
西区	韩十四	1198631
西区	钱十三	1449233

区域	销售代表	金额
东区	陈二\李四\刘一\张三	2,848,523
北区	孙七\王五\赵六\周八	3,697,981
南区	乔十二\吴九\萧十一\郑十	2,363,906
西区	韩十四\钱十三	2,647,864

图 8-31　多行属性合并

【延伸阅读——商业智能工具 Power BI】

Power BI Desktop
下载与安装

Power BI 是由微软公司开发的商业智能工具套件，用于数据分析和可视化。它由多个组件组成，包括 Power BI Desktop、Power BI 服务、Power BI Mobile 和 Power BI 报表服务器。

Power BI Desktop：Power BI Desktop 是 Power BI 的主要开发工具，它允许用户从多个数据源中导入、转换和整合数据。用户可以使用直观的界面创建交互式报表和可视化图表，使用强大的查询、数据建模和计算功能来探索数据。Power BI Desktop 支持高级数据建模技术，如关系模型、分级和补充列等。

Power BI 服务：Power BI 服务是一种基于云的平台，用于发布、共享和管理 Power BI 报表和仪表盘。用户可以将在 Power BI Desktop 中创建的报表发布到 Power BI 服务，并与他人共享。通过 Power BI 服务，用户可以进行数据刷新、安排数据更新任务、设置访问权限和警报，以及与其他用户协作。

Power BI Mobile：Power BI Mobile 是用于移动设备的应用程序，可以让用户随时随地访问 Power BI 报表并进行交互。用户可以通过移动设备查看报表、筛选数据、收到实时警报和将报表共享给其他用户。Power BI Mobile 支持离线访问，用户可以在无网络连接时浏览和使用以前的报表。

Power BI 报表服务器：Power BI 报表服务器是适用于企业内部部署的解决方案，用于共享企业级报表。它允许用户在本地网络中托管和发布 Power BI 报表，并提供高级安全性和权限管理功能。Power BI 报表服务器提供了一种替代方案，以便于那些需要在受限环境中使用 Power BI 的组织。

总而言之，Power BI 是一个功能强大、易于使用的商业智能工具套件，可以帮助用户连接、整合、分析和可视化各种数据，提供有关业务和决策的重要见解和洞察力。无论是在桌面端还是移动端，Power BI 都具有灵活性和可扩展性，可以满足用户对数据分析和报表功能的各种需求。

项目八理论小测

>>>>>>>

项目九

文稿设计：ChatGPT 协助制作 PPT

知识目标：

1. 熟悉 ChatGPT 在辅助制作 PPT 演示文稿中的应用潜力。
2. 了解 ChatGPT 在自动生成 PPT 内容方面的能力和限制。

能力目标：

1. 能够有效使用 ChatGPT 与其进行交互，从 ChatGPT 中获取有关 PPT 演示文稿制作的信息和建议。

2. 能够使用 ChatGPT 生成幻灯片的标题、要点或连贯的内容段落，以提高制作 PPT 演示文稿的效率。

3. 能够评估 ChatGPT 生成的内容，进行适当的修改和编辑，以确保内容和风格的一致性和准确性。

素养目标：

1. 发展信息获取和整理的能力，以获得制作 PPT 演示文稿所需的相关素材和内容。
2. 培养创新思维和解决问题的能力，通过 ChatGPT 的辅助制作提高效率和创造力。
3. 培养团队合作和协作能力，在制作 PPT 演示文稿的过程中与他人交流和合作。
4. 提高判断与决策能力，科学地取舍 ChatGPT 生成的内容。
5. 培养学生的环保意识，在日常生活中积极践行环保行动。

【项目导读】

制作 PPT 是许多人在工作和学习中经常要进行的任务之一。然而，有时可能会遇到创意不足、内容组织困难或时间紧迫的情况。在这种情况下可以使用 ChatGPT，告诉它我们的需求，它便可以帮助我们提高 PPT 制作的效率和质量。例如，你可以向 ChatGPT 描述所需主题和需要包括的内容，ChatGPT 可以为你生成一个基本的 PPT 大纲，包括每一页的主题和关键要点。这为你的 PPT 提供了一个良好的框架，从而可以更加有条理地组织内容。也可以向 ChatGPT 提供数据和问题，然后它可以为你生成相应的图表、图形或数据分析的描述，使 PPT 更具有说服力和可视化效果。

【任务工单】

<table>
<tr><td>项目描述</td><td colspan="2">本项目借助 ChatGPT 和 AI 工具制作 PPT，围绕某个自选主题，使用 Mindshow、Gamma 等工具快速生成一份符合主题内容的 PPT</td></tr>
<tr><td>任务名称</td><td colspan="2">任务一：使用 ChatGPT 生成 PPT 大纲
任务二：借助 AI 工具制作 PPT
任务三：创新性自我挑战</td></tr>
<tr><td>任务列表</td><td>任务要点</td><td>任务要求</td></tr>
<tr><td>1．指定角色和输出格式</td><td>● 确定文稿的主题和目的
● 选择合适角色
● 指定输出的格式
● Markdown 形式</td><td rowspan="5">● 通过与 ChatGPT 的互动和实践，有效解决 PPT 制作过程中的挑战并提出新颖的解决方案
● 使用 MindShow、Gamma 工具，并结合合适的排版、字体选择、图像使用和动画效果，独立创建一份具有吸引力、结构完整、信息准确的 PPT 演示文稿
● 通过 PPT 演示文稿清晰地传达所选择主题的核心思想和关键信息</td></tr>
<tr><td>2．调整或补充大纲</td><td>● 追加新要求
● 选择具体主题展开大纲
● 分模块充实报告内容</td></tr>
<tr><td>3．使用提示词技巧中的 one-shot</td><td>● 内容定制化
● 给模型举一个例子</td></tr>
<tr><td>4．使用 MindShow 工具</td><td>● 进入 MindShow 网站
● 修改文字内容
● 预览窗口
● 修改模板和布局
● 演示 PPT 效果
● 导出 PPT 作品</td></tr>
<tr><td>5．使用 Gamma 工具</td><td>● 进入 Gamma 网站
● 选择使用工具类型
● 输入 PPT 主题
● 修改完善自动生成的大纲
● 使用选项卡修改 PPT 的各种属性
● 使用 AI 编辑功能调整大纲内容
● PPT 作品在线演示及导出</td></tr>
<tr><td>6．创新性自我挑战</td><td>● 任务分组
● 制作以“塑战速决”为主题的 PPT
● 借助 ChatGPT 创作一份以“防诈”为主题的 PPT</td><td>● 小组成员分工合理，在规定时间内完成 2 个子任务
● 探讨交流，互帮互助
● 内容充实有新意，格式规范</td></tr>
</table>

【任务分析】

过去，在制作 PPT 时不是聚焦于信息本身，而是花费很多的时间在找各种 PPT 模板，找图片素材，调整布局、字体、颜色、对齐等琐碎的劳动中。以往制作 PPT 的流程如图 9-1 所示。

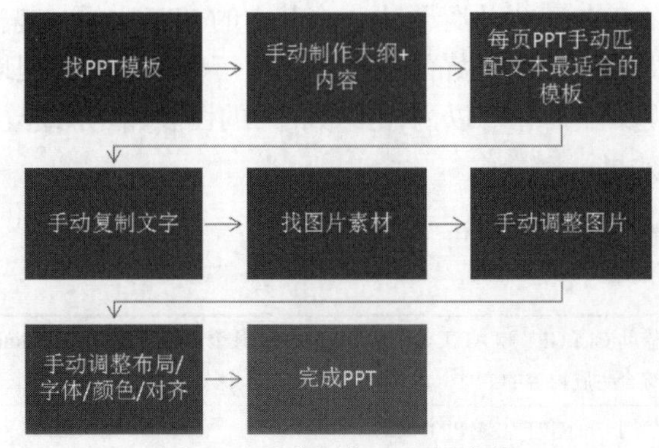

图 9-1　以往制作 PPT 的流程

而在 AI 的加成下，制作 PPT 的工作流程发生了怎样的变革？变革后的制作 PPT 的流程如图 9-2 所示。

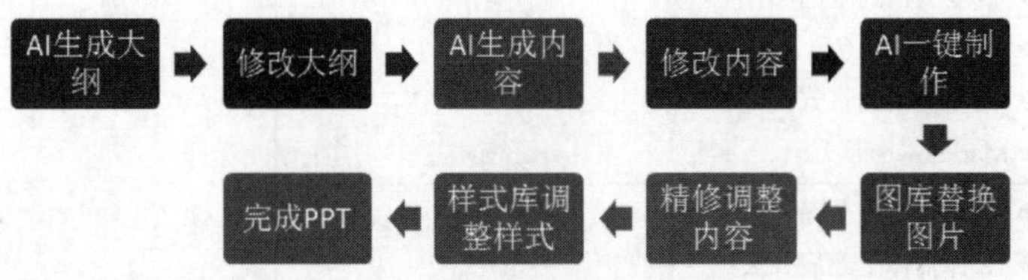

图 9-2　变革后的制作 PPT 的流程

所以，“AI+PPT”最核心的变化是让制作者更聚焦于核心信息的制作，PPT 本质主要为了展示信息，信息本身才应该是最重要的。

【任务实施】

任务一　使用 ChatGPT 生成 PPT 大纲

使用 iSlide 完善演示文稿

子任务 1：指定角色和输出格式

Markdown 语法简介

如何在短时间内快速整理 PPT 内容结构？可以借助 ChatGPT 来辅助撰写 PPT 的大纲和文案。例如，我们要想制作一个新能源汽车的销售方案汇报，可以为 ChatGPT 指定角色及输出的格式要求，让 ChatGPT 生成一个大纲，如图 9-3 所示。

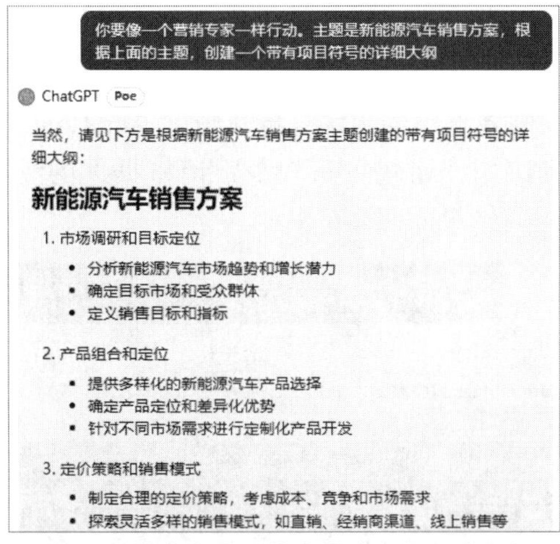

图 9-3 指定角色及输出格式要求生成大纲

如果生成的大纲要导入 PPT 软件中使用，一般要求使用 Markdown 代码形式。这时可以提问 ChatGPT，令其“Markdown 代码框输出”作出限制，如图 9-4 所示。

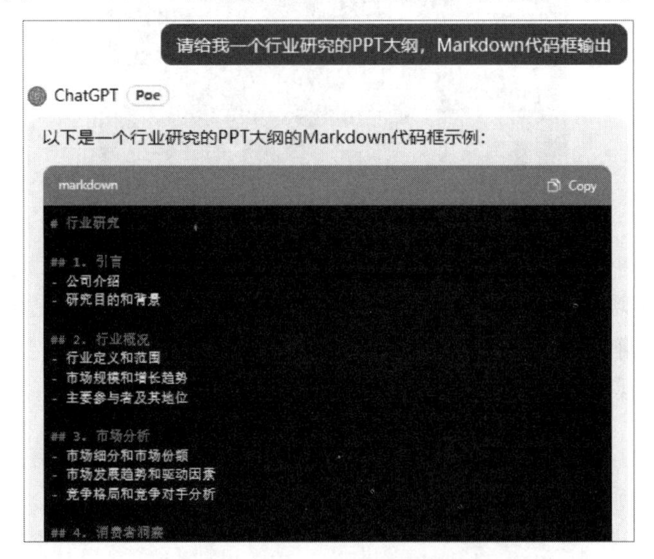

图 9-4 Markdown 代码框示例

由图 9-4 可见，带“##”格式提纲即 Markdown 形式。针对生成的行业研究报告大纲不清楚的内容，可以再追加提问 ChatGPT，如“产业链在行业研究报告哪一部分？”，如图 9-5 所示。

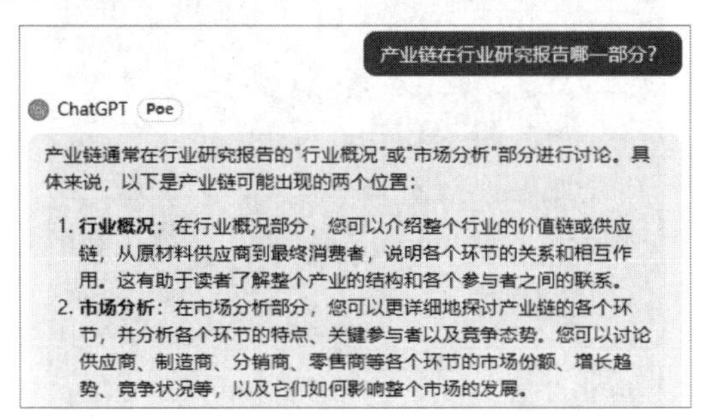

图 9-5 针对大纲内容追加提问 ChatGPT

子任务 2：调整或补充大纲

对于行业研究报告，欠缺更详细的市场分析，则可再向 ChatGPT 追加一些要求。例如，使用提示语：“你提供的提纲中，市场分析较少，请根据你的经验增加。融合原有提纲，Markdown 代码框输出”，提问结果如图 9-6 所示。

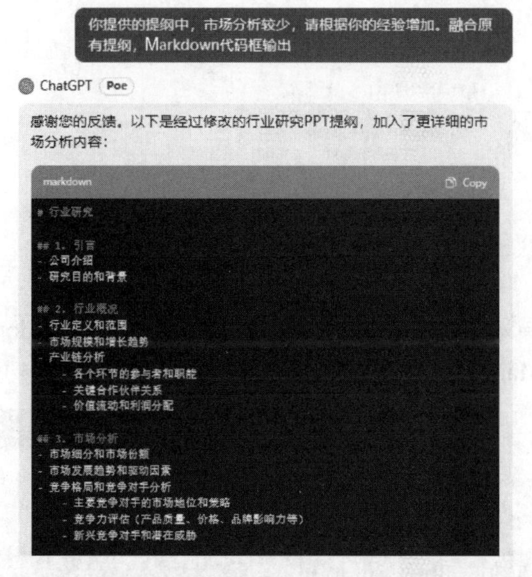

图 9-6　向 ChatGPT 追加大纲要求

这份修改后的大纲在“行业概况”部分增加了产业链分析，并在“市场分析”部分进一步扩展了内容，包括市场细分、竞争格局和竞争对手分析等。这样可以更全面地考虑市场的情况并提供更深入的见解。

接下来，可结合具体的某行业展开该大纲，以“新能源汽车行业”为例提问 ChatGPT，如图 9-7 所示。

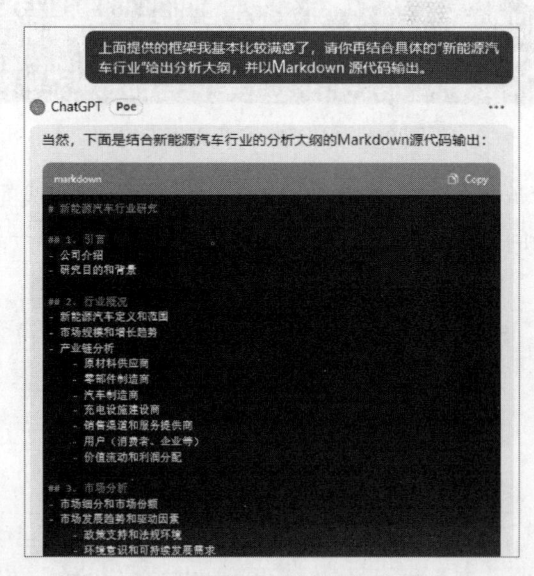

图 9-7　指定具体行业展开大纲

这个分析大纲结合了新能源汽车行业的特点，涵盖了行业概况、市场分析、消费者洞察、技术趋势和创新、SWOT 分析、未来展望和建议等关键方面。我们可以在目前生成提纲的基础上进行手工修改，也可以继续让 ChatGPT 充实报告内容。这时，因为报告内容多，ChatGPT 一次性生成容易报错，可以分模块编写。例如，展开“2.行业概述”这部分的内容，提示语为“请按此模板，撰写‘2.行业概述’这部分的内容。还是用 Markdown 源代码输出。”，分模块充实大纲如图 9-8 所示。

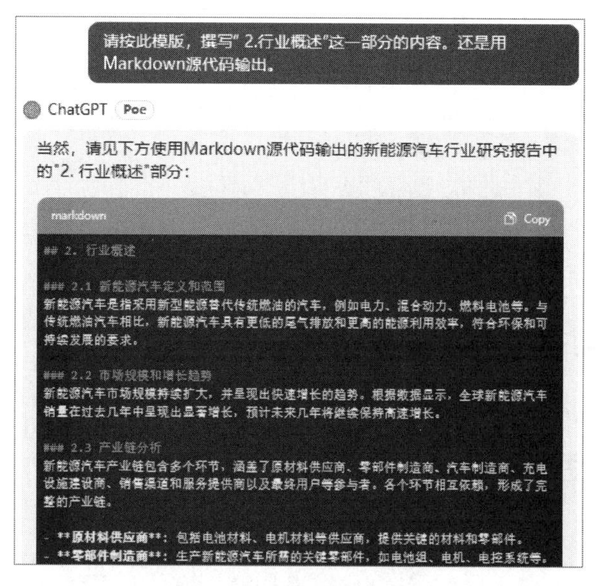

图 9-8　分模块充实大纲

子任务 3：使用提示词技巧中的 one-shot

如果我们希望生成的内容定制化，可以使用提示词技巧中的“one-shot”为模型举一个例子。例如，子任务 1 中的“新能源汽车的销售方案”，我们可以举例说明生成内容的格式要求，包括封面、目录和主要内容，并且列举每个部分中需要包含的文字内容。如图 9-9 所示。

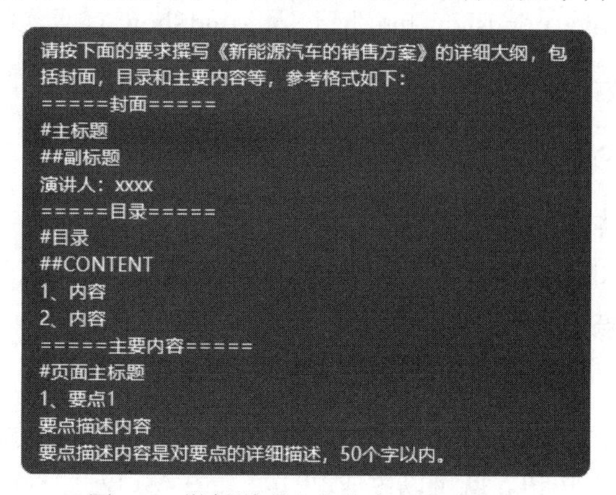

图 9-9　举例说明生成内容的格式要求

使用 one-shot 生成的大纲效果如图 9-10 所示。

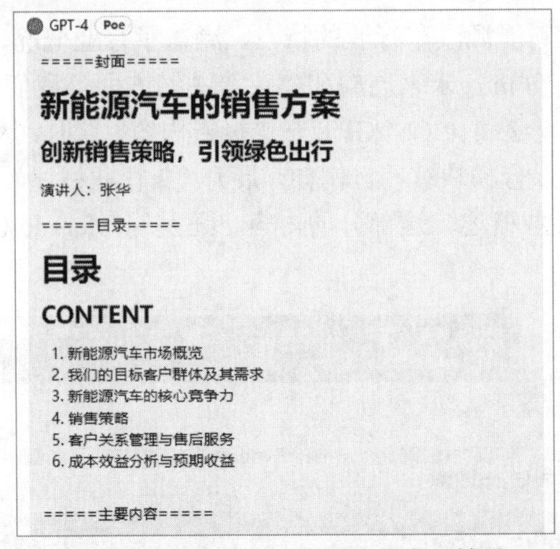

图 9-10　使用 one-shot 生成的大纲效果

MindShow 特色功能

任务二　借助 AI 工具制作 PPT

子任务 1：使用 MindShow 工具

知识链接：

什么是 MindShow?

MindShow 是一款强大的 AI 制作 PPT 演示工具，能够帮助用户自动创建演示文稿，无须逐页输入文本、调整字体大小和位置。通过 MindShow，只需要使用大纲，就可以轻松修改所有幻灯片的内容，快速将想法转化为精美的幻灯片。MindShow 提供了适用于商务、教育、报告等场景的 PPT 制作工具，让 PPT 更出彩。

输入网址“https://www.mindshow.fun/”，进入 MindShow 官网。登录后，在左侧导航栏中选择“导入”选项，设置“格式选择”为“Markdown”，如图 9-11 所示。

图 9-11　导入格式选择

先复制 ChatGPT 生成的 Markdown 形式大纲内容，再将其粘贴到下面的文本框中。最后单击下方的“导入创建”按钮，就可以生成 PPT 了。在窗口左侧栏中可以修改文字内容，如图 9-12 所示。

在窗口右侧栏中可以修改模板，也可以修改布局，如图 9-13 所示。

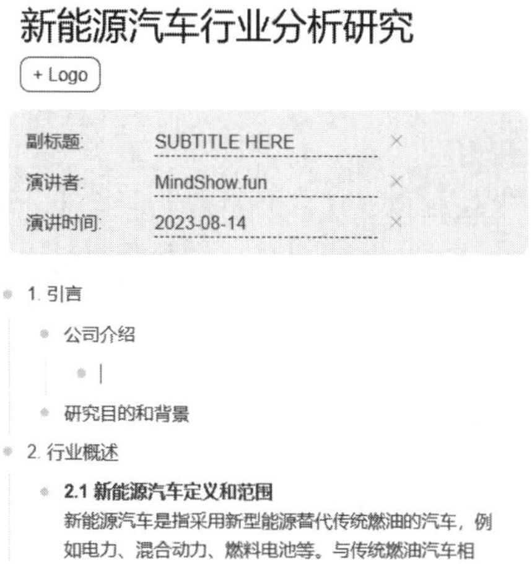
新能源汽车行业分析研究
+ Logo
副标题:
SUBTITLE HERE
演讲者:
MindShow.fun
演讲时间:
2023-08-14
1. 引言
公司介绍
研究目的和背景
2. 行业概述
2.1 新能源汽车定义和范围
新能源汽车是指采用新型能源替代传统燃油的汽车，例
如电力、混合动力、燃料电池等。与传统燃油汽车相

图 9-12　修改 PPT 文字内容

新能源汽车行业分
析研究
SUBTITLE HERE
2023-08-14
01/24
模版
布局
私有模板
PRESENTATION
TITLE
TITLE

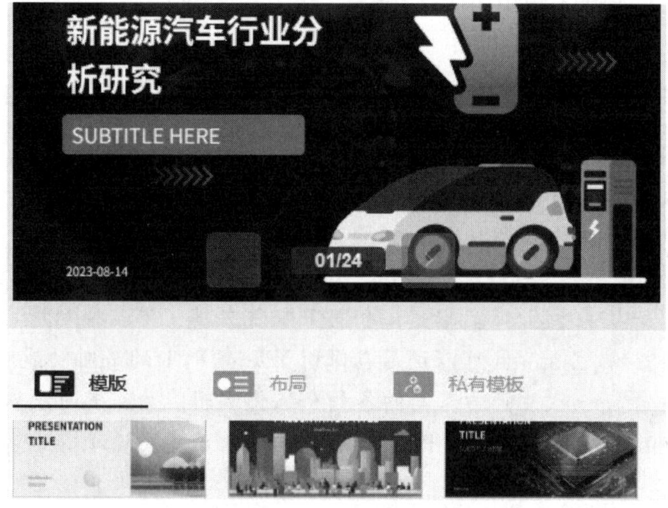

图 9-13　PPT 模板选择

单击右侧顶部的“演示”按钮，可以查看生成的 PPT 是否为自己想要的内容。单击右侧顶部的“下载”按钮，可以选择以 PDF 或 PPTX 格式保存，如图 9-14 所示。

演示预览
下载
演示
高级会员专享
新能源汽车行业分
析研究
SUBTITLE HERE
2023-08-14
01/24

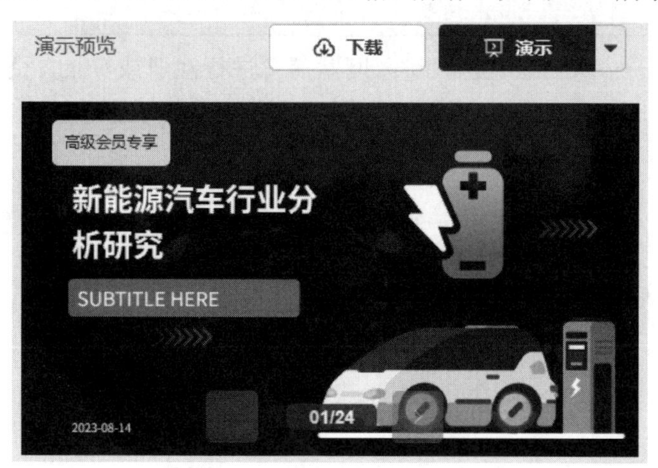

图 9-14　作品的演示与下载

小提示：

PPT 文字设计四大原则：

对比——避免元素太过相似，可以利用颜色、大小等产生对比。

重复——视觉要素在作品中重复出现，增加条理性和统一性。

对齐——每个元素与其他元素有某种视觉联系，使外观整齐、清晰、精巧、干净。

亲密性——彼此相关的项归组在一起，建立一个视觉单元，组织信息、减少混乱、清晰结构。

子任务 2：使用 Gamma 工具

基于已有文档一键转换成 PPT

知识链接：

关于 Gamma，目前很多人对它的评价是"新一代 PPT 的革命者""AI 时代的新演示模式"。还在产品原型期时，Gamma 就获得了来自硅谷著名风投 Accel 及 Zoom 等的投资。

Gamma 是一款基于人工智能技术的 PPT 制作工具，可以帮助用户轻松制作高质量的 PPT 演示文稿。Gamma 可以说是在保留了原有 PPT 的基础功能和格式基础上，集成了 Notion 等新一代生产力工具的各种个性化编辑能力，其可插入的模块丰富度甚至超过了 Notion，特别是涉及 PPT 和网页编辑的示意图选项非常多，最大化地赋能文档演示。

目前，Gamma 能够支持中文、英文、日语、韩语、德语等 20 多种语言，无论是由 AI 自动生成的内容还是格式排版的内容，其产出的各类型文件的完成度都极高且细节惊人。

输入网址"https://gamma.app"，进入网站后可进行注册或登录，登录后在窗口中选择"新建"按钮，在出现的"使用 AI 新建"窗口中单击"生成"按钮，如图 9-15、图 9-16 所示。

图 9-15　新建按钮

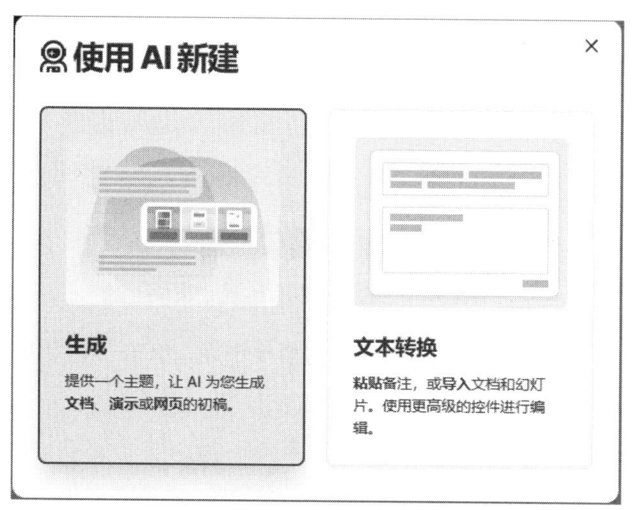

图 9-16　“使用 AI 新建”窗口中的生成选项

使用 Gamma 工具生成的作品可以分为设计演示文稿、文档、网页三种类型，这里我们选择“演示文稿”选项，如图 9-17 所示。

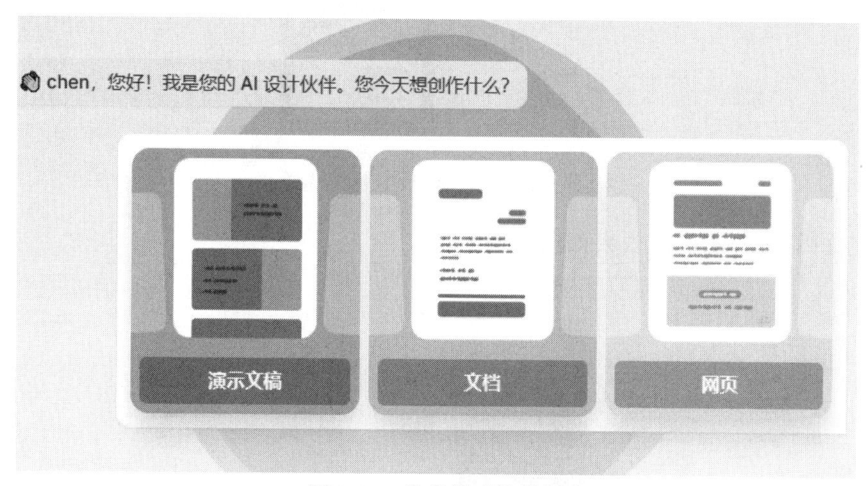

图 9-17　作品类型的选择

在随后出现的文本框中，可输入任何语言的 PPT 主题，如图 9-18 所示。

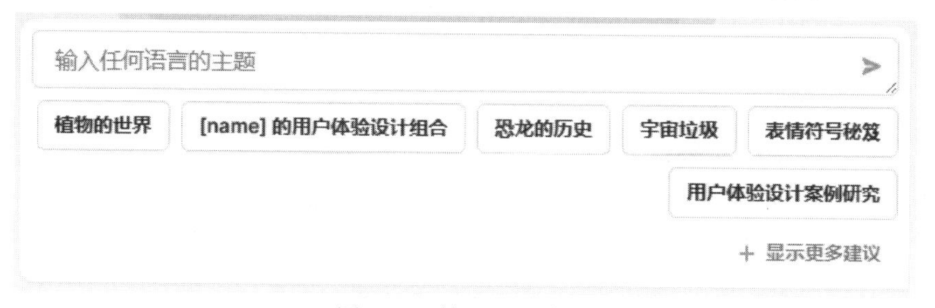

图 9-18　输入 PPT 主题

根据 PPT 主题输入，如“我国环境保护工作总结”，单击右侧“发送”按钮，会立即生成一份 PPT 的大纲，如果不满意则可以单击左侧的“再试一次”按钮重新生成，还可以手动在线修改大纲。调整完毕后，单击“继续”按钮，如图 9-19 所示。

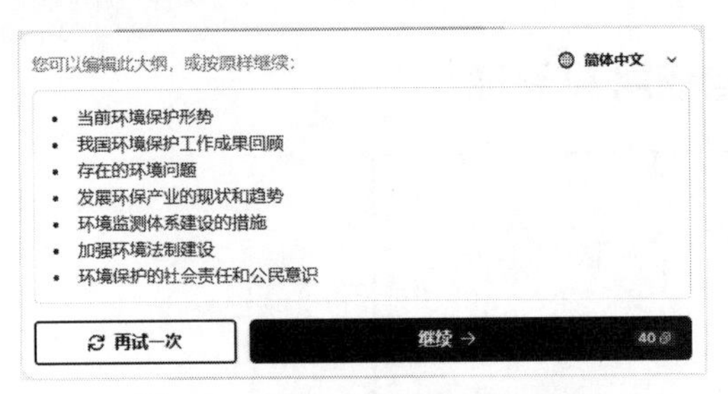

图 9-19　输入主题后生成的大纲

在打开的窗口中，选择其中一个系统自带的模板主题，单击“继续”按钮，如图 9-20 所示。

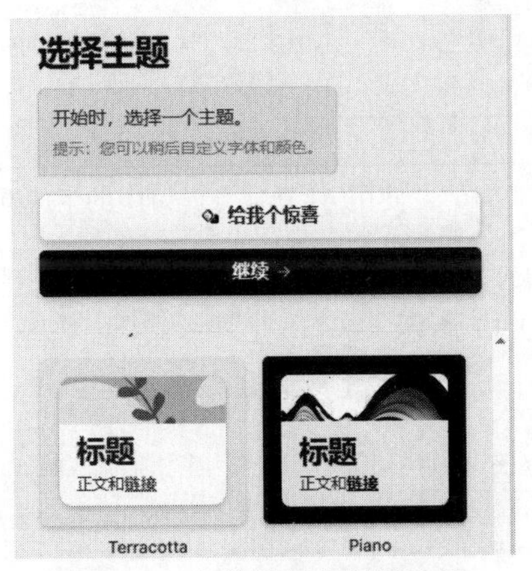

图 9-20　自带模板主题的选择

生成的 PPT 文稿的初始效果如图 9-21 所示。

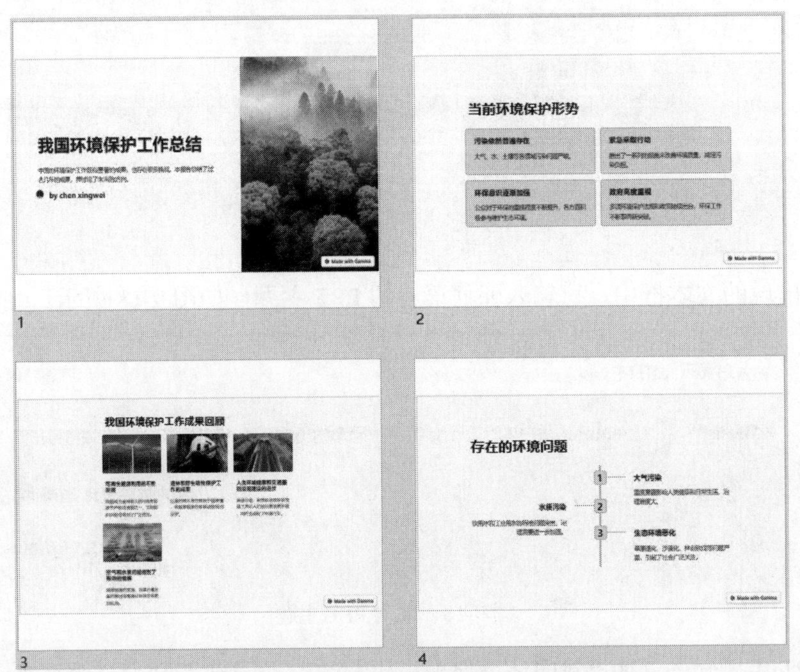

图 9-21　生成的 PPT 文稿的初始效果

对相关的幻灯片可以进行主题风格的相关设置，如图 9-22 所示。

强调图片
编辑
卡片颜色
#FFFFFF
环境保护工作
主题颜色
全出血卡片
背景
重置样式
系统颜色
白色
蓄的成果，也存在很多挑战。本
，并讨论了未来的方向。
wei
重置为默认值

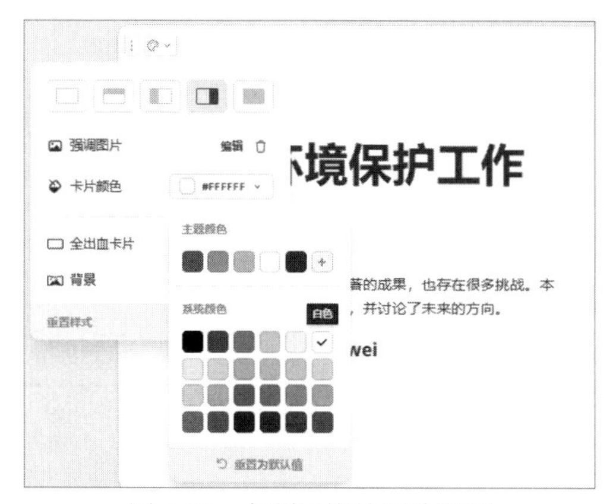

图 9-22　主题风格的相关设置

对相关的幻灯片也可以进行布局的调整，如图 9-23 所示。

我国环境保护工作成果回顾
带文本的图片
可再生能源利用的不断发展
我国成为全球最大的可再生能源生产和消费国之一，太阳能和风能也得到了广泛应用。
造林和野生动物保护工作的成果
巨量的树木与竹林在中国种植，有越来越多的珍稀动物得到保护。
人类环境健康和交通基础设施建设的进步
高速公路、高铁和地铁等新交通工具让人们出行更快更方便，同时减轻了环境污染。
空气和水质问题得到了有效的缓解
减排措施的实施、水体治理方案的推出等措施让环境变得更加优良。

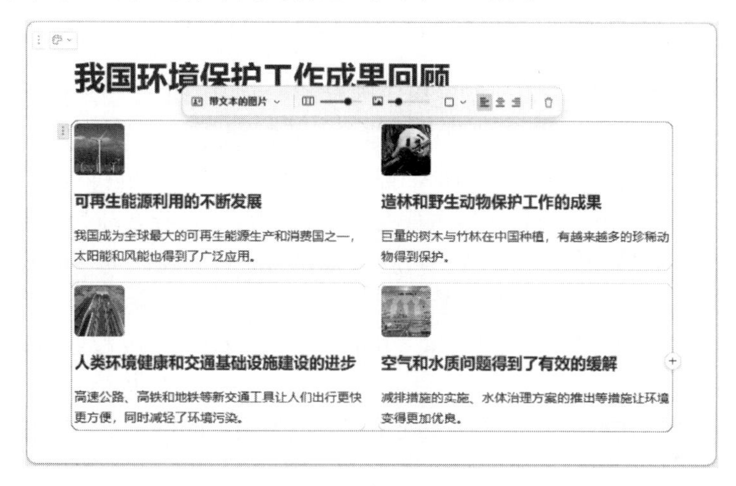

图 9-23　布局的调整

修改完成后，可以先单击窗口右上角的 ··· 按钮，再单击“导出”按钮进行导出，如图 9-24 所示。

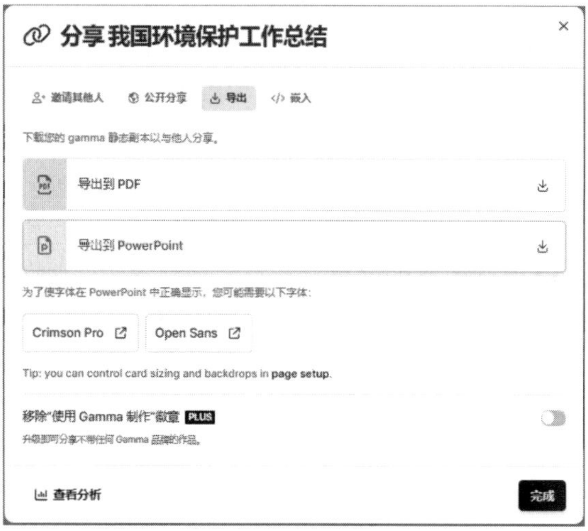

分享 我国环境保护工作总结
邀请其他人
公开分享
导出
嵌入
下载您的 gamma 静态副本以与他人分享。
导出到 PDF
导出到 PowerPoint
为了使字体在 PowerPoint 中正确显示，您可能需要以下字体：
Crimson Pro
Open Sans
Tip: you can control card sizing and backdrops in page setup.
移除"使用 Gamma 制作"徽章 PLUS
升级即可分享不带任何 Gamma 品牌的作品。
查看分析
完成

图 9-24　生成 PPT 作品的导出

小提示：

使用 AI 赋能文稿演示，Gamma 并不是唯一一家正在做这件事的公司。在过去的几个月中，谷歌公司、微软公司就高调地宣布了他们集成了 AI 功能的 Google Slides 和全新的 PPT 产品，虽然目前没有公测，但从演示视频中也能看到其一键生成演示文稿的新自动化功能。

任务三　创新性自我挑战

子任务 1：制作以“塑战速决”为主题的 PPT

党的二十大报告指出，“深入开展健康中国行动和爱国卫生运动，倡导文明健康生活方式”。健康的生活方式是每一个公民的愿望和追求，是新时代践行社会主义核心价值观，树立文明风尚的时代要求，也是增进民生福祉，提高人民生活品质的重要体现。

2023 年 6 月 5 日，世界环境日全球主题是“塑战速决”，呼吁全球为抗击塑料污染制定解决方案，介绍国家、企业和个人应怎样更可持续地使用塑料。2023 年 5 月 29 日至 6 月 2 日，关于治理塑料污染国际文书的会议在巴黎举行。会议旨在 2024 年达成一项具有国际法律约束力的协议，涉及塑料制品的整个生命周期，包括其生产、设计、回收和处理等，推动全球塑料污染的治理。

在五十年前，塑料并不像今天这样无处不在——土壤中的微塑料不会限制作物生长，每分钟也不会有一辆垃圾车的废弃物被倾倒进海洋。在五十年前，塑料颗粒还未进入我们的食物链、器官、血液和母乳；在五十年前，海鸟还没有被诊断出一种叫作“塑料病”的新疾病。而今日，这些就是我们的现实。

2023 年 6 月 5 日是第 50 个世界环境日，全世界都在呼吁人们提高关注并采取行动，努力创造一个健康的地球。然而，在过去的五十年中，人类对环境造成了严重破坏，地球正在成为塑料垃圾场。从日常用的洗发水瓶到外卖晚餐的包装，我们的世界被塑料包围。这些塑料造成了巨大的环境代价。2019 年，塑料生产和焚烧所产生的温室气体排放量相当于 189 个燃煤电厂的排放量。这种情况只会进一步恶化——二十年后，价值 5220 亿美元的塑料产业体量将翻倍。

一个没有塑料污染的世界似乎是不可想象的，但我们的生存需要这样的世界。如果不加控制，塑料将阻碍我们实现可持续发展的目标。由于气候变化、生物多样性的丧失和污染（包括塑料）导致的生态系统崩溃，我们很可能无法实现保护地球这一关键目标。

2022 年，175 个联合国成员国通过了一项历史性决议，力求在 2024 年年底前结束塑料污染，并达成一项国际法律约束的协议。这是自《巴黎协定》以来最重要的多边环境协议，也是保护现存和未来世代的一项保险政策，让人类能够与塑料共存，而不被塑料毁灭。

中国近期采取的减少海洋塑料的行动是一个良好的开端。例如，浙江省政府与当地企业合作，应用物联网（IoT）和区块链技术，推出了一个用于控制海洋塑料污染的数字平台。各方利益相关者参与到整个海洋塑料回收循环的生命周期：当地渔船和商业船只与数百名沿海居民一起收集海洋塑料，并将其运送到塑料企业进行集中处理与转化，将废塑料加工成聚氯乙烯和聚丙烯等塑料颗粒，将其制作成可再利用的原材料。

每个人的行为和消费选择，如拒绝一次性餐具和吸管、使用可重复使用的购物袋等，都可以为减少塑料作出重要贡献。通过减少对一次性塑料的需求，我们都可以发出一个强有力的信息，重塑市场。例如，联合国驻华代表处已经不再购买塑料瓶装水，并且不使用塑料包装的餐饮服务。

不论是政府、生产商，还是消费者，都对塑料危机负有责任。通过即刻的行动，我们可以减少塑料污染我们的星球，损害我们的健康。通过共同努力，我们可以创造一个更加可持续的未来，终结“塑料之祸”。

结合以上背景描述，围绕“**塑战速决**”主题创作一份 PPT，总体要求如下。

（1）大纲结构：可以提问 ChatGPT 生成初步大纲框架，但小组成员要发表讨论，有自己的思考和创新，最终确定整体框架。

（2）基本要求：幻灯片 20 页以上，构思新颖，布局合理，色调与风格协调。

（3）其他要求：在备注页中写下自己的思路，或者添加一些更深入的解释、例子或引用。

子任务 2：借助 ChatGPT 创作一份以“防诈”为主题的 PPT

近日，电影《孤注一掷》火爆上映，通过揭秘境外网络诈骗全产业链骇人内幕，警醒大众多加防范各种电信诈骗手段。当下，防范电信诈骗是社会焦点话题，而在通信不发达的古代，五花八门的诈骗案也是社会顽疾。

古代都有什么骗术？

明代张应俞的笔记体小说《杜骗新书》，又名《骗经》，是历史上最早的防诈骗宣传手册。全书共四卷二十四类，用八十四个真实案例剖解诈骗类型，点出“鱼因馋上钩，人因贪受骗”本质，既揭露社会发展的弊端，又警示世人防骗、杜骗。

今天的假冒公职、伪装亲人、金融交易等诈骗手段，都在古代的风、马、燕、雀、瓷、金、评、皮、彩、挂十类诈骗类型中有迹可循。例如，《杜骗新书》里的“妇人骗”就类似如今的“杀猪盘”诈骗，“三妇骗脱三匹马”讲述三个貌美妇人以交友逗引出租马匹的马夫，最终骗走了马，让马夫人财两空的故事。又如，“伪装道士骗盐使”类似“冒充公职人员”诈骗，著名画家、诗人唐寅和祝允明外出游玩，败光了银子，发愁之际想出一个“妙招”，二人假扮成女贞观的道士去找盐运使接济，一顿胡吹获取了大老爷的信任，得了五百两银子用于“修缮”贞观，实际上又去吃喝玩乐了。还有前阵的诈骗新热点——“花钱买学”，与书中“乡官房中押封条”故事如出一辙，大富人高价买个秀才却被掉了包，殊不知一开始就是骗局。

古代如何惩治诈骗？

有利者必有欺诈。《周礼》中载：“察其诈伪、饰行儥慝者而诛罚之，听其小治、小讼而断之。”在进入私有制社会后，商业逐渐兴起，进而出现商贩欺诈牟利行为，这是较早对商业欺诈惩罚的记载，发现欺诈作假者由专人听讼裁断。到秦朝，官方从法律层面开始探索解决“法律未足，民多诈巧”（秦简《语书》）的问题。例如，《法律问答》篇对伪造假官、假印公章等诈骗的惩治进行了释义；汉代的《贼律》承秦制，对“欺谩、诈伪、逾封、矫制、贼伐树木、杀伤人畜产、诸亡印、储峙不办、盗章”等行为有“斩首、黥为城旦舂”等不同的惩罚举措。

魏晋时期，“傍采汉律，定为魏法”，《晋律》将《贼律》分为《请赇》《诈伪》《水火》《毁亡》，关于“诈伪”的律法自此走向成熟。《唐律》第九篇《诈伪律》对五条“伪”和二十二条“诈”的行为均予以定罪。例如，“诈伪及罔冒官司，欲有所求为，官司知诈冒之情而听行者，并与诈冒之人同罪”，类似今天的“徇私枉法罪”。此后的《宋刑统》《元史·刑法志》《大明律》《大清律例》在对诈伪的定罪上不断完善，并根据时代发展不断增减诈骗行为和惩治手段。例如，元代增加了“伪造宝钞罪”，明朝减少了“妄认良人为奴婢、诈除去死免官户奴婢”等条律。

古人如何防诈骗？

清朝大文学家纪昀在《阅微草堂笔记·玉马精变》里写道：“言不由衷定有鬼，邪乎到家必有诈。”且看古今诸多诈骗案，跳脱局外很容易识破骗局，诈骗人“析辨邪说”的漏洞很多，但被骗者为何仍被骗，不过一个“贪”字。张应俞在《杜骗新书》中告诫人们，如何做到“小人之计甚诡，君子之防宜密，庶棍术虽多，亦不能愚弄我也”，那就是要时刻牢记“以不贪为宝”。这本防诈骗笔记当属古代最优秀的宣传教育指南。

此外，古代私塾对学童进行道德教育，如南北朝刘勰《文心雕龙》里“巧诈不如拙诚”的名句。从一些律法和案例故事中也可以看到，古代官方层面有对沿街商肆诚信经营的要求。

在赵本山小品《卖拐》里，范伟一句浓重东北口音的“防不胜防啊”至今让人印象深刻。古往今来，诈骗手段层出不穷，总有人投机取巧进行诈骗，也就总有人妄图获利而被骗。传统伪诈犯罪尚易一网打尽，当下境外网络电信诈骗实难破案，所以反诈宣传做得再多，都不如老百姓自己放下“贪”心，捂好“钱袋子”更加有效。否则国家投入大量的人力、物力、财力进行宣传预防，有人仍闷着头做梦赚大钱，等被骗了再哭诉“防不胜防”可就为时已晚了。

结合以上背景描述，围绕“**防诈**”主题创作一份 PPT，总体要求如下。

（1）大纲结构：可以提问 ChatGPT 生成初步大纲框架，但小组成员要发表讨论，有自己的思考和创新，最终确定整体框架。

（2）基本要求：幻灯片 20 页以上，构思新颖，布局合理，色调与风格协调。

（3）其他要求：在备注页中写下自己的感悟，或者引入富有教育意义的生活例子。

【任务考评】

项目名称					
项目成员					
评价项目	评价内容	分值	自评 20%	互评 30%	师评 50%
职业素养（40%）	具有良好的计算机使用习惯，爱护公共设施，环境整洁	5			
	纪律性强，不迟到早退，按时完成承担的任务	10			
	态度端正、工作认真、积极承担困难任务	5			
	发现问题后能主动寻求解决办法，及时和教师、同学探讨	10			
	团结合作意识强，主动帮助他人	10			

续表

专业能力（60%）	能使用 ChatGPT 围绕主题生成 PPT 大纲	10			
	能科学修改大纲内容	10			
	能更好地提问 ChatGPT，充实内容	5			
	能借助 MindShow 工具生成 PPT	10			
	能使用 Gamma 生成 PPT	10			
	完成的作品具有创新性	15			
合计	综合得分：＿＿＿＿＿	100			
总结反思	1.学到的新知识： 2．掌握的新技能： 3．项目反思：你遇到的困难有哪些，你是如何解决的？ 学生签字：				
综合评语	教师签字：				

【能力拓展】

拓展训练：恋恋不舍——设计并制作一份毕业季电子相册

PPT 相册功能演示

制作毕业季电子相册，可以记录下毕业生在校的点点滴滴，留下珍贵的回忆。

本次训练主要任务有以下几点。

（1）确定相册的主题和样式。相册的主题可以是毕业生的学习、生活、成长等，样式可以是简洁、清新、温馨等，根据毕业生的需求和喜好选择相册的主题和样式。

（2）收集和选取照片。将毕业生在校时的照片进行收集和筛选，选取照片时要注意保护隐私，避免暴露过多的个人信息。

（3）编辑照片和文字信息。将选好的照片进行编辑处理，可以调整颜色、光影、尺寸等，同时添加文字信息，如毕业生姓名、班级、毕业感言等。

（4）制作电子相册。使用 PowerPoint 演示文稿软件将编辑好的照片和文字信息完成作品的设计，可以选择模板和主题，设置相册的背景音乐和转场效果，制作出符合自己需求的毕业季电子相册。

（5）分享电子相册。制作好的电子相册可以通过电子邮件、社交平台、云盘等多种方式进行分享，让更多的人分享毕业季的喜悦和感动。

【延伸阅读——新生代 PPT 黑科技】

一键生成流程图

演示文稿中的 AI 插件使用

1. PowToon

PowToon 网站是一个可以将 PPT 转为短视频和动画的平台。全球财富 500 强公司（包括微软、谷歌、IBM 在内）大部分都在使用 PowToon。在使用的时候，只需要替换，或者通过拖拽图文模块，便能让 PPT 动起来；支持白板视频和虚拟形象的在线制作。

2. iA Presenter

这是一款为演讲而生的 PPT 工具。用户只需要写好自己的演讲稿，然后在 iA Presenter 中使用侧边栏的辅助编辑工具，就方便地制作 PPT。iA Presenter 制作的 PPT 可以自动适配不同尺寸的屏幕，还能显示演讲稿需要多久能读完，这个功能对 PPT 制作者调整内容非常重要。

3. Focusky

Focusky 是一款新型多媒体幻灯片制作软件，其操作的便捷性及演示的效果超越了 PPT。

（1）可以通过各种特效，制作出动感十足的、像动画一样的 PPT 演示。

（2）支持多格式输出。Focusky 输出的格式有 PPT、视频、EXE、PDF，或者在线上传变成链接（可以分享到微信），如输出 EXE 格式。在任何 Windows 系统的计算机中无须安装任何软件，就可以直接打开来演示，再也不用担心播放环境。

（3）PPT 文件演示，Focusky 打破常规，采用整体到局部的演示方式，以路线的呈现方式，模仿视频的转场特效，加入生动的 3D 镜头缩放、旋转和平移特效，像一部 3D 动画电影，给观众的视觉带来强烈冲击力。

（4）支持添加多种编辑内容，如图形、文本、视频、公式、思维导图等。制作者还可以根据内容情景来添加测试、小游戏，增强互动性。

项目九理论小测

项目十

内容优化：PPT 元素的创意设计

知识目标：

1. 了解不同类型的图表和图形。
2. 熟悉多媒体元素的编辑和组合方法。
3. 掌握 PPT 中添加动画和页面过渡效果的方法。

能力目标：

1. 能够独立选择适合的图表类型，并根据数据编辑和调整，呈现清晰、准确的信息。
2. 能够灵活组合不同形状、颜色和大小的图形，创造独特的视觉效果。
3. 能够为 PPT 中的元素添加适当的动画效果，使展示更具吸引力。
4. 能够为 PPT 中的页面应用合适的过渡效果，增强页面之间的衔接和流畅性。

素养目标：

1. 培养创新思维能力，通过创意的图形组合、多媒体元素的编辑等方式展示个人的想象力和创造力。

2. 培养逻辑思维能力，具备对内容进行整合、归纳和分类的能力，使演示文稿具有清晰的逻辑结构。

3. 培养自主学习和问题解决能力，通过自我挑战和能力拓展，不断提升自己的技能和知识水平，解决实际问题。

4. 提升审美意识和设计能力，使图形和图表，幻灯片的整体布局等更具吸引力和美感。

【项目导读】

一份精美大气有创意的 PPT 可以使演讲更生动、有趣、有吸引力。PPT 的整体设计风格是制作精美、大气、有创意的 PPT 的关键之一。整体设计风格包括颜色搭配、字体选用、版式设计等方面。视觉效果是制作精美、大气、有创意的 PPT 的另一个关键内容。视觉效果包括图像设计、动画效果、布局设计等方面。内容设计是制作精美、大气、有创意的 PPT 的核心内容。内容设计包括演讲内容、文本内容、图片内容等方面。PPT 创意设计不仅是为了美化幻灯片，更是为了提升信息传达的效果和吸引观众的兴趣。创意设计通过美学和视觉元素的运用，通过色彩、字体、图像和动画等手段，将信息以更有趣、有吸引力的方式呈现给观众，唤起观众的好奇心和探索欲望，使观众对呈现的内容产生共鸣和兴趣。

【任务工单】

<table>
<tr><td>项目描述</td><td colspan="2">本项目围绕 PPT 内容的优化设计，重点介绍图表、SmartArt 图形的设计运用，图片、文字、形状的创意组合，视频的编辑、动画的制作等</td></tr>
<tr><td>任务名称</td><td colspan="2">任务一　自定义图表和图形
任务二　多媒体元素的编辑
任务三　添加动画和过渡效果
任务四　创新性自我挑战</td></tr>
<tr><td>任务列表</td><td>任务要点</td><td>任务要求</td></tr>
<tr><td>1．图形创意组合</td><td>● 插入形状并进行格式设置
● 放置特定的位置，执行“合并形状”</td><td rowspan="7">● 选择合适的色彩搭配来增强 PPT 的视觉效果，增加吸引力。避免使用过多的颜色，保持整体风格一致。注意颜色的对比度，确保内容易于辨识
● 使用合适的图表和图像来呈现数据和信息。确保图表易于理解和阅读，避免使用复杂的图表和过于繁琐的细节。选择清晰、高质量的图像来增加视觉冲击力
● 在完成任务案例的基础上，添加自己的创意设计，使作品具有独特性</td></tr>
<tr><td>2．图表的编辑</td><td>● 选择合适的图表类型和样式
● 设置图表元素的格式，如线条、字体等</td></tr>
<tr><td>3．SmartArt 图形运用</td><td>● 根据文字内容选择合适的样式插入 PPT
● 编辑文字内容
● 图形美化设置</td></tr>
<tr><td>4．视频嵌入文字</td><td>● 插入视频和文字，确保视频和文字的层次关系：视频在下，文字在上
● 通过“合并形状”使视频嵌入文字
● 编辑设置视频播放格式</td></tr>
<tr><td>5．字母形状图片的组合</td><td>● 插入字母、形状、图片
● 位置的特色摆放，创意组合设计</td></tr>
<tr><td>6．制作无限循环轮播图片动画</td><td>● 插入图片并统一大小
● 正确摆放位置并建组
● 添加自定义动作路径
● 设置动画格式
● 复制图片组，正确放置位置</td></tr>
<tr><td>7．制作开花效果目录</td><td>● 通过“合并形状”制作花瓣
● 花瓣形状格式的设置
● 复制花瓣并调整角度，摆放正确位置
● 插入文字内容，放置合适位置
● 复制幻灯片，并进行整理设置
● 添加“平滑”切换效果</td></tr>
<tr><td>8．创新性自我挑战</td><td>● 任务分组
● 优化以“塑战速决”为主题的 PPT
● 优化以“防诈”为主题的 PPT</td><td>● 小组成员分工合理，在规定时间内完成 2 个子任务
● 探讨交流，互帮互助
● 内容充实有创新，格式规范</td></tr>
</table>

【任务分析】

“做好”PPT 远比“会做”PPT 重要，我们不仅要讲究制作 PPT 的高效、省力，更要把 PPT 制作得精美、大气。一份高质量的 PPT，能帮助汇报者更好地表述，让聆听者毫不费劲地理解 PPT 要表达的核心思想，达到引人入胜的效果。当你有一份 PPT 初稿却又完全不知道应该如何修改来提升质量时，你可以向 ChatGPT 提问来从中寻找设计灵感，如图 10-1 所示。

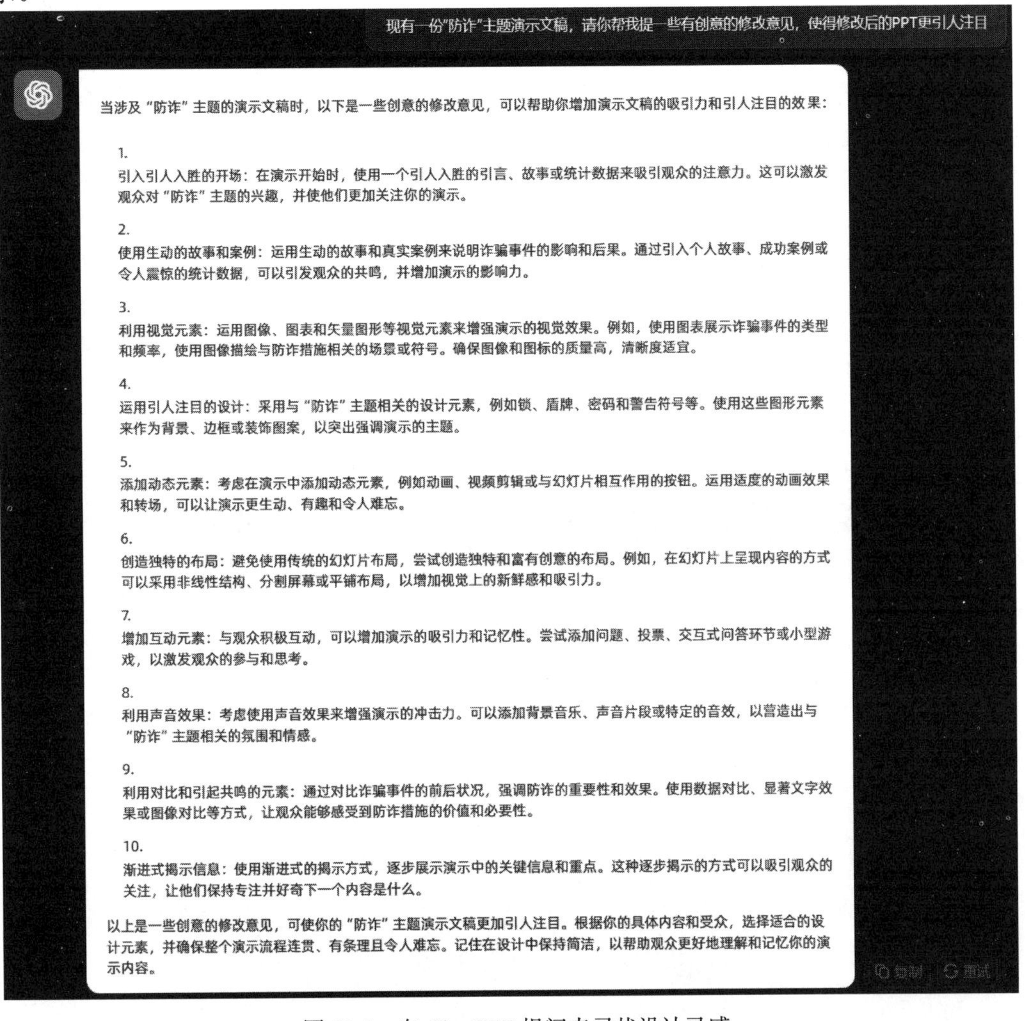

图 10-1　向 ChatGPT 提问来寻找设计灵感

一个好的 PPT 必定是动静结合的产物。我们通常运用图像、图表和矢量图形等视觉元素来增强演示的视觉效果。在 PPT 的“插图”选项卡中，可以找到形状、图表和 SmartArt 等工具，特别是形状工具，包括基本形状（如矩形、椭圆）、箭头、线条、星形、流程图符号等，使用这些工具，通过叠加、组合、相交、剪除等操作可以先自定义组合各种形状，再加入文字、图片元素最终创造独特的幻灯片效果。同时，通过添加多媒体元素如视频和动画，还能进一步增强演示的视觉效果，使 PPT 更加生动和引人注目。

【任务实施】

任务一　自定义图表和图形

简单的绘图技巧

子任务 1：图形创意组合

使用 PPT 中的基本形状工具（如矩形、圆形、三角形等）可以创建有趣的组合形状。通过将不同的形状叠加、重叠、布尔运算等操作，形成独特的图形，从而在幻灯片上呈现出层次感和引人注目的效果。例如，绘制一块简单的曲面屏。

操作过程：

（1）单击“插入”选项卡中的“形状”按钮，在弹出的下拉菜单中选择“矩形”命令，在幻灯片页面上绘制一个矩形。单击“形状格式”选项卡中的“形状轮廓”按钮，在弹出的下拉菜单中设置为“无轮廓”。单击“形状填充”按钮，在弹出的下拉菜单中设置为“灰色”。

（2）选择“椭圆”形状并在幻灯片页面上绘制 2 个椭圆，椭圆的“形状轮廓”也设置为“无轮廓”。

（3）在如图 10-2 所示的位置上放置 3 个图形，并适当调整大小和方向。

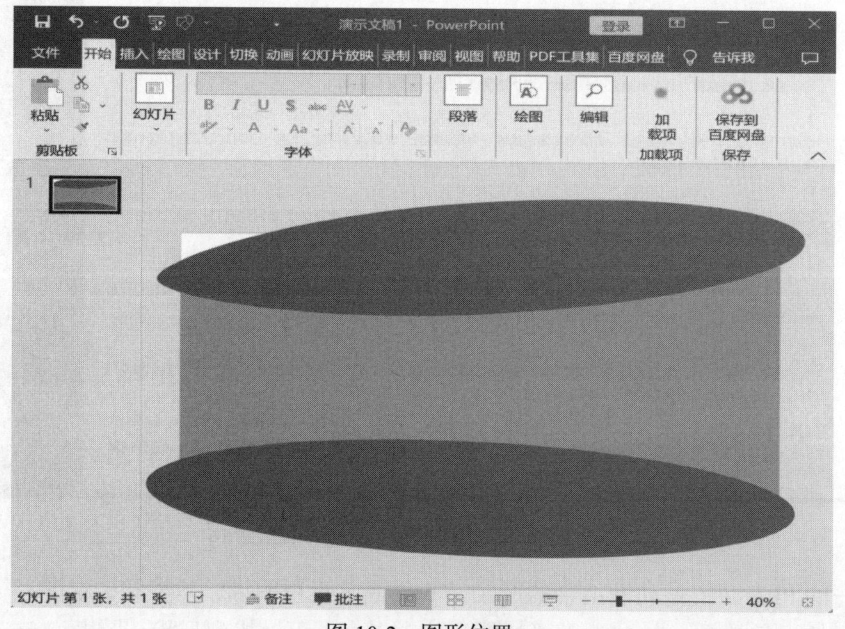

图 10-2　图形位置

（4）先选中矩形，按住“Ctrl”键同时选中 2 个椭圆，单击“形状格式”选项卡中的“合并形状”按钮，在弹出的下拉菜单中选择“剪除”命令，即可绘制出一块简单的曲面屏，如图 10-3 所示。

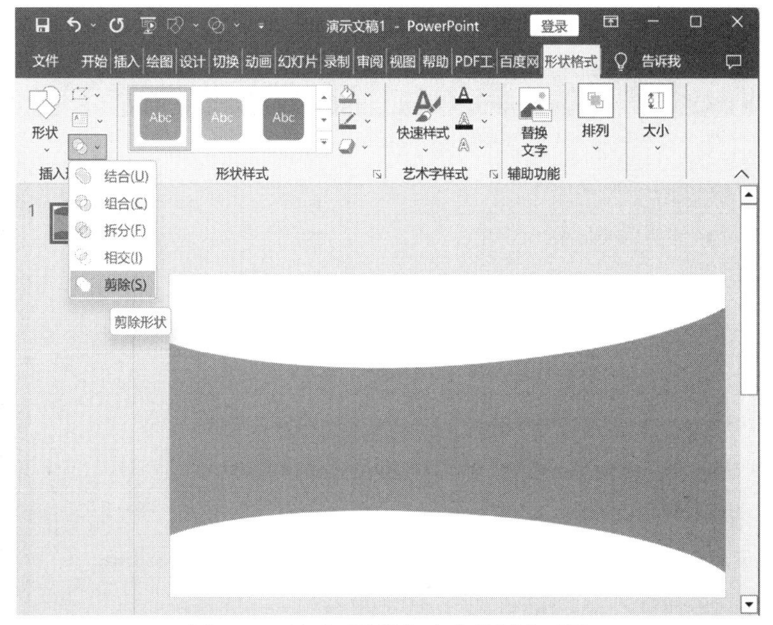

图 10-3　通过"剪除"命令绘制曲面屏

知识链接：

常见的合并形状的方法有以下几种。

结合（Combine）：将两个或多个形状合并成一个新的形状，保留所有形状的轮廓。使用这种方法可以在形状重叠的部分创建一个共同的轮廓。

组合（Union）：将两个或多个形状合并成一个新的形状，去除重叠的部分。使用这种方法可以将所有形状的外部轮廓组合在一起形成一个整体。

相交（Intersect）：只保留两个或多个形状重叠的部分，去除非重叠的部分。使用这种方法生成的形状仅包含所有形状重叠的区域。

剪除（Subtract）：从第一个形状中减去第二个形状，去除重叠的部分。使用这种方法创建一个新的形状，其外部轮廓是第一个形状减去第二个形状的结果。

拆分（Fragment）：将一个形状切割成多个独立的形状，每个形状都是原始形状的一部分。使用这种方法可以在形状重叠的部分创建多个分离的形状。

显示的方法名称可能会因 PPT 版本或使用的工具栏而略有不同。

小提示：

曲面屏的弯曲程度取决于椭圆和矩形相交的边界，可以通过调整椭圆的大小、方向、位置，或者选中椭圆、编辑顶点、调整角度来改变曲面屏的边界。

子任务 2：图表的编辑

可以使用内置的图表工具来创建、编辑和自定义图表。当你不知道如何在 PPT 中设计图表时，可以提问 ChatGPT，如图 10-4 所示。

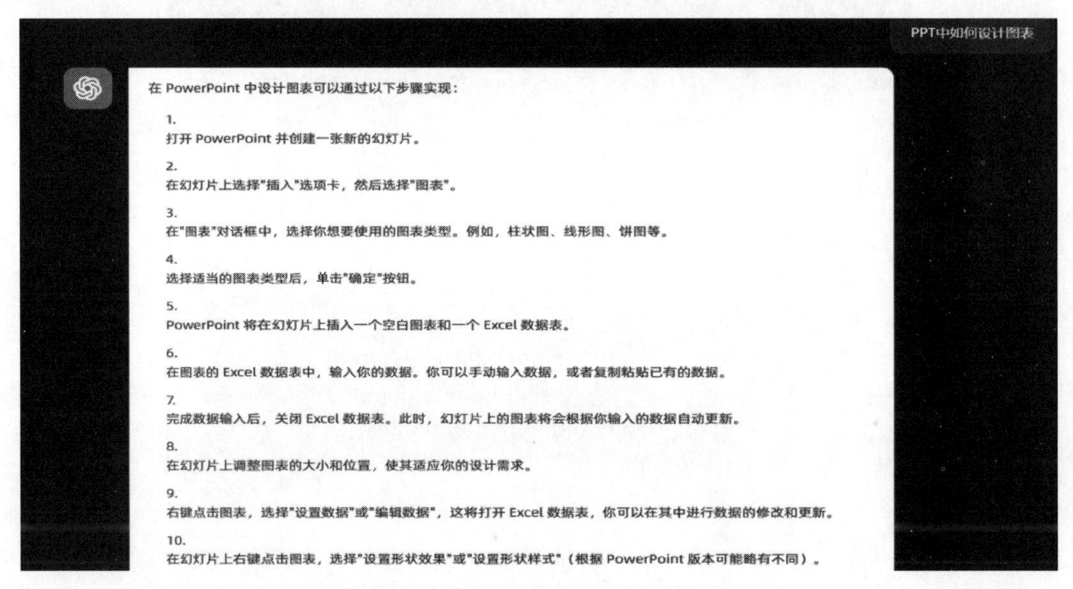

图 10-4　向 ChatGPT 提问“PPT 中如何设计图表”

简单的图表虽然很直观，但是不够美观，看多了会使人觉得单调枯燥，这就需要在创建图表后添加创意设计，使图表更具吸引力。例如，对于普通的折线图，可以改变样式、增加发光设置等。

操作过程：

（1）选中图表后，在菜单栏会出现“图表设计”选项卡。在“图表样式”选项卡中会出现对应图表的默认样式库，可以根据 PPT 的风格选择其中的一种图表样式，如选择“样式 4”，如图 10-5 所示。

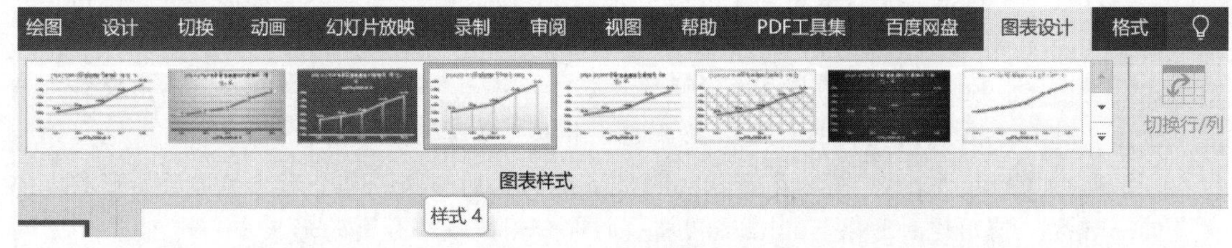

图 10-5　选择图表样式

（2）选中图表中的折线，单击“格式”选项卡中的“形状效果”按钮，在弹出的下拉菜单中选择“发光”命令，从“发光变体”区域中选择一种形状效果，如“发光：18 磅；蓝色，主题色 1”，如图 10-6 所示。

（3）可以选中折线图中的垂直辅助线条并右击，在弹出的快捷菜单中选择“删除”命令，还可以设置图表文字大小、颜色等。

（4）选中整个图表，单击“格式”选项卡中的“形状填充”按钮，并选择设置为“浅灰色”，单击“形状效果”选项卡中的“阴影”按钮，并选择设置为“透视”为“左上”，效果如图 10-7 所示。

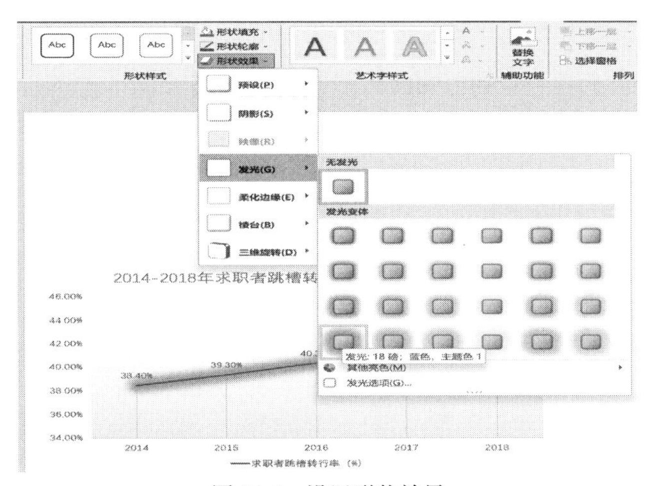

图 10-6　设置形状效果

图 10-7　图表格式的设置

小提示：

图表边框的效果设置可以根据PPT的整体风格和当页幻灯片的整体布局来选择填充颜色、阴影效果等。此外，还可以通过字体的设置来进一步美化图表。

子任务 3：SmartArt 图形运用

SmartArt 图形

SmartArt 图形是 Microsoft Office 套件中的一个功能，用于创建和展示信息图表、流程图、层次结构和其他类型的可视化图表。使用逻辑图表，可以将大段的文字关系描述转化为简单的逻辑关系图，使信息更简洁、易懂。例如，制作某企业的组织架构，如图 10-8 所示。

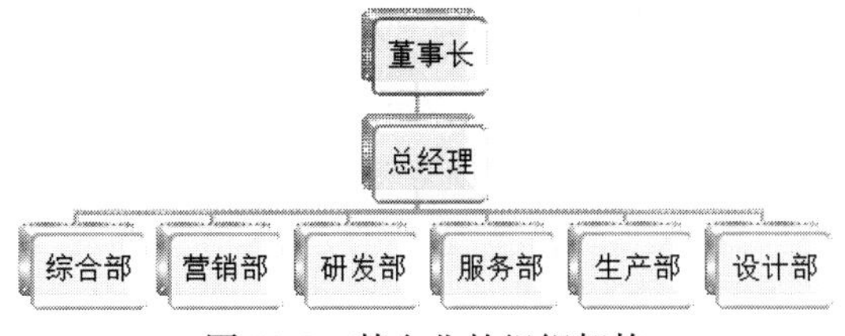

图 10-8　某企业的组织架构

操作过程：

（1）单击“插入”选项卡中的“SmartArt”按钮，在打开的“选择 SmartArt 图形”对话框中选择“层次结构”选项，如图 10-9 所示。

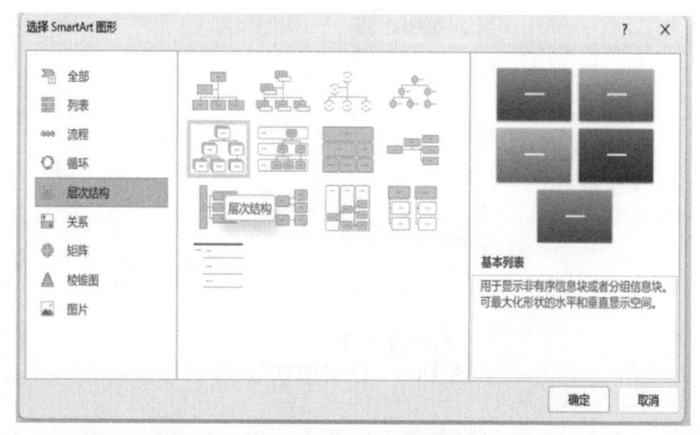

图 10-9 “选择 SmartArt 图形”对话框

（2）选中“SmartArt”图形并右击，在弹出的快捷菜单中选择“显示文本窗格”命令，弹出文本列表，在文本列表中按层级输入文字，如图 10-10 所示，删除多余的层次。

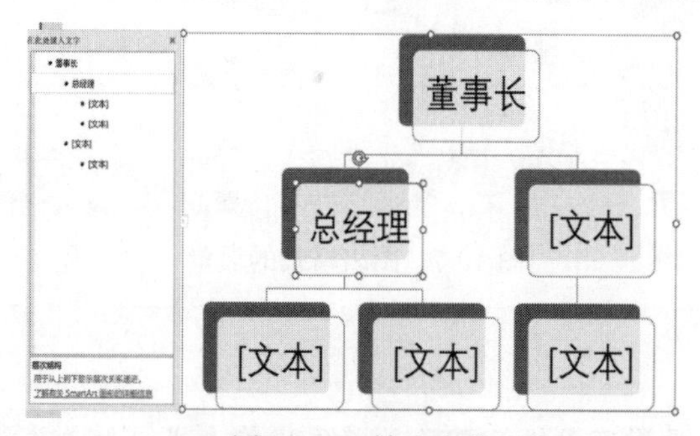

图 10-10 输入文字

知识链接：

插入 SmartArt 图形后，可以使用“SmartArt 工具”窗口的“SmartArt 设计”选项卡来快速、轻松地切换布局，还可以使用“SmartArt 工具”窗口的“SmartArt 设计”选项卡来更改形状的颜色和文本效果等。在某些 SmartArt 图形中，可以选择“添加形状”命令来增加形状的数量以满足用户的需求，当然也可以删除形状以调整布局结构。当添加或删除形状，以及编辑文字时，形状的排列和这些形状内的文字量会自动更新，从而保持 SmartArt 图形布局的原始设计和边框。

用户还可以将文本框（占位符）中的文本转换为 SmartArt 图形，具体做法是选中包含要转换的幻灯片文本的占位符。单击“开始”选项卡“段落”组中的“转换为 SmartArt 图形”按钮，设置所需的 SmartArt 图形布局即可。

SmartArt 图形可以转换为形状，转换后可以添加其他形状，通过单击“形状格式”按钮进行个性化创意设计。

任务二　多媒体元素的编辑

合并形状添加到快速访问工具栏

子任务 1：视频嵌入文字

多媒体通常指视频、音频、图像等内容。在 PPT 中，通过添加多媒体元素，可以将信息以更生动、有趣的方式传达给观众。例如，将“火焰”视频嵌入文字“科技”，从而使文字“科技”呈现出动态演示效果。

视频嵌入文字

操作过程：

（1）单击“插入”选项卡中的“视频”按钮，在打开的对话框中浏览计算机文件夹，选择需要插入的“火焰”视频文件，并单击“插入”按钮。

（2）插入文本框后输入文字“科技”，并设置字体、颜色和大小等，调整视频大小和位置，确保文字在视频上方，视频在文字下一层。

> **小提示：**
> 在 PPT 中，要将视频或图片嵌入文字中，建议选择笔画较粗的字体或书法字体，以获得更好的视觉效果。

（3）先选中视频，再选中文字，单击快速访问工具栏上的“合并形状”按钮，在弹出的下拉菜单中选择“相交”命令，如图 10-11 所示，即可将视频嵌入文字。如果 PPT 软件的快速访问工具栏上没有“合并形状”按钮，则可以向 ChatGPT 提问如何添加“合并形状”按钮到快速访问工具栏，如图 10-12 所示。

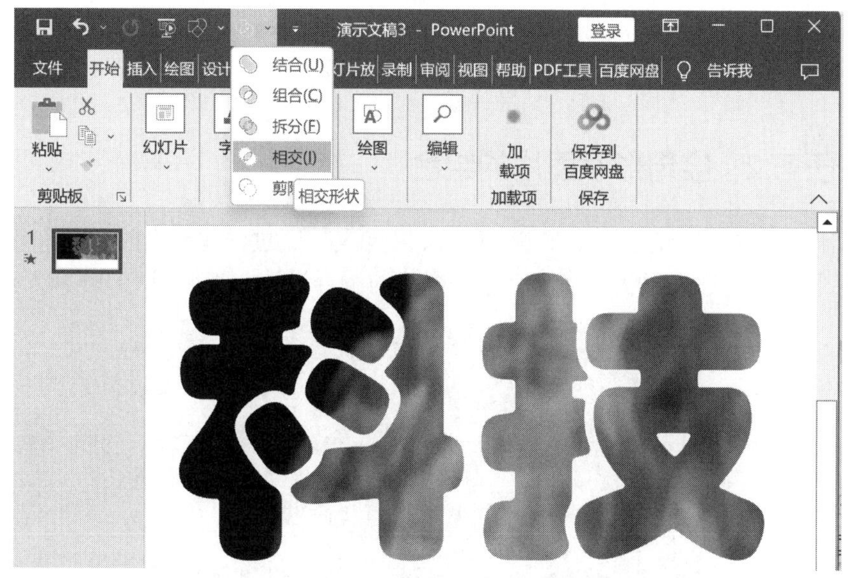

图 10-11　合并文字、视频

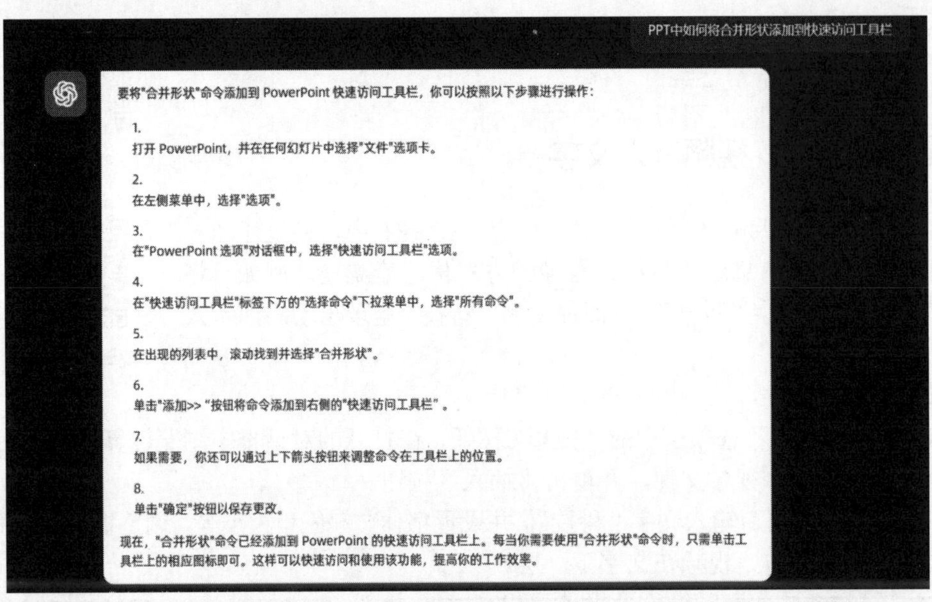

图 10-12　向 ChatGPT 提问“PPT 中如何将合并形状添加到快速访问工具栏”

（4）选中合并后的文字“科技”，在“播放”选项卡中设置视频选项，如图 10-13 所示。设置“开始”为“自动”，并勾选“循环播放，直到停止”和“播放完毕，返回开头”复选框。

（5）可以适当调整“科技”的位置、大小等，最后单击“幻灯片放映”按钮即可查看效果。

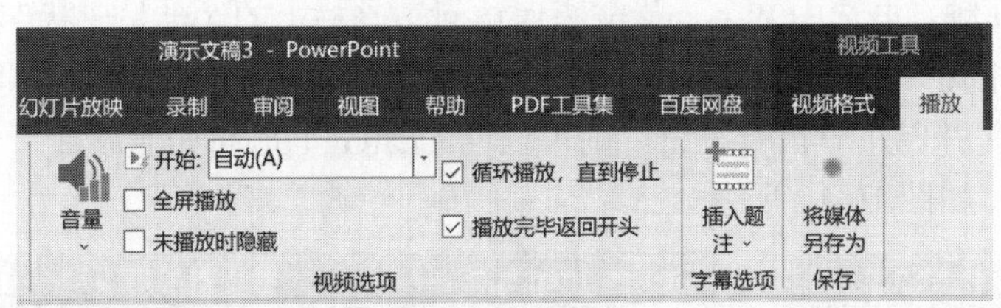

图 10-13　播放设置

子任务 2：字母形状图片的组合

PPT 制作常用的元素有文字、形状、图片、视频等。通过一些元素的组合，可以设计出有创意的作品。例如，通过形状、字母“S”、图片的组合设计一张如图 10-14 所示的幻灯片。

图 10-14　形状、字母、图片的组合

操作过程：

（1）在幻灯片中插入字母“S”，设置字体和大小。

（2）选中字母并右击，设置形状格式。字母效果主要是渐变和阴影，如图 10-15 所示，字母的渐变颜色可以根据所选用的图片色调来调整。如果不会设置字母的形状格式，可以向 ChatGPT 提问，参考 ChatGPT 给出的方法。

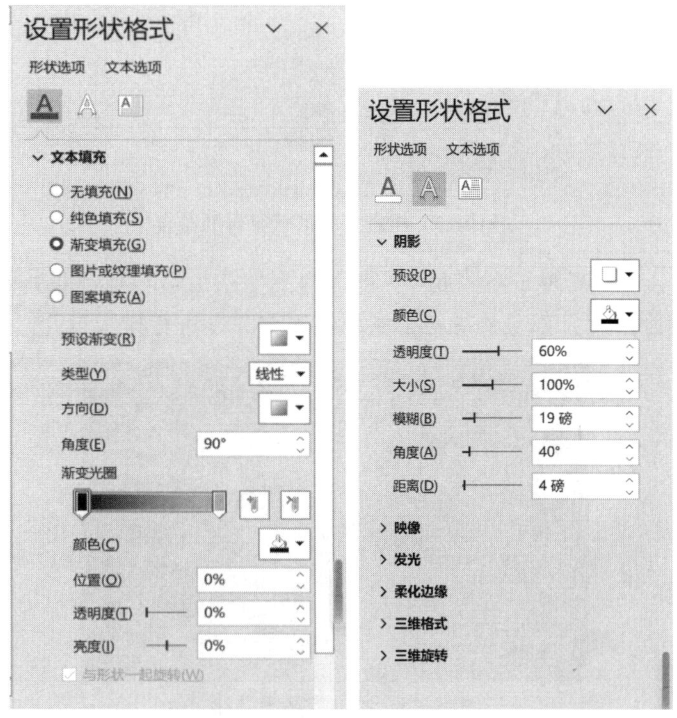

图 10-15　设置字母“S”格式

（3）单击“插入”选项卡中的“形状”按钮，在弹出的下拉菜单中选择“任意多边形：形状”选项，根据字母的曲线来绘制相应的不规则形状，如图 10-16 所示。

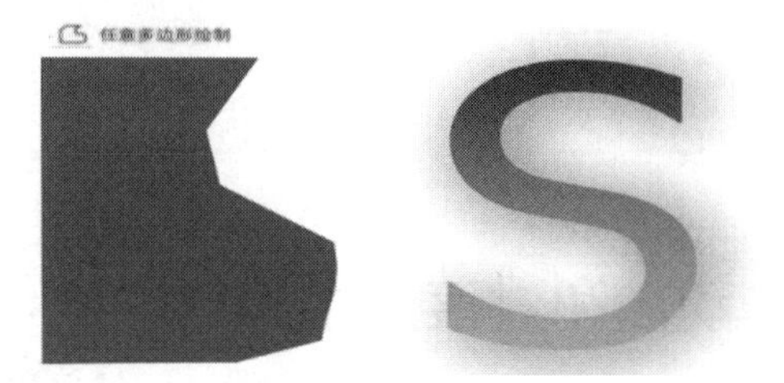

图 10-16　绘制不规则形状

> **小提示：**
>
> 图 10-16 中的不规则形状是使用任意多边形绘制的，不用太精细的调节，只要保证绘制的形状右侧轮廓在字母“S”的轮廓之内就行。如果超出了字母轮廓边缘，选中这个不规则形状并右击，编辑顶点进行调节。

（4）首先将文字和形状组合在一起，并调整大小和位置，如图 10-17 所示，然后选择“插入”选项卡中的“图片”按钮，浏览计算机文件夹，选择要插入的图片，并单击“插入”按钮。

图 10-17　绘制好的形状字母的结合

（5）选中图片，并将其置于右侧底层，即可得到如图 10-14 所示的效果。我们还可以在幻灯片的左边“不规则形状”部分添加符合主题的文案，并进行排版设计，如图 10-18 所示。

图 10-18　添加“文案设计”

> 小提示：
> 层级关系：图片是最底层的，不规则形状是中间层的，字母是最上层的。示例中的图片、字母及配色等可以根据主题来进行相应的调整。

任务三　添加动画和过渡效果

动画设置

多类型动画的基本使用方法

子任务 1：制作无限循环轮播图片动画

制作无限循环轮播图片动画

有的 PPT 需要在同一页幻灯片上展示多张图片，并要求这些图片能够清晰地呈现给观众。简单的排版显然无法满足这些要求，可以通过巧妙地应用动画，重新组织页面的布局和元素的出现方式，让观众更好地理解和欣赏展示图片。通过提问 ChatGPT，可以帮助你打开设计思路，如图 10-19 所示。例如，在一页幻灯片上实现多张图片无限循环，向左轮播。

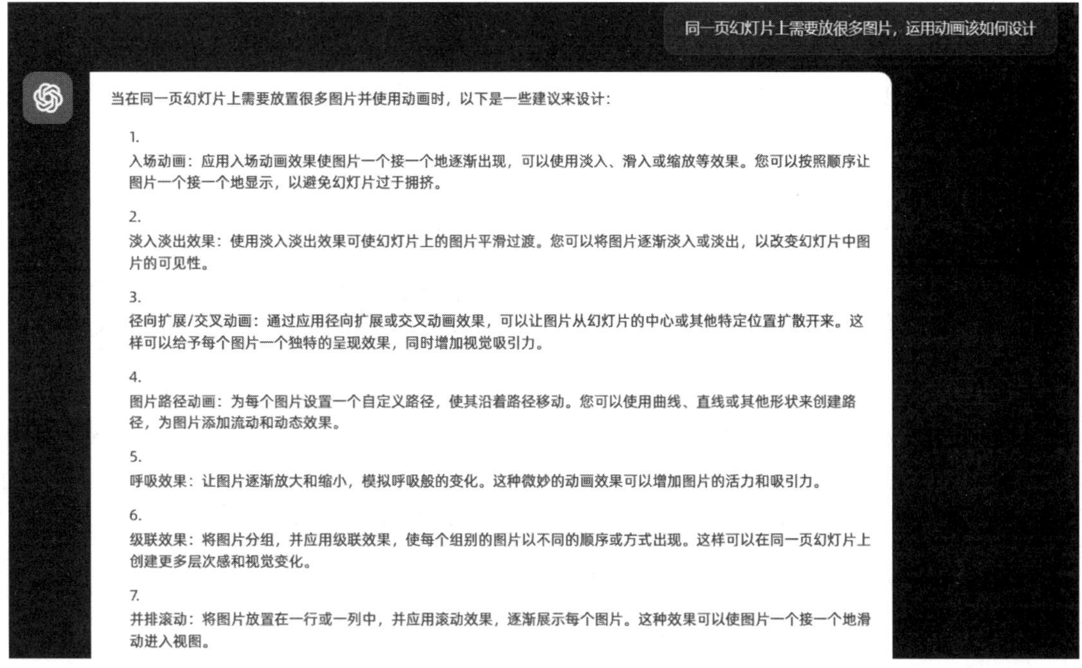

图 10-19　向 ChatGPT 提问获得多图动画设计的建议

操作过程：

（1）将所有图片插入到幻灯片中，调整图片大小，使所有图片的高度、宽度一致。

（2）确认首图和尾图的位置，其他图片放在首图和尾图中间，选中所有图片，先单击“图片格式”选项卡中的“对齐”按钮，在弹出的下拉菜单中选择“垂直居中”命令。再单击“对齐”按钮，在弹出的下拉菜单中选择“横向分布”命令，如图 10-20 所示，对齐所有图片。

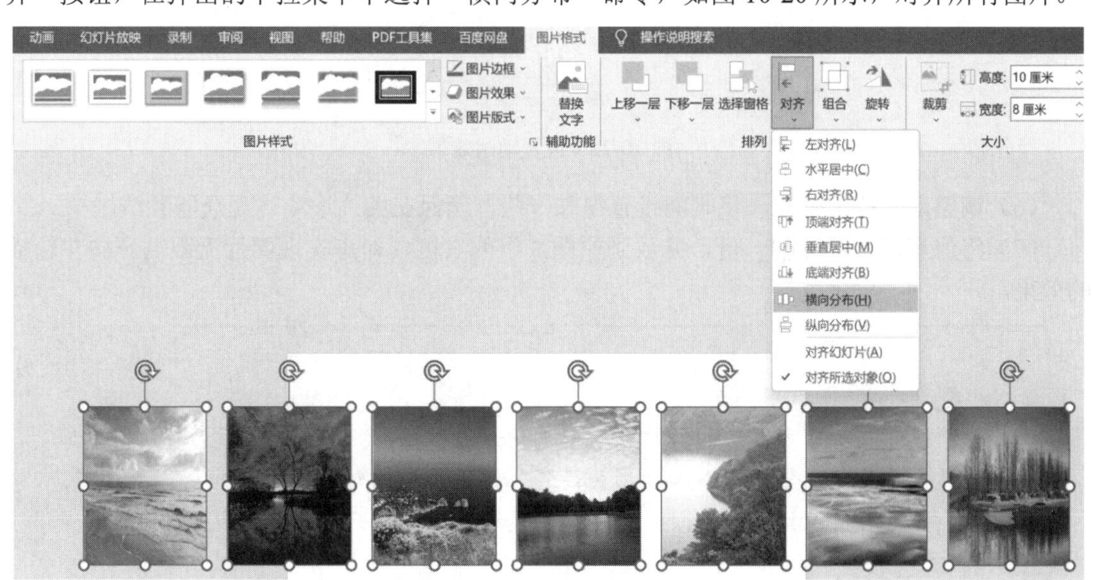

图 10-20　对齐所有图片

（3）选中所有图片并右击，在弹出的快捷菜单中选择“组合”命令，将图片的左侧对齐画布左侧边缘，单击“动画”选项卡中的“添加动画”按钮，在弹出的下拉列表中选择“其他动作路径”命令，在打开的“添加动作路径”对话框中选择“向左”选项，最后单击“确定”按钮。

（4）单击并拖动移动路径上的“红点”，使图片组的右侧刚好与画布左侧边缘对齐，如图10-21所示。

图 10-21 拖动红点设置动画位置

（5）单击“动画”选项卡中的“动画窗格”按钮，单击动画右侧的下拉按钮，选择“效果选项”命令，设置“平滑开始”和“平滑结束”为“0”，在“计时”选项卡中设置“开始”为“与上一动画同时”，“重复”为“直到幻灯片末尾”，如图 10-22 所示。

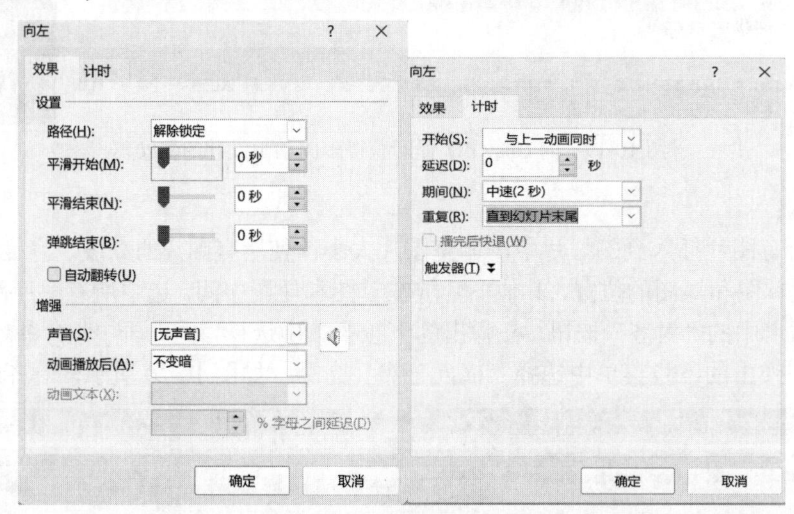

图 10-22 设置动画效果

（6）调整动画持续时间，将时间设置得长一些，确保在图片滚动时观众能看清。

（7）将原有图片组复制一份，并放到原图片组的右侧，即可实现图片无限循环向左轮播的效果。

小提示：

我们还可以对本案例中的幻灯片添加其他元素。例如，在图片组的上下方各添加一个长椭圆，并进行合并、添加阴影等设置，使得整个幻灯片更有层次感、立体感。再比如，使用形状工具，绘制胶片边框，使图片播放时呈现电影胶片的感觉。

子任务 2：制作开花效果目录

幻灯片切换

制作开花效果目录

PPT 中目录页是一种将整个演示文稿的结构和内容概述呈现在一张幻灯片上的幻灯片页面。设计一个有创意的目录页幻灯片，可以吸引观众的眼球。例如，通过开花效果来呈现出目录页的内容。

操作过程：

（1）在幻灯片页面中绘制一个圆，并设置为“无轮廓”，再复制粘贴，按照如图 10-23 所示的位置放置并选中两个圆，单击“合并形状”按钮，在弹出的下拉菜单中选择“相交”命令，即可得到一片花瓣。

（2）选中花瓣并右击，设置形状格式，如图 10-24 所示，选择“渐变填充”命令，先设置第一个渐变光圈颜色，再设置第二个渐变光圈颜色，并设置透明度为“80%”。

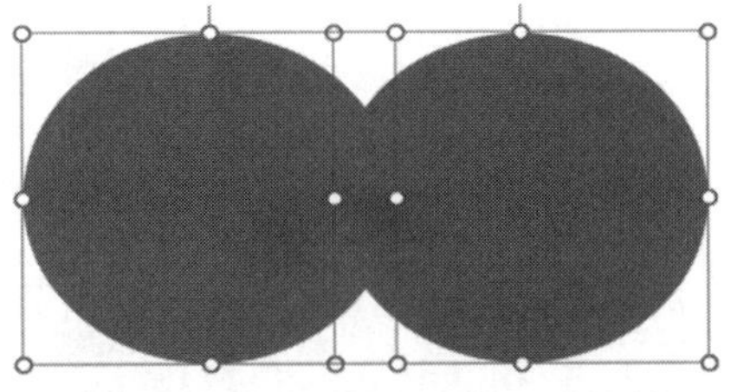

图 10-23　利用“圆”制作一片花瓣

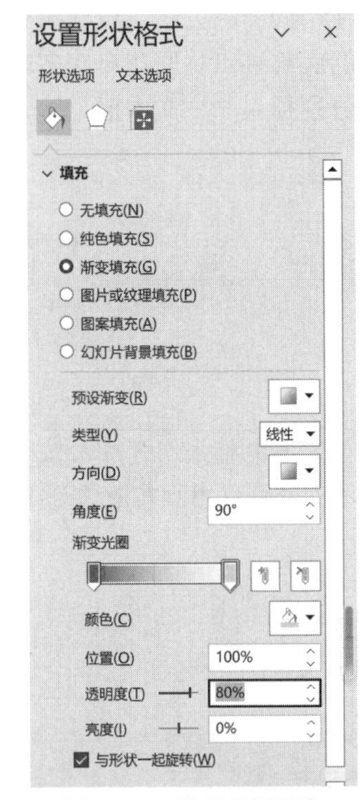

图 10-24　设置花瓣颜色

小提示：

花瓣的大小、颜色、效果等可以根据幻灯片的整体风格自行搭配来设置。

（3）在适当调整花瓣大小后，复制 4 片花瓣，选中其中一片并右击，在弹出的快捷菜单中选择“设置形状格式”命令，在“设置形状格式”窗格中单击“大小属性”按钮，设置“旋转”为“30° ”，并将底部端点与原花瓣底部端点重合，如图 10-25 所示。

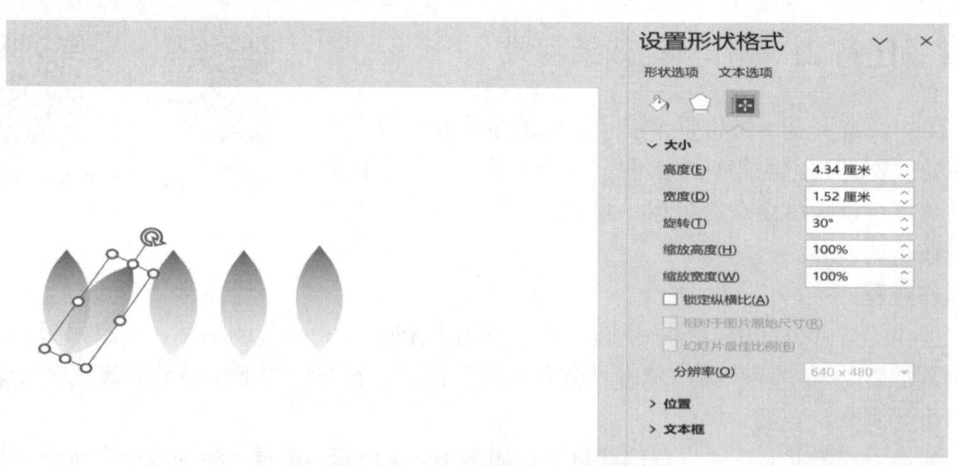

图 10-25　设置花瓣角度、位置

（4）使用同样的方法，设置另外 3 片花瓣的旋转角度分别为 60°、-30°、-60°，并分别将它们的底部端点与原花瓣底部端点重合。

（5）分别插入 5 个文本框，输入内容，并按照如图 10-26 所示的位置放置。

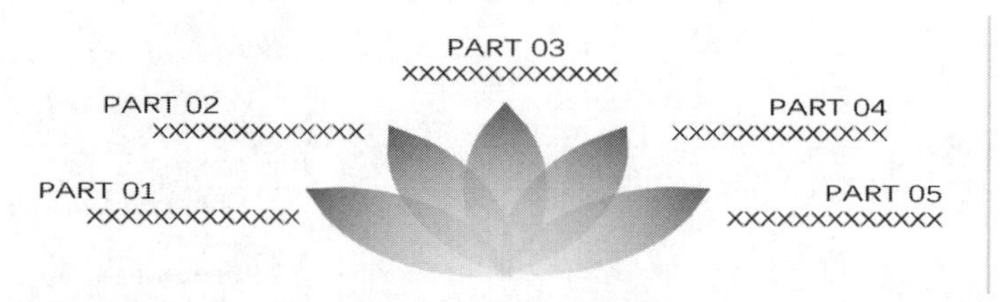

图 10-26　目录页内容

（6）首先选中整张幻灯片，按“Ctrl+D”组合键复制该幻灯片。然后在第一张幻灯片上，将所有文本框分别移出画布放置到指定位置，选中所有花瓣，设置旋转角度为 0°，如图 10-27 所示。

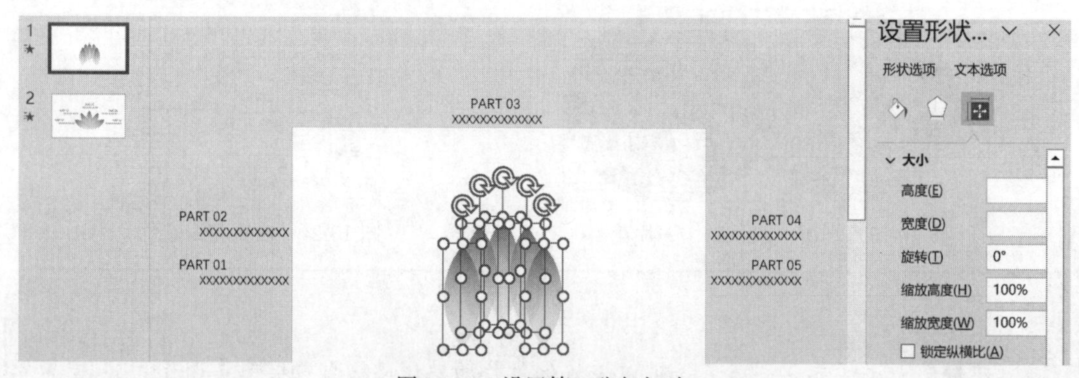

图 10-27　设置第一张幻灯片

（7）选中所有花瓣，单击“形状格式”选项卡中的“对齐”按钮，在弹出的下拉菜单中选择“水平居中”命令、“垂直居中”命令，此时看起来就只有一片花瓣，实际是 5 片花瓣重合在一起。

（8）选择第二张幻灯片，单击“切换”选项卡中的“平滑”按钮，如图 10-28 所示。完成以上过程，选中第一张幻灯片，单击“幻灯片放映”按钮，即可呈现出开花效果的目录。

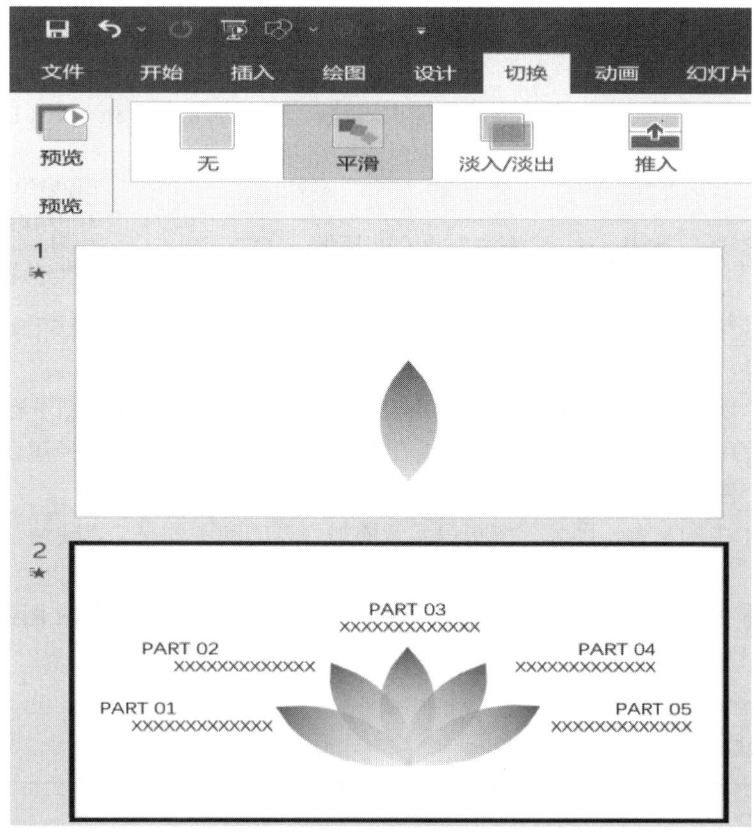

图 10-28　平滑切换

小提示：

通过设置幻灯片“切换效果”的“持续时间”，可以控制花瓣开花效果的速度。

想一想

在本案例中，我们制作的是 5 片花瓣目录，那么 7 片、9 片花瓣该如何实现？同时请思考将开花后的花朵收缩回去又该如何实现？

中国风卷轴动画　背景音乐的插入

任务四　创新性自我挑战

子任务 1：优化以“塑战速决”为主题的 PPT

对基于项目九的创新性自我挑战任务子任务 1 制作的 PPT，进行内容优化设计，要求如下。

（1）结合本项目学习的知识，对 PPT 的封面页，目录页和结束页重新进行设计和优化。

（2）幻灯片应用合理的版式布局。如果 PPT 中有图表，则请合理地选择图表类型并设置格式，添加一些个性化的创意设计。

（3）将 PPT 中的文本、图表、图形等元素添加合理的动画效果，以便演示更加流畅和生动。

（4）尽量将 PPT 中的文字内容形象化加以表达，可以结合运用 SmartArt 图形。

（5）在演示文稿的备注页中，说明整体设计思路和所用技术。

子任务 2：优化以“防诈”为主题的 PPT

叠加动画

动画触发器

对基于项目九的创新性自我挑战任务子任务 2 制作的 PPT，进行内容优化设计，要求如下。

（1）结合本项目学习的知识，对 PPT 的封面页、目录页和结束页重新进行设计和优化。

（2）幻灯片应用合理的版式布局；如果在 PPT 中有图表，请合理选择图表类型并设置格式，添加一些个性化的创意设计。

（3）将 PPT 中的文本、图表、图形等元素添加合理的动画效果，以便演示得更加流畅和生动。

（4）尽量将 PPT 中的文字内容形象化地表达，可以结合使用 SmartArt 图形。

（5）在演示文稿的备注页中，说明整体设计思路和所用技术。

【任务考评】

项目名称					
项目成员					
评价项目	评价内容	分值	自评 20%	互评 30%	师评 50%
职业素养（40%）	具有良好的计算机使用习惯，爱护公共设施，环境整洁	5			
	纪律性强，不迟到早退，按时完成承担的任务	10			
	态度端正、工作认真、积极承担困难任务	5			
	发现问题后能主动寻求解决办法，及时和教师、同学探讨	10			
	团结合作意识强，主动帮助他人	10			
专业能力（60%）	会编辑、设计图表	5			
	会使用 SmartArt 图形	5			
	能将视频嵌入文字	5			
	能使用图形、文字、图片等元素进行创意设计	10			
	能制作开花效果目录	10			
	能制作无限循环轮播图片动画	10			
	完成的创新性自我挑战作品有特色	15			
合计	综合得分：________	100			

续表

总结反思	1．学到的新知识： 2．掌握的新技能： 3．项目反思：你遇到的困难有哪些，你是如何解决的？ 学生签字：
综合评语	 教师签字：

【能力拓展】

拓展训练 1：简易组合创意设计

在本项目任务二的子任务 2 中，我们设计制作了一个字母形状图片的创意组合作品，请你思考并制作新的简易组合创意设计作品，参考如下。

（1）可以使用两个或三个字母。

（2）将字母换成阿拉伯数字。

（3）将字母换成图标。

（4）将字母换成 PNG 图片元素等。

电影式 PPT 结尾页

拓展训练 2：制作电影式的 PPT 结尾页

当大家长时间地听完一份 PPT 报告，是不是很疲惫、枯燥？这时，如果能看到轻松、趣味型的结尾方式，感觉就不一样啦！在活跃气氛的同时，还能快乐收场，突显个性，给观众留下深刻印象。类比电影的结尾，我们可以回顾整个演示的内容，并表达对幕后成员辛勤付出的感谢。请你制作本项目任务四创新性挑战中的 2 个子任务 PPT 电影式的结尾页，也可以创意设计其他个性化、趣味性的结尾页幻灯片。

【延伸阅读——PPT 图像素材来源之 AI 图像生成】

你是否在生活中使用过修图软件？如果使用过，那么很有可能在你未曾注意到的时候，就已经在接触 AI 生成图像了，如去除水印、添加滤镜等都属于广义上 AI 图像生成的范畴。

目前，AIGC 在图像生成方面有两种最成熟的落地使用场景：图像编辑工具与图像自主生成。图像编辑工具的功能包括去除水印、提高分辨率、特定滤镜等。图像自主生成其实就是近期兴起的 AI 绘画，包括创意图像生成（随机或按照特定属性生成画作）与功能性图像生成（生成 Logo、模特图、营销海报等）。

2022 年下半年，AI 绘图无疑成为热门应用，不少人都乐此不疲地在自己的朋友圈分享各种形式的 AI 绘画作品。从参与感与可玩度来看，AI 绘画大致可以分为三类：借助文字描述生成图像、借助已有图像生成新图像，以及两者的结合版。

现在流行的国外 AI 绘画工具 Stable Diffusion、DALL·E2、Midjourney 等，以及国内 AI 绘画工具文心一格、意间 AI 绘画、AI Creator 等，都会在创作时引导你输入“提示词”。如果你暂时缺乏灵感，有些平台也会提供“自动生成”选项，让 AI 帮你自主搭配，然后在其基础上进行你想要的修改。如此一来，AI 降低了普通人参与艺术创作的门槛，让没有绘画基础的人也能通过文字描述表达自己的创作灵感，满足自己的创作欲望。

伴随着 AI 绘画技术的逐渐成熟，AI 插画也被用作一些具有功能性的场景中。例如，2022 年 6 月 11 日，著名杂志《经济学人》首次采用了 AI 插画作为封面，作品名为《AI 的新边界》（*AI's New Frontier*）。在封面油画风格的分割色块背后，有着一张具备少量机械特征的人脸，预示着 AI 将以全新的面貌出现在我们面前，拓展人类技术的新边界。

除了可能提高封面插图类的设计效率，AI 绘画目前也被用于游戏开发环节，包括前期的场景与人物图辅助等，此外也有部分游戏工作者正在探索基于 Stable Diffusion 生成的游戏资产，如游戏图标及游戏内的道具。

虽然 AI 绘画对内容生产力的提升具有很大帮助，但与此同时引发了许多人的忧虑，许多艺术家担心 AI 绘画可能会因为训练样本的选取而剽窃自己的作品元素，也担心这些 AI 生成的作品被用于一些欺骗性的用途，危害到人类自身。

针对 AI 与人类的辩题，Midjourney 的创始人大卫·霍尔兹（David Holz）这样评价：“AI 是水，而非老虎。水固然危险，但你可以学着游泳，可以造舟，可以造堤坝，还能借此发电；水固然危险，却是文明的驱动力，人类之所以进步，正是因为我们知道如何与水相处并利用好它。水给予更多的是机会。”

项目十理论小测

参考文献

[1] 杜雨，张孜铭. AIGC：智能创作时代[M]. 北京：中译出版社，2023.

[2] 任康磊. 如何高效向 GPT 提问[M]. 北京：人民邮电出版社，2023.

[3] 刘琼. ChatGPT：AI 革命[M]. 北京：华龄出版社，2023.

[4] 杨凤霞. 办公软件高级应用实验案例汇编[M]. 杭州：浙江大学出版社，2023.

[5] 原素芳. 办公软件高级应用考试指导书（二级）[M]. 北京：电子工业出版社，2023.

[6] 陈承欢. 办公软件高级应用任务驱动教程（Windows 10+Office 2019）[M]. 2 版. 北京：电子工业出版社，2022.

[7] 贾小军，童小素. 办公软件高级应用（微课版）（Office 2019）[M]. 北京：中国铁道出版社，2021.

[8] 施莹. 办公软件高级应用实践教程[M]. 北京：电子工业出版社，2021.

参考文献

[1] [illegible]

[2] [illegible]

[3] [illegible]

[4] [illegible]

[5] [illegible]

[6] [illegible]

[7] [illegible]

反侵权盗版声明